U0144779

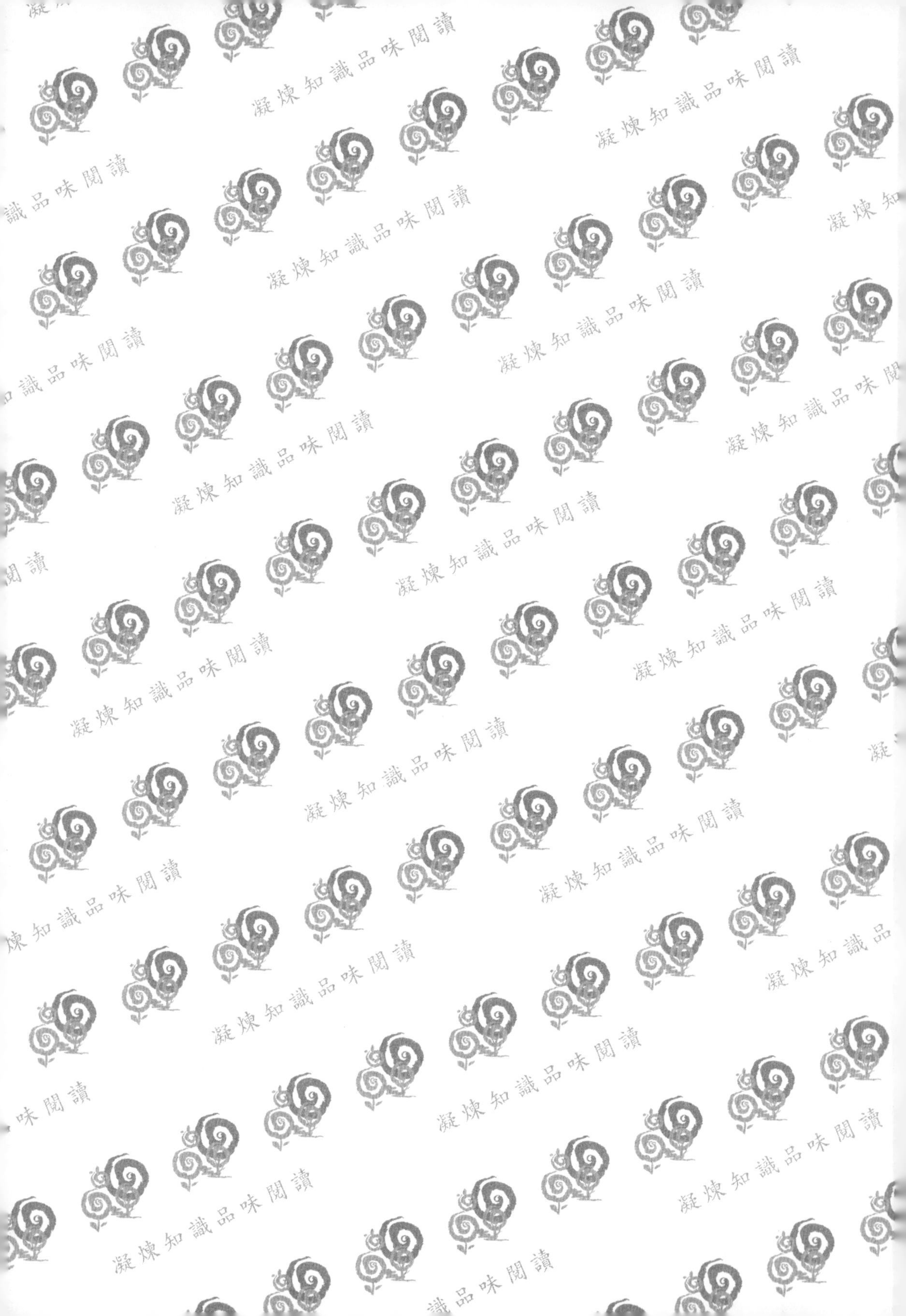

給水工程原理與設計

Water Supply Engineering : Principles and Design

五南圖書出版公司 印行

陳國宏、陳怡靜 編著

推薦序

自來水為現代文明人類維持生命與健康不可或缺的要素。十九世紀末，近代自來水工程技術的發展與推廣，使全世界的人免於大規模瘟疫與流行病的危害。台灣從 1896 年日據時代開始建立自來水系統，1955 年省政府設「台灣省環境衛生實驗所」推動自來水建設，從當時三成的普及率，達到現在 93%的人口普及率。本書的作者之一陳國宏先生，在日據時代出生，民國 51 年畢業於國立台北科技大學之前身台北工專後，就投身自來水工程的行列，親自見證及參與了台灣自來水建設發展的過程。他早期在台北區自來水建設委員會工作，後來進入工程公司，從事過規劃、設計、施工、營運，各種與自來水工程從頭到尾有關的工作。民國 75 年我初識他時，他正為了吸收更多的先進科技與新穎技術，回到台大環工所進修碩士。其實那時他已經自己主持一家工程顧問公司，擔任總經理，負責過台灣各地大大小小的二三十座自來水場的規劃設計及建設的工程計畫。算年齡，陳國宏先生可算是我們環工界的前輩了，但是他不以具有豐富的經驗為傲，認真好學，努力吸取新知的精神令人敬佩。後來我不時與他有接觸，感覺他除了是一位實業家，更像是一位溫文儒雅的學者。他一直有個心願，就是把畢生從事自來水建設的經驗與心得傳授給後人，所以近幾年來，他花很多時間編寫這本淨水工程原理與設計指引的書。很遺憾的，陳先生去年辭世，未能親自看到這本書的完成。所幸本書的共同作者，他的女公子陳怡靜博士，終於把書完成，實現了陳先生未竟的願望。

陳怡靜博士大學時就讀台大土木系，畢業後進入台大環境工程學研究所攻讀碩士及博士。後學有幸擔任她的指導教授，共同參與過多項研究工作。怡靜學理基礎扎實，精通水理及水質理論。她又因為參與許多與自來水及水庫管理相關的研究計畫，對於台灣自來水這個產業的狀況，有很多親身的觀察與體驗。畢業後她除了在學校擔任兼任助理教授，在台大教授過淨水工程設計等課程之外，也積極從事自來水工程的規劃設計顧問工作，累積了豐富的實務經驗。

這本書在陳氏父女聯手撰寫之下，可說是理論與實務兼具，將當前淨水工程設計所需要的技術，鉅細靡遺地介紹出來；甚至還包括了淨水操作上需要注意的眉眉角角。此書不但可以當作工程師從事淨水工程設計的指引，還是一本很好的教科書。書裡面的每一章尾都編寫了許多精彩的例題和解答，可以讓讀者自修，也可以當作授課時的作業。多年來中文的關於淨水工程設計的書比較少，這本書適時的編撰出版，實在是環境工程實務界與相關學校系所教師與學生們的一大福音。後學非常敬佩陳國宏先生和陳怡靜博士對專業的執著與分享經驗貢獻社會的堅持，謹誌做為本書之序。

吳先琪

中華民國106年11月

於台大環工所

推薦序

鑒於國內可供選用的中文版給水工程專書大都是至少二十年前編寫印行，加上各種取水、導水、淨水技術又是不斷的被研發創新與實際應用，確有必要再由具工程實務能力的陳國宏總經理／土木技師及具工程基本學理能力的陳怡靜博士／環工技師，共同編寫一本兼具學理與實務的給水工程專書，以順應現今時代的學習需求。

本專書之撰寫涵蓋取水、導水、淨水單元／程序、配水管網及水力分析以及污泥調理、脫水處理，由基本學理而實際應用，循序漸進，期使讀者易學易懂。本專書除了可做為大學環境工程相關科系授課選用的教課書外，亦可做為從事淨水場規劃設計的工程師參考使用的工具書。希彼等在閱讀此專書後，對給水工程有關的關鍵技術／要點更加清楚了解，進而規劃設計出更具經濟效益、符合功能需求以及易於操作管理的淨水場。

本專書共十二章的主要內容扼要介紹如下：第一章緒論，闡明給水工程涵蓋範圍；第二章水組成及水質標準，說明各國飲用水水質標準以及關切水質項目與處理目標；第三章取水、導水設計，說明各種不同水源的水質特性以及取水、導水之水力學與設計；第四章快混及膠凝單元，說明混凝、膠凝的原理及設計；第五章沉澱單元，說明沉澱理論及各種不同沉澱池的設計；第六章過濾單元，說明過濾機制、水力學及過濾池設計；第七章消毒與軟化單元，說明各種不同消毒藥劑及消毒池設計，以及說明各種不同的硬水軟化方法；第八章清水池及配水管網系統，涵蓋清水池及配水池設計，以及配水管網的水力分析；第九章淨水場廢水及污泥處理，涵蓋廢水（污泥）量推估、污泥調理及脫水處理；第十章抽水機系統，涵蓋抽水機水力學、動力計算及抽水站設計；第十一章淨水場規劃，涵蓋設計構想、場內平面配置及動線規劃、水力剖面、操作及監控計畫、工程繪圖以及財務計畫；第十二章台灣應用高級水質處理程序概況，涵蓋台灣既設高級水質處理單元及高濁度對沉澱池衝擊探討之闡述。

黃汝賢
謹識
106年9月15日

自序

乾淨的生活用水不僅代表一個現代化城市的文明指標，也是世界公民享有健康安全生活品質的權利。台灣於19世紀末日治時期建造第一座淨水場，歷經百年發展，全台自來水普及率早已突破百分之九十以上。然而，隨著人為活動的污染及全球氣候變遷對水質水量的影響，復以人們對公共飲用水品質的標準日益提高，尤其隨著科技的與時俱進，已發展出多項高級淨水處理技術，確保和提升淨水場操作的優化管理及淨水處理程序，使符合更具經濟效益、功能需求及日益加嚴的淨水處理後清水濁度標準，已成為全民共識。為達此目標，尤其仰賴政府對淨水場的用心操作與專業工程團隊的規劃與設計。

有鑑於國立成功大學 高肇藩教授於 1975年出版「給水工程」大專用書以後，符合21世紀現況的給水工程設計與操作實務的工具書並不多見。本書的編寫乃順應現今時代的學習需求，循序漸進、由淺入深，為讀者介紹：從水源取水端至送水端，淨水場內各水處理單元的基本操作學理及設計規範；佐以作者給水工程實務的經驗連結及圖例和照片的說明，介紹已應用於實場的特殊淨水單元設備，期幫助讀者建立完整的淨水場給水操作實務概念，培養符合設計規範的設計與計算能力。

本書兼顧給水工程理論與實務，擁有足夠的教材內容，提供計算例題及推導流程幫助讀者理解，可做為大專用書、國家專業技術考試用書及專業工具書。本書已修正再版(第二版)，惟疏漏難免，懇請讀者不吝惠予指正建議。

Preface

特別感謝　黃汝賢教授及　吳先琪教授為本書撰寫推薦序，以及許多環工前輩不吝推薦，做為教學用書。

作者

陳國宏、陳怡靜

謹識

110年3月2日

目　錄

Contents

推薦序

推薦序

自　序

Chapter 1　緒　論 1

1.1　淨水工程範圍 / 2

1.2　台灣淨水處理發展沿革 / 2

1.3　傳統淨水處理成效 / 5

1.4　台灣淨水處理面對的挑戰 / 6

1.5　淨水處理技術與發展趨勢 / 7

1.6　未來飲用水水質目標 / 8

Chapter 2　水組成及水質標準 9

2.1　水污染物 / 10

2.2　水中污染物來源及污染事件回顧 / 10

2.3　水質標準及其建立原則 / 12

2.4　中華民國飲用水水質標準 / 13

2.5　各國飲用水水質標準 / 14

2.5.1　世界衛生組織（WHO） / 14

2.5.2　歐盟（EU） / 15

2.5.3　美國 / 15

2.5.4　中華人民共和國 / 16

2.6　健康風險評估技術及應用 / 16

2.7　水質鑑定分析技術 / 23

2.8　關切水質項目及處理目標 / 23

2.8.1　致病微生物 / 23

2.8.2　濁度 / 25

2.8.3　消毒副產物 / 26

2.8.4　影響健康物質 / 27

2.8.5　持久性難分解有機物 / 27

Contents

2.8.6 藻毒素 / 28
2.8.7 硬度 / 28
2.8.8 影響適飲性及感觀物質 / 29
2.8.9 金屬鋁（aluminum) / 30
2.8.10 輻射性物質 / 31
2.8.11 更嚴格的淨水處理目標 / 32

Chapter *3* **取水導水設計** 33

3.1 水源水質特性 / 34
3.1.1 河川水 / 34
3.1.2 湖沼及水庫 / 35
3.1.3 地下水 / 37
3.1.4 泉水 / 39
3.1.5 伏流水 / 39
3.2 取水原則 / 39
3.3 需水量估計 / 40
3.4 取水工程 / 41
3.4.1 河川水 / 41
3.4.2 湖泊及水庫 / 41
3.4.3 地下水井取水 / 45
3.4.4 集水暗渠 / 50
3.5 導水工程 / 51
3.5.1 導水渠（管）水力學 / 52
3.5.2 導水渠（管）設計及埋設考量因素 / 55

Chapter *4* **淨水單元——快混及膠凝** 65

4.1 原水水質特性及評估因素 / 66
4.2 混凝膠凝原理 / 68
4.2.1 膠體粒子 / 68
4.2.2 膠體去穩定機制 / 70
4.2.3 影響混凝效果因素 / 72

4.3 混凝劑和助凝劑 / 73
4.3.1 混凝劑種類 / 73
4.3.2 助凝劑種類 / 76
4.3.3 瓶杯實驗 / 78
4.4 快混及膠凝系統 / 79
4.4.1 快混（膠凝）攪拌強度 / 79
4.4.2 快混型式及設計準則 / 81
4.4.3 膠凝池型式及設計準則 / 87
4.5 化學加藥系統 / 93
4.6 快混及膠凝系統功能評估 / 94
Chapter 5 淨水單元——沉澱 109
5.1 概論 / 110
5.2 沉澱理論 / 110
5.2.1 單顆粒重力沉降理論 / 111
5.3 理想沉澱池 / 113
5.4 沉澱池設計應考慮要素 / 115
5.5 沉澱池種類和型式 / 118
5.5.1 沉砂池 / 120
5.5.2 加藥矩形沉澱池 / 120
5.5.3 圓形沉澱池 / 123
5.5.4 傾斜管（板）沉澱池 / 125
5.5.5 污泥接觸式沉澱池 / 130
5.5.6 污泥氈式沉澱池 / 132
5.6 高濁度原水的沉澱池處理能力檢討 / 134
Chapter 6 淨水單元——過濾 143
6.1 概論 / 144
6.2 過濾池的設計概念 / 144
6.3 慢濾 / 145
6.3.1 水處理條件 / 145

Contents

6.3.2 慢濾除污機制 / 145

6.3.3 慢濾池設計 / 146

6.4 快濾 / 147

6.4.1 快濾操作 / 147

6.4.2 快濾的除污機制 / 148

6.4.3 快濾池組成和設計 / 150

6.5 快濾池設計及操控型式 / 168

6.5.1 快濾池數目及配置 / 169

6.5.2 快濾池操控型式 / 170

6.5.3 快濾池操作控制系統 / 174

Chapter 7 淨水單元——消毒與軟化處理 179

7.1 消毒目的及原理 / 180

7.2 消毒方法 / 180

7.3 消毒機制及影響消毒效果因素 / 182

7.3.1 消毒機制 / 182

7.3.2 影響消毒效果因素 / 183

7.4 化學消毒劑——氯 / 184

7.4.1 加藥種類和加藥設備 / 186

7.5 化學消毒劑——二氧化氯 / 189

7.6 化學消毒劑——結合餘氯 / 190

7.7 化學消毒劑——臭氧 / 190

7.7.1 臭氧加藥及接觸槽設計要點 / 192

7.8 物理性的紫外線消毒 / 195

7.9 軟化處理 / 197

7.9.1 硬水來源和現況 / 197

7.9.2 硬水軟化方法 / 199

Chapter 8 清水池及配水管網系統 209

8.1 清水池設計 / 210

8.2 配水系統 / 210

8.2.1 配水方式 / 211
8.2.2 配水池設計 / 212
8.2.3 管線設計 / 215
8.2.4 配水管水力分析 / 220
8.3 配水管網和水力分析 / 224
8.3.1 配水管網型式 / 224
8.3.2 配水管網分析 / 225
8.4 給水管錯接及污染防止 / 229
8.5 管線漏水及無費水量 / 230
Chapter 9 淨水場廢水及污泥處理 237
9.1 廢水及污泥來源與特性 / 238
9.2 與廢水和污泥相關環保法規 / 238
9.3 廢水（污泥）量推估 / 240
9.3.1 廢污泥量推估 / 240
9.3.2 洗砂廢水量 / 241
9.3.3 平均固體物SS濃度 / 242
9.3.4 沉澱池廢泥量 / 243
9.4 廢水收集與處理方式 / 245
9.5 廢水處理單元設計 / 247
9.5.1 反洗砂廢水收集池 / 247
9.5.2 污泥池 / 247
9.5.3 廢水沉澱池 / 247
9.5.4 污泥重力濃縮池 / 248
9.6 污泥調理和脫水處理 / 250
9.6.1 污泥餅體積 / 251
9.6.2 污泥脫水方法 / 252
9.7 廢水處理流程質量平衡 / 258
9.8 廢水處理操作建議 / 259

Contents

Contents

Chapter *10* 泵浦（抽水機）系統 261

10.1 泵浦分類 / 262

10.1.1 離心式泵浦 / 265

10.2 抽水機水力學 / 265

10.2.1 離心式抽水機揚程 / 265

10.2.2 穴蝕現象 / 270

10.2.3 抽水機動力 / 270

10.2.4 抽水機特性曲線 / 273

10.2.5 系統水頭曲線 / 274

10.3 抽水機水錘現象 / 275

10.4 抽水機選擇及組合 / 276

10.4.1 抽水機的組合 / 277

10.5 抽水站設計 / 277

Chapter *11* 淨水場規劃 283

11.1 主要設計構想 / 284

11.2 分析水質及確定所需處理流程目標 / 285

11.3 場地選擇與環評要點 / 285

11.4 初步設計各處理單元主體結構及設備尺寸 / 286

11.5 廢水收集與處理方式 / 287

11.6 場內平面布置及動線規劃 / 287

11.7 規劃水場高程、水力剖面線關係 / 288

11.8 操作及監控計畫 / 290

11.9 工程繪圖 / 291

11.10 工程財務計畫 / 291

11.11 撰寫工程設計報告書 / 294

11.12 淨水場水力功能計算書範例 / 294

11.12.1 功能水理計算 / 295

11.12.2 水頭損失計算 / 302

Chapter 12 台灣應用高級水質處理程序概況 309
12.1 台灣既設高級淨水處理單元 / 310
12.2 高濁度對沉澱池衝擊探討 / 314
12.2.1 各型沉澱池除污機制與使用概況 / 315
12.2.2 提升沉澱池高濁度處理能力建議 / 317
12.2.3 矩形池（傾斜管沉澱池）排泥設備設計探討 / 318
12.2.4 刮泥機與刮泥量分析 / 318
12.2.5 刮泥機與可能適應之原水濁度 / 320
12.2.6 集泥坑 / 322
12.2.7 排泥管 / 322
參考文獻 325

Contents

Chapter 1
緒　論

1.1　淨水工程範圍
1.2　台灣淨水處理發展沿革
1.3　傳統淨水處理成效
1.4　台灣淨水處理面對的挑戰
1.5　淨水處理技術與發展趨勢
1.6　未來飲用水水質目標

1.1 淨水工程範圍

針對水中超過水質標準的不純物，選用適當的處理方法與程序，並以可靠與符合成本的處理技術淨化原水，使符合理想的水質，是淨水工程目標。為提供台灣地區公共給水之良好品質，依據中華民國自來水法第十條規定：「事業所供應之自來水水質，應以清澈、無色、無臭、無味、酸鹼度適當，不含有超過容許量之化合物、微生物、礦物質及放射性物質為準。」以水管及其他設施導引供應合於衛生之公共給水（又稱為自來水），及提供自來水設施，包括自水源取水、導水、淨水、送水及配水等設備，最後送至用戶端的民生及部分工業用水，即為整體淨水（自來水）系統工程範圍。而淨水處理設備係指：為淨化處理原水使其適於飲用所設置具備加藥、混凝、沉澱、過濾、消毒功能或其他高級處理之設備。

1.2 台灣淨水處理發展沿革

乾淨的生活用水代表一個現代化城市的文明指標。十九世紀中期淨水處理最早起源於歐洲，採用慢濾法去除雜質及加氯消毒去除水中致病菌，提供安全衛生用水。二十世紀初，隨著人民需水量增加及水中濁度提高，美國發展出以原水進行混凝、沉澱、快濾再消毒之淨水程序，此為新式自來水場的發軔，也廣為世界各地大型淨水場採用。

1885～1990 年，清朝劉銘傳巡輔曾在台北開鑿水井、過濾消毒，供民眾飲用，但現代化的台灣自來水工程發展最早源起於北部淡水。1896 年（日本明治 29 年）台灣於日治時期，台灣總督府為解決淡水民生用水，特別是供應來往船隻用水需要，成立「水道事務所」，聘請在日本的英國衛生工程學家威廉巴爾頓先生（William Kinninmond Burton）到台灣，指導他的學生濱野彌四郎參與水道興建及施工。日治時代台灣被稱為瘴癘之地，到處流行瘧疾、霍亂、鼠疫等傳染病，人民平均壽命不到四十歲。巴爾頓先生認為要杜絕台灣疾病的最好方法就是設置上下水道（即自來水及下水道）。他採用由丹麥技師韓森（E. Hanson）探勘的大屯山麓「雙圳頭」湧泉為主要水源，平均每日出水 6,389 立方公尺，提供一萬三千人民生用水及農田灌溉等用水。由於雙圳頭水質良好，並未設置淨水處理設施，主要之給水工程包括興建滬尾水道、取水口及擋土牆，並在其上加蓋屋頂防止雨水及雜物污染，以及設置市區的大型配水槽（於今日淡水國小旁）。這項公共給水工程於 1899 年 4 月 1 日完工供水，是台灣現代化自來水之始，歷史意義重大深遠。

日人濱野彌四郎（1869～1932 年）在台灣二十三年，繼承了巴爾頓先生的遺業，負責台灣的上、下水道事業。如此徹底解決飲用水和排水的問題，可說是一種極有遠見的規劃。他於日治時期先後在基隆暖暖、台北公館、台中、台南水上等地完成設置自來水公共給水系統，堪稱為「台灣水道及自來水之父」。位於北部基隆市的暖暖淨水場，是台灣最早採用沉澱過濾的淨水場。當時巴爾頓工程師指導濱野彌四郎設置暖暖攔河堰，除設置原水抽水泵浦，於坡地設置淨水場，依地形及水位高低差原理將原水以重力流至沉澱、過濾及淨水處理池加以處理。暖暖淨水場今日仍持續營運中，泵浦間及八角井建築外牆屬於紅磚及混凝土結構與造型，基隆市政府將其登錄為歷史建築。

台北城的自來水工程於 1907 年取新店溪為水源開始動工興建，1909 年 4 月正式完工使用，並在隔年 1908 年 4 月 1 日完成第三座自來水場，也就是台北公館的台北自來水場，今日的自來水園區。

繼台北水道後興建的第二條水道是台南山上淨水場的古水道。該項工程自 1912 年開工，也是由濱野彌四郎主持興建案，原預計四年完工，期間因受到第一次世界大戰因素波及，延至 1922 年完成。該項工程，採用動力泵與自然重力所構成的抽水、沉澱、過濾和給水的自來水系統；充分運用地勢位差，自曾文溪地表取得水源，經沉澱、過濾後再送至淨水池貯水，最後利用淨水池與給水區的地勢落差所產生的自然重力，將水輸送至台南市。當時台南市人口約六、七萬人，在山上鄉建立的淨水場貯水量，卻可供應十萬人使用。如今原台南水道建築外觀及設備至今大都保持原貌，2002 年經台南市政府指定為縣定古蹟，2005 年經內政部定為國家第十九處國定古蹟。濱野彌四郎塑像也重置於台南山上淨水場，象徵國人對濱野彌四郎技師的永恆謝意。有關台灣早期自來水工程設施列入政府文化資產資訊可於台灣自來水公司網站（http://www.water.gov.tw/）查詢。

1940 年二次大戰前，台灣人口約有六百萬人次，當時自來水普及率約 30%，總出水量約每日 100 萬立方公尺。台灣在 1950 年代自來水建設仍相當落後，早期台灣各鄉鎮因民生用水需求相繼設置小型自來水系統，大部分系統水源取自山澗水、湧泉、淺井，以曝氣加慢濾程序處理原水，或以快濾筒方式去除水中的鐵、錳。未料到因抽取地下水量增加造成當時地下水位全面下降，衍生許多環境問題，故減少地下水抽取，改取自河川及水庫。1960 年代起，世界各地水庫湖泊陸續發生氮磷過量造成水質優養化問題，台灣也不可避免。供應水源之北部基隆河、中部大甲溪、南部東港溪、高屏溪等地水質均受到嚴重污染，為取得乾淨原水，遂促使部分大型取水口往上游移動，並增加了淨水場淨水處理負荷。基於淨水場用地取得不易，無法使用需廣大面積作為慢濾池的慢濾式處理系統，許多自來水場也拆建為快濾式處理系統。

1953 年首座快濾池建於台北公館淨水場，處理水量 20,000 CMD，然而多數的自來水系統淨水方法仍僅以加氯處理或曝氣慢濾，或者簡易快濾處理程序為之。1961 年後，因水質轉差，水中濁度增加，用地取得問題，台灣水場遂開始使用標準快濾處理系統，包括快濾前加混凝劑進行快混、膠凝、沉澱，再行過濾消毒的單元。然而也有部分河水因含有機物過量，故在快混時就先加預氯（pre-chlorination）氧化消毒，以減少後續處理單元負荷，增加濁度、色度去除的功能。公館淨水場之後陸續有澄清湖，基隆暖暖、中幅子、台北長興及石門等快濾場興建。迄今傳統快濾處理法在台灣已甚普遍，處理技術也不斷地隨國外潮流改進中。

二十一世紀，台灣人口近兩千四百萬人，每日供水量達 1,500 萬立方公尺，自來水普及率已達 99% 以上。隨著水場擴建及普及，台灣自來水依行政區劃分，分屬台灣自來水公司及台北市自來水事業處管轄，前者包含台灣一百二十八個自來水場，後者包含大台北地區青潭、直潭、雙溪及陽明等四處自來水場，並設置淨水處理電腦資訊中心，即時掌握淨水相關資訊以供管網調配用；並擷取翡翠水庫管理局提供之上游原水濁度信號，納入淨水處理資訊中心，以利水質大幅變化時及早因應，確保自來水生產效率和品質。2009 年台北地區第二條原水輸水幹管竣工，進入雙線取水的時代。位於新店的直潭淨水場共有五座淨水設施，供應大台北地區 2/3 約三百萬居民的用水，目前出水量約為每日 220 餘萬立方公尺。以新店溪為水源之長興、公館及直潭淨水場，其出水量就占全台北市總出水量之 97.5%，重要性不言可喻。

1.3 傳統淨水處理成效

該如何評定淨水處理成效？該採用何種技術與組合程序？根據時代的演進，我們了解包括水源水質、水質科學與醫學評估證據、新的水污染問題、水質鑑定分析技術、飲用水水質標準以及工程設施用地的取得與處理費用等因素都是與之息息相關的。

污染物的水質標準訂定，通常會在經過討論、科學實驗或流行病學統計確定後的十年左右出現，這段時間也可提供為處理技術的發展時期。除水源遭受污染無法控制或無法杜絕污染源，而必須採用高級處理以外，目前世界上絕大部分的公共給水系統，仍是採用傳統的淨水處理程序：「加藥混凝→沉澱→快濾→消毒」予以處理。

混凝及膠凝程序可以凝聚微小的懸浮或膠體物質，之後藉沉澱池的重力沉降作用將其膠凝為較大的顆粒（俗稱膠羽）沉澱去除。快濾池內的過濾作用是以濾砂的攔除為主，被濾除的污染物深入濾砂層被截留，故過濾後的清水給予加氯消毒，可去除水中的細菌及微生物，確保飲用水安全。

公共淨水處理，濁度（turbidity）是相當重要的水質控制指標。濁度代表水質優劣綜合參數，其物理定義係表示光線入射水體時被散射的程度，也就是基於散射光及吸光特性的比耳定律（Beer's law）為之。濁度的來源包括水中懸浮微粒（suspended solids）、浮游生物（phytoplankton）、微生物（microorganism）及膠體（colloid，包含有機物或無機物）等，其顆粒範圍涵蓋小至 1～100 nm（奈米）的膠體到大至 mm（釐米）的泥砂顆粒之懸浮物質。濁度高會影響水質外觀，給予不潔淨的感覺，並代表水中仍存在著某些污染物，例如有些細菌或微生物會吸附在細小的濁度顆粒上，降低消毒的效果。基本上經由加藥、混凝吸附成膠羽，加上沉澱及快濾等程序可有效截留水中之顆粒污染物，輔以水場良好之設計與操作結果，原水中總污染量即可望大幅減少，降低清水濁度。圖 1.1 為不同淨水處理程序可去除之懸浮固體物種類及其大小尺度。

美國環保署（USEPA）為增進飲用水安全，訂定淨水處理後的清水濁度

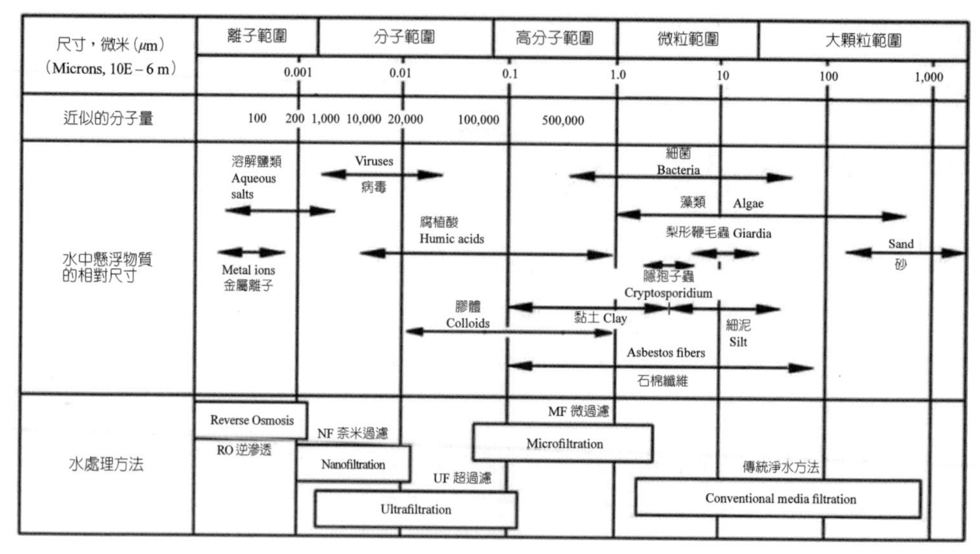

圖 1.1　不同淨水處理程序可去除之水中懸浮物質種類及大小尺度

資料來源：Kawamura (2000), Fig. 7.8.2-1。

標準是日漸嚴格的，從 10 NTU 依次降低：10 → 1 → 2 → 1 → 0.5 NTU，最終目標為 0.1 NTU，然而其標準仍會依不同的處理程序有些差異。

目前台灣自來水法制定的濁度標準是 2 NTU，而水場目前可處理到達的水質約在 0.3～1 NTU 間。為增進公共飲用水安全及提升至歐美國家水平，日後台灣的清水濁度標準仍應日趨嚴格才是。

1.4 台灣淨水處理面對的挑戰

一般來說，傳統淨水處理法所能接受的進場原水濁度範圍有其限制，短時間內最高可承受原水濁度約為 1,000 NTU（平常是 300～500 NTU）。如果水源處於豪雨期，河川尖峰入流進到水場時濁度常高於 1,000 NTU，或大於 500 NTU 之原水進流的持續時間延長。根據北部石門水庫下游的板新自來水場經驗，當颱風期原水泥砂量增加，進入水場的原水瞬間最高濁度監測值曾高達 10,000 NTU，或大於 1,000 NTU 之持續時間加長。因此傳統淨水處理池將無法應付高濁度水質，降低砂濾效能，增加清洗費用。當整個沉澱池被淤泥積滿，必須進行人工清泥，水場運作遂停擺，導致無法出水或限制供水。因為台灣的特殊氣候及暴雨期頻率增加，此類狀況將會逐漸成為常態。由於歐美國家所撰寫的給水系統教科書主要是針對其個別國家經驗，他們原水的水質水量穩定，亦少有高濁度原水問題。因此面對台灣及亞洲國家常見的高濁度原水處理問題，淨水系統及操作必須善加調整及因應。例如在進到淨水場前先加設一道預先初沉池（pre-sedimentation），將高濁度泥砂先沉降，降低原水濁度，後續進流方能降低淨水場的處理負荷，保持好的功能操作，維持穩定出水品質。

1.5 淨水處理技術與發展趨勢

1900～1970 年代，環工學界大量進行淨水處理技術的除污機制學理、數學模式、試驗與研究。1950～1970 年代，隨著都市土地資源的限制、降低處理成本的經濟考量及提高處理效能等目標，傳統淨水處理單元也研發出許多經濟及高效能的改良技術應用於實場操作：

1. 高效率之混凝方法、助凝劑的開發以提升混凝效率：高效率之多層沉澱池、傾斜管（板）、污泥氈式、稀泥接觸混合式研發，以大幅減少用地，增加單位面積的處理水量及溢流率。

2. 高速快濾池，採用雙層濾料、三層濾料及深層粗濾砂床，增加生產力及提高濾速。

3. 結晶軟化法，去除硬度，不形成石灰污泥。

4. 二氧化氯、臭氧及碘等氧化劑應用於消毒處理程序，添加 PAC（顆粒活性碳）去除總有機物、前驅物質等。

多數的工程設施都不可避免會遇到一個思考的矛盾：追求高效率就得犧牲高彈性。例如：高效率的傾斜管沉澱池，雖可縮短沉降距離與減小土地面積，相對地其容納污泥量的能力就大幅降低；倘若水中濁度突升至數百度，甚至上千萬度，傾斜管沉澱池會嚴重阻塞而喪失功能。其他各類改良技術也有雷同情況，使得改良技術或新形態處理單元所能處理的對象會趨向特定化與單純化，如此應付水質變化的彈性也將有所限制。但這也是給水工程的工藝價值所在，以智慧解決問題，追求務實可行的解決方案。

1980～1990 年代起，飲用水中存在的微量有機物對人體健康產生的長期潛在危害逐漸受到重視。1974 年科學家首次發現當淨水以氯消毒時，氯與水中殘餘的有機物發生化學作用，將可能生成三氯甲烷、溴仿、溴二氯甲烷和氯二溴甲烷等有害的消毒副產物（disinfection by-product, DBP）。隨著水源水質持續惡化，水中的合成有機物（synthetic organic chemicals, SOCs）、氨氮、揮發性有機物（volatile organic chemicals, VOCs）、重金屬、農藥也逐漸在水中被偵測到。尤其是許多新發現的病原微生物，仍不易經由傳統淨水的快濾及消毒氧化機制加以去除，也就產生對人體健康的潛在威脅！例如湖庫優養化的水質普遍有色度及臭味問題，其土臭味（geosmin）及霉臭味（methylisoborneol, MIB）多數是水中浮游生物的藍綠藻（藍綠細菌）和放線菌等造成。屬於藍綠細菌的微囊藻（Microcystis aerginosa），具有藻毒、神經毒和過敏原，而粒徑非常小的梨形鞭毛（Giardiasis, 4～10 μm）和隱胞子蟲（Cryptosporidiosis, 2～4 μm）等致病性原生動物也不容易過濾去除。基於大眾健康風險考量，1986 年美國安全飲用水法案（SDWA），已將水質標準項目由原有的三十多個項目大幅提升為八十三項，各國也紛紛制定嚴格的水質標準。如此不僅使得水場的檢驗、組織、財務、人員及管理系統受到相當大的衝擊，也開展了淨水高級處理技術發展契機。

1.6 未來飲用水水質目標

由於飲用水水質標準已隨健康風險考量及淨水處理需求及處理等級發展而越趨嚴格，工程師配合法令制定的水質標準，訂定淨水場的出水水質目標時，需視每一個淨水單元的功能及最佳操作條件規範設計，如果傳統淨水處理程序無法滿足飲用水標準，多段性（multiple stages）操作結合高級處理程序進行優選組合，將有助提高污染物的整體去除率。

Chapter 2

水組成及水質標準

2.1 水污染物
2.2 水中污染物來源及污染事件回顧
2.3 水質標準及其建立原則
2.4 中華民國飲用水水質標準
2.5 各國飲用水水質標準
2.6 健康風險評估技術及應用
2.7 水質鑑定分析技術
2.8 關切水質項目及處理目標

2.1 水污染物

原水係指未經淨化處理之水，其含有各項可能進入水體的物質，影響水的有效利用，危害人體健康或破壞生態環境。一般來說水中污染物通常可分為生物性、物理性和化學性污染物三大類：

1. 生物性污染物：致病性細菌、病毒、原生動物、寄生蟲等。

2. 物理性污染物：懸浮物質、熱污染和輻射性污染物（銫 137、碘 131、鐳 226、氡、鍶 90、氚、鈾 238）。

3. 化學性污染物：有機化合物和無機化合物；例如石油碳氫化物、含鹵素碳氫化物、農藥、持久性難分解有機化物及重金屬等。

根據 1995 年美國環保署（USEPA）推估，人為化學物質有五百多萬種，微量分析和生物檢測技術進步，可從原水中檢出之化學性污染物已達數千種。若干未被各種管制標準所列管、在天然水體中被「發現」（通常是因分析檢測技術改善而發現），並且在環境中達到一定濃度時，可能對人體健康或環境生態造成損害之污染物，稱為「新興污染物」（contaminant of emerging concern, CEC），也已受到各國環境衛生單位重視與研究。

新興污染物可能是影響人體健康之環境荷爾蒙（內分泌干擾物質）、食品添加物、清潔劑與藥品等，是以飲用水水質標準訂定已隨健康風險考量及淨水處理需求及處理等級發展而越趨嚴格。依據 2015 年新修正之「中華民國飲用水水質標準」，水質污染物依其特性大致分為三大類，如表 2.1 所列。

2.2 水中污染物來源及污染事件回顧

水污染物有多種來源，主要概分為自然產生及人為產生兩類。自然因素造成的水污染，例如地面污水滲漏和地下水流動使地層中某些礦物質溶解，水中鹽分、微量元素或放射性物質濃度偏高而使水質惡化。1960 年代台灣西南沿海，位於台南縣北門、學甲鎮，嘉義縣布袋、義竹等鄉鎮地區曾發生大規模的烏腳病（blackfoot disease）流行即為一例。烏腳病是一種下肢周邊血管疾病，

表 2.1 水質污染物分類

分類	項目
1. 細菌性	大腸桿菌、總菌落數
2. 物理性	臭度、濁度、色度
3. 化學性	
(1) 影響健康物質	砷、鉛、硒、鉻、鎘、鋇、銻、鎳、汞、亞硝酸鹽、氰鹽、總三鹵甲烷、鹵乙酸類、溴酸鹽、亞氯酸鹽、戴奧辛、十五項揮發性有機物及十三項農藥
(2) 可能影響健康物質	氟鹽、硝酸鹽氮、銀、鉬、銦
(3) 影響適飲性、感觀物質	鐵、錳、銅、鋅、硫酸鹽、酚類、陰離子界面活性劑、氯鹽、氨氮、總硬度、總溶解固體量、鋁
(4) 其他物質	自由有效餘氯、氫離子濃度指數（pH 值）

資料來源：中華民國飲用水水質標準（2015）。

患者會有腳部末端缺血、麻感、刺痛致潰瘍及壞疽症狀，在當時引起衛生當局和醫學界廣大關切。根據流行病學調查及地下水檢測數據推論，極可能是民眾飲用含有金屬砷（As）過量之深井水，造成慢性砷中毒。在未鋪設自來水管之前，因水源有限加上淺井的水質過鹹不適合飲用，為了取得更適合的水源，居民採掘深井汲取深層的地下水。這些深井砷含量高達 0.4～0.6 mg/L，遠高於目前的中華民國飲用水水質標準 0.01 mg/L。今日台灣取用地下水作為飲用水源地區已大為減少，烏腳病發生的機率也下降許多。

隨著工業、農業和交通運輸高度發展，人為生產和活動造成水污染來源概分為三類：

1. 工業廢水：各種工商業活動在作業過程排出廢水，成分複雜，污染物含量隨時間變化也很大。成分可能包括無機的酸鹼廢水、有機揮發性、有機半揮發性污染物、重金屬等。

2. 生活污水：人們日常生活產生的各種綜合廢水，包括廚房、浴室、廁所等排出的污水。其來源除家庭生活污水外，還有各種民間及公用事業等排出之污水。生活污水污染物含有懸浮物質如泥砂、礦物廢料、有機物（包括人及牲畜的排泄物、食物和蔬菜殘渣等）、清潔劑，以及微生物如細菌、大腸桿菌、病毒、原生動物等。

3. 農業廢水：因農作物栽培、牲畜飼養及食品加工等過程排出之廢水和液態廢物稱之。噴灑農藥、除草劑及施用化學肥料是典型的農業污染，除了少量施放於農作物被吸收，大多數農藥及含氮磷營養成分肥料會隨著集水區的降雨、沉降和逕流的沖刷等水文循環作用進入地表水或地下水中，造成水體污染。也有在集水區內從事養殖業，造成高濃度蓄牧廢水進入下游水體者。這些農業廢水過高的氮、磷濃度會造成水生物的大量繁殖，致水體日夜溶氧變化大，魚體死亡及水體發生優養化現象。

歷史上因工業污染造成的水污染事件有兩件發生於日本。1953～1972 年期間，日本九州熊本縣水俁市發生「水俁病」事件，一家生產窒素（氮）的公司將數百噸有機汞排入水俁灣，污染了當地水體，造成百餘人死亡。另一件是 1950 年日本富山縣因採礦活動造成的鎘中毒「痛痛病」事件。中毒病人會全身骨骼疼痛、腎臟萎縮，產生尿毒症，且大量流失鈣質，易發生骨折現象。台灣在 1982～1984 年也曾發生桃園縣觀音鄉高銀化工及蘆竹鄉中福村基力化工排放含鎘廢水至灌溉渠道，造成農田污染及稻米鎘含量超過標準事件。

地狹人稠的台灣發生水污染事件時有所聞，位於南部重要水源的高屏溪，上游的養豬廢水、河床養鴨和魚塭排水等畜牧養殖廢水是最大污染源，水中有機物含量增多，嚴重影響進入自來水場水質。1992～1997 年間，政府編列「高屏溪及鳳山溪水污染稽查管制暨重要河川水質監測」委辦計畫，以畜牧業為重點管制業別設置廢水處理，完成養豬戶拆除補償作業，觀測水質已有些改善。然而 2000 年高屏溪遭不肖業者長興化工公司傾倒有機溶劑廢棄物而嚴重污染，使得包括高雄縣鳳山等四鄉鎮及高雄市至少五行政區緊急停水，被認為是台灣公共給水及水源區重大水污染事件之一。該污染物被確認是含苯類有機溶劑，會導致人體神經系統及造血系統危害。

觀諸過往水污染史，人類的工業或農業活動對公共給水水源之影響不可小覷，保護自然就是保護人類是亙古不變的道理，不彰自明。

2.3 水質標準及其建立原則

水質基準（water quality criteria）可解釋為在一特定的水生態環境中污染物對特定對象（人或水生生物）不產生有害影響的最大可接受劑量（或暴

露量）、濃度或者水平限度。依據既有的經驗、實例、實驗結果、模式推估數值而訂出，代表在科學證據上所建議的水質限值。水質標準（water quality standard）制定除應考慮以上所述之科學基準，尚需考慮到在行政、財政、人力執行及技術等社會與科技層面客觀的可行（及）性。因此各國在訂定水質污染物管制項目及濃度之「水質標準」時，除應參酌先進國家飲用水水質標準及其建立原則、污染物質環境背景濃度、毒性物質對生態及處理技術的影響，評估健康安全的合理界限風險，同時應考慮水資源條件、國人飲水習慣、消費者意願、淨水場處理技術能力、改善及營運成本與化學分析技術發展等因素，並經各機關進行協調方可為之，過程需相當嚴謹而審慎。國內與自來水相關的法規主管機關依時間先後及目標管理設施與公眾飲用水健康的不同範疇，涵蓋經濟部水利署及行政院環保署，如表 2.2 所列。

表 2.2　國內與自來水相關的法規

中央主管機關為經濟部：
自來水法及其施行細則、水利法及其施行細則、自來水工程設施標準、自來水用戶用水設備標準、自來水設備檢驗辦法、自來水水質標準
中央主管機關為行政院環保署：
飲用水水質標準、飲用水水源水質標準、水污染防治法、地面水體分類及水質標準、飲用水管理條例及其施行細則

資料來源：
1. 經濟部水利署法規查詢系統 http://wralaw.wra.gov.tw/wralawgip/。
2. 行政院環保署環保法規查詢系統 http://ivy5.epa.gov.tw/epalaw/index.aspx。

2.4 中華民國飲用水水質標準

「中華民國飲用水水質標準」於 1998 年經行政院環境保護署訂定發布，至 2014 年經過四次檢討修正。透過規範飲用水之水質，保障我國公眾飲用水安全，為國人健康奠立穩固的基礎。表 2.3 列出各國或國際組織飲用水水質標準對照表，基於因飲水途徑暴露於污染物引起的健康風險，民眾對水質水量的要求，及因應國際飲水安全管理趨勢，環保署曾委託學界陸續執行「飲用水水源及水質標準中列管污染物篩選與監測計畫」（2007～2009），「飲用水水源及水質標準項目之調查及評估（1/3）」（2014）等多項計畫，篩選出國內飲用水尚未列管的污染物候選名單，包括微生物（糞便性大腸桿菌、大腸桿菌、隱孢子蟲、梨形鞭毛蟲）及二十四項化學物質：尚未管制之消毒副產物、農藥、揮發性有機物、難分解持久性有機物等。並定期採樣國內淨水場之原水及清水水質，依其健康風險、檢驗技術、處理技術、水質環境背景濃度，評估是否需列入飲用水水質管制項目。2015 年中華民國飲用水水質標準共增列九項及修訂一項物質之管制規定，包括增列消毒副產物「鹵乙酸類」、揮發性有機物——「二氯甲烷、鄰 - 二氯苯、甲苯、二甲苯、順 -1,2- 二氯乙烯、反 -1,2- 二氯乙烯、四氯乙烯」、影響適飲性及感觀物質「鋁」及修訂持久性有機污染物「戴奧辛」。

台北自來水事業處定期在網站發布自來水水質檢測結果，供各界查詢（http://www.twd.gov.tw），中華民國環保署飲用水資訊網（http://tsm.epa.gov.tw/drinkwater/index-7.htm）亦列有飲用水水質項目對人體健康的影響說明供查詢。

2.5 各國飲用水水質標準

國際水協會（International Water Association, IWA）於 2004 年提出波昂憲章（Bonn Charter），強調自水源地經淨水場至用戶端的整體飲用水水質管理，並明確指出政府與主管機關的相關責任。世界衛生組織（World Health Organization, WHO）的「飲用水水質準則」、歐盟（EU）的「飲用水水質指令」以及美國環保署的「國家飲用水水質標準」是多數國家參考及訂定水質標準之基礎或依據。多數國家制定飲用水管理相關法規或標準時，經常參酌世界衛生組織所出版之飲用水指導原則（Guidelines for drinking-water quality, 4th edition, www.who.int/en/, 2011）。

2.5.1 世界衛生組織（WHO）

世界衛生組織的飲用水水質準則（Guidelines for drinking-water quality）並非強制性嚴格遵循的限定標準，各國可依據其地理條件、民眾認知、經濟、文化、民意等差異，採用風險一效益分析方法（risk-benefit approach），確定該國家之飲用水水質標準的管制項目與最大限值。故各國飲用水水質標準之管制項目、標準值未必全部相同。

2.5.2 歐盟（EU）

歐盟飲用水指令（Drinking Water Directive）於 1998 年參考世界衛生組織飲用水水質準則修訂，共分為微生物、化學及指標性三類計五十項水質項目，以保護歐盟國家消費者。為了保護嬰兒、兒童、孕婦不受重金屬鉛的神經毒害，造成智力發育不良，歐盟已將重金屬鉛的指標值從 50 μg/L 降至 10 μg/L，並要求在 2013 年 12 月以前必須將含鉛配水管予以更換廢棄。

2.5.3 美國

美國是最早關注消費者飲用水安全性的國家之一。1974 年美國制定安全飲用水法案（Safe Drinking Water Act, SDWA），定期檢討管理法規與修定飲用水水質標準。基於健康風險考量，美國對列管污染物項目逐日加嚴，以保障公共飲水及其水源安全。1986 年安全飲用水法案將水質標準項目從原有的三十幾項提升為八十三項。2003 年修訂美國國家飲用水水質標準（National Primary and Secondary Drinking Water Regulations, NPDWR）共列一百零一項水質項目。針對每一項污染物，訂有最大污染物濃度（maximum contaminant levels, MCLs）和最大目標限值（maximum contaminant level goal, MCLG）。在訂定標準時，必須蒐集毒性化學物質之來源與健康影響等基本資料，進行健康風險評估，遂建立最大污染物管制目標（MCLG），當飲用水中污染物濃度未達此目標時，對人體健康的影響是可忽略的。特別應注意的，MCLG 值後隨之訂定強制性的標準，稱為最大污染物限值（maximum contaminant level, MCL）。美國安全飲用水法定義 MCL 值為：「需經由最佳可行技術、處理技術或其他可利用技術與成本考量後才能達到的濃度值為其 MCL 值」。若沒有任何在經濟面與技術面上適合的方法，可將污染物控制在低濃度時，則會訂定淨水場處理技術（treatment technique, TT）來取代 MCL 值。淨水場處理技術是一個強制性的步驟或技術，確保在供水系統中控制污染物的濃度。美國環保署 2006 年訂定的 Long Term 2 Enhanced Surface Water Treatment Rule（LT2ESWTR），針對傳統水處理程序訂有更嚴格的飲用水質目標：

1. 隱鞭孢子蟲去除率 > 2 log。
2. 梨形鞭毛蟲去除率 > 3 log。
3. 病毒去除率 > 4 log（99.99%）。
4. 總有機碳 TOC < 2 mg/L。
5. 過濾後清水濁度 < 0.3 NTU（95% 時間）。
6. 異常時濁度最大 < 1.0 NTU。
7. 清水含鋁量 Al^{3+} < 0.05 mg/L。
8. 總三鹵甲烷（TTHM）< 40 mg/L。

2.5.4 中華人民共和國

中華人民共和國於 2007 年公告實施「生活飲用水衛生標准」（GB5749-2006），指標由原標準的三十五項增至一百零六項。要求生活飲用水中不得含有病原微生物，其中化學物質和放射性物質不得危害人體健康，感官性狀良好，且必須經過消毒處理等。新標準規定生活飲用水中有機化合物指標包括農藥、環境激素、持久性化合物，消毒指標包括二氯乙酸、微囊藻毒素檢測等，因應日益惡化的水源水質污染問題。

2.6 健康風險評估技術及應用

如何確定人體潛在之健康影響？健康風險是指因為暴露到環境物質而導致傷害、疾病或死亡的可能性。因此風險可分為兩個主要成分，即 (1) 危害（hazard）的存在，以及 (2) 暴露到危害的可能性（likelihood）。

美國國家科學研究委員會（National Research Council）於 1983 年提出風險評估（risk assessment）架構，它是用來估計當人們暴露於危害物質時可能承受不良健康效應的科學工具。其工作內容及程序包括：

1. 危害辨識（hazard identification）：確認某一污染物是否與某種健康影響存在因果相關。

2. 劑量反應評估（dose-response assessment）：暴露程度高低與產生反應

的機會及嚴重程度有無關聯。

3. 暴露評估（exposure assessment）：評估民眾是否有暴露機會，經由哪些種類暴露途徑進入體內，例如食入、呼吸道吸入或皮膚吸收。

4. 風險特性描述（risk characterization）：綜合上述三步驟進行綜合性的評估，估計該污染物引起民眾健康影響風險的風險值的多寡。

致癌風險一般可接受度為 1/1,000,000，此定義表示個人終身暴露於此環境中，可承受之危害風險因子（risk factor）為 10^{-6}，亦即每一百萬人飲用可能有一個人會患癌症的機率。世界衛生組織在「飲用水水質準則」提到在制定化學物質限值時，其暴露途徑除需考慮直接飲用部分，也要考慮從沐浴或淋浴時皮膚接觸或易揮發性物質透過呼吸攝入等途徑造成的暴露。其次，危害物的毒性、致癌性確定，以流行病學或動物實驗為基礎進行的劑量效應評估，包括對健康無不利影響的最高限值（no observed adverse effect level, NOAEL）、觀察到有不利影響的最低限值（lowest observed adverse effect level, LOAEL），判定其有無致癌性、暴露量及暴露途徑確認、劑量效應模式的選用等。基於實驗數據的取得可能來自不同研究室，需要許多合理的假設，相對地，必然存在一定程度的不確定性。

表 2.3　各國或國際組織飲用水水質標準對照表

水質項目（parameters）	飲用水水質標準（Drinking Water Regulations）						
	中華民國 Taiwan 2015	美國 USA 2009	加拿大 Canada 2010	歐盟 EU 1998	世界衛生組織 WHO 2008	中華人民共和國 PRC 2006	日本 Japan 2004
一、細菌性（microbial parameters）							
1. 大腸桿菌群（個 /100 mL）total coliforms (CFU/100 mL, MPN/100 mL)	6	MCLG=0	0	0	0	0	0
2. 總菌落數（個 /mL）total bacterial count (CFU/mL)	100	MCLG=0	-	-	-	100	100

水質項目（parameters）	飲用水水質標準（Drinking Water Regulations）						
	中華民國 Taiwan 2015	美國 USA 2009	加拿大 Canada 2010	歐盟 EU 1998	世界衛生組織 WHO 2008	中華人民共和國 PRC 2006	日本 Japan 2004
二、物理性（physical parameters）							
1. 臭度（初嗅數）odor (TON)	3	3[d]	-	-	-	-	-
2. 濁度 turbidity (NTU)	2	TT（處理技術而定）	1	1	單一：5 平均：≦1	1	2
3. 色度（鉑鈷單位）color (Pt-Co units)	5	15[d]	≦15 (TCU) (AO)	-	-	15	5
三、化學性（chemical parameters）							
（一）影響健康物質（substances affecting health）：							
1. 砷（As）	0.01	0.01	0.01	0.01	0.01	0.01	0.01
2. 鉛（Pb）	0.01	0.015	0.01	0.01	0.01	0.01	0.01
3. 硒（Se）	0.01	0.05	0.01	0.01	0.01	0.01	0.01
4. 鉻（總鉻）（Cr）	0.05	0.1	0.05	0.05	0.05	0.05	0.05
5. 鎘（Cd）	0.005	0.005	0.005	0.005	0.003	0.005	0.01
6. 鋇（Ba）	2	2	1	-	0.7	0.7	-
7. 銻（Sb）	0.01	0.006	0.006	0.005	0.02	0.005	-
8. 鎳（Ni）	0.1	-	-	0.02	0.07	0.02	-
9. 汞（Hg）							
10. 氰鹽（CN^-）	0.002	0.002	0.001	0.001	0.006	0.001	0.0005
11. 亞硝酸鹽氮（NO_2^--N）	0.1	1	0.97	0.5	0.91	-	10
12. 總三鹵甲烷（THMs）	0.08	0.08	0.1	0.1	0.1	f	0.1
13. 鹵乙酸類（Haloacetic acids）（HAA5）[g]	0.08	0.06	0.08	-	j	-	-
14. 溴酸鹽（Bromate）	0.01	0.01	-	0.01	0.01	0.01	0.01
15. 亞氯酸鹽（Chlorite）	1.0	1.0	-	0.7	1.0	0.7	-

水質項目（parameters）	飲用水水質標準（Drinking Water Regulations）						
	中華民國 Taiwan 2015	美國 USA 2009	加拿大 Canada 2010	歐盟 EU 1998	世界衛生組織 WHO 2008	中華人民共和國 PRC 2006	日本 Japan 2004
揮發性有機物（volatile organics）：							
16. 三氯乙烯（Trichloroethylene）	0.005	0.005	0.005	0.01	0.02	0.07	0.03
17. 四氯化碳（Carbon tetrachloride）	0.005	0.005	0.005	-	0.004	0.002	0.002
18. 1,1,1- 三氯乙烷（1,1,1-Trichloroethane）	0.2	0.2	-	-	-	2	-
19. 1,2- 二氯乙烷（1,2,-Dichloroethane）	0.005	0.005	0.005	0.003	0.03	0.03	-
20. 氯乙烯（Vinyl chloride）	0.002	0.002	0.002	0.0005	0.0003	0.005	-
21. 苯（Benzene）	0.005	0.005	0.005	0.001	0.01	0.01	0.01
22. 對 - 二氯苯（para-Dichlorobenzene）	0.075	0.075	0.005	-	0.3	0.05	0.05
23. 1,1- 二氯乙烯（1,1-Dichloroethylene）	0.007	0.007	0.014	-	-	0.03	0.02
24. 二氯甲烷（Dichloromethane）	0.02	0.005	0.05	-	-	0.02	0.02
25. 鄰 - 二氯苯（1,2-Dichlorobenzene）	0.6	0.6	0.2	-	1	1	-
26. 甲苯（Toluene）	1	1	0.024	-	0.7	0.7	0.4
27. 二甲苯（Xylenes）	10	10	0.3	-	0.5	0.5	0.4
28. 順 -1,2- 二氯乙烯（cis-1,2-Dichloroethene）	0.07	0.07	-	-	0.05	0.05	0.04
29. 反 -1,2- 二氯乙烯（trans-1,2-Dichloroethene）	0.1	0.1	-	-	0.05	0.05	0.04
30. 四氯乙烯（Tetrachloroethene）	0.005	0.005	0.005	-	0.04	0.04	0.01
農藥（pesticides）：							
31. 安殺番（Endosulfan）	0.003	-	-	[a]	-	-	-
32. 靈丹（Lindane）	0.0002	0.0002	-	[a]	0.002	0.002	-
33. 丁基拉草（Butachlor）	0.02	-	-	[a]	-	-	-

水質項目 (parameters)	飲用水水質標準 (Drinking Water Regulations)						
	中華民國 Taiwan 2015	美國 USA 2009	加拿大 Canada 2010	歐盟 EU 1998	世界衛生組織 WHO 2008	中華人民共和國 PRC 2006	日本 Japan 2004
34. 2,4- 二氯苯氧乙酸 (2,4-Dichlorooxyacetic acid, 2,4-D)	0.07	0.07	0.1	[a]	0.03	0.03	-
35. 巴拉刈 (Paraquat)	0.01	-	0.01	[a]	-	-	-
36. 納乃得 (Methomyl)	0.01	-	-	[a]	-	-	-
37. 加保扶 (Carbofuran)	0.02	0.04	0.09	[a]	0.007	0.007	-
38. 滅必蝨 (Isoprocarb)	0.02	-	-	[a]	-	-	-
39. 達馬松 (Methamidophos)	0.02	-	-	[a]	-	-	-
40. 大利松 (Diazinon)	0.005	-	0.02	[a]	-	-	-
41. 巴拉松 (Parathion)	0.02	-	0.05	[a]	-	0.003	-
42. 一品松 (EPN)	0.005	-	-	[a]	-	-	-
43. 亞素靈 (Monocrotophos)	0.003	-	-	[a]	-	-	-
44. 戴奥辛 (Dioxin)[h]	3 pg-WHO-TEQ/L	3Î10^{-8}	-	-	-	-	-
(二) 可能影響健康物質 (substances probably affecting health):							
1. 氟鹽 (Fluoride, F^-)	0.8	4.0[b]	1.5	1.5	1.5	1	0.8
2. 硝酸鹽氮 (NO_3^-N, Nitrate Nitrogen, As N)	10	10	45[c]	50[c]	50[c]	10	10
3. 銀 (Silver, Ag)	0.05	0.1[d]	-	-	-	0.05	-
4. 鉬 (Molybdenum, Mo)	0.07	-	-	-	-	0.07	-
5. 銦 (Indium, In)	0.07	-	-	-	-	-	-
(三) 影響適飲性物質 (substances probably affecting palatability):							
1. 鐵 (Iron, Fe)	0.3	0.3[d]	≦0.3 (AO)	0.2	-	0.3	0.3
2. 錳 (Manganese, Mn)	0.05	0.05[d]	≦0.05 (AO)	0.05	0.4	0.1	0.05
3. 銅 (Copper, Cu)	1	1.0[d] 1.3[e]	≦1.0 (AO)	2	2	1.0	1.0
4. 鋅 (Zinc, Zn)	5	5.0[d]	≦5.0 (AO)	-	-	1.0	1.0

水質項目 (parameters)	飲用水水質標準 (Drinking Water Regulations)						
	中華民國 Taiwan 2015	美國 USA 2009	加拿大 Canada 2010	歐盟 EU 1998	世界衛生組織 WHO 2008	中華人民共和國 PRC 2006	日本 Japan 2004
5. 硫酸鹽 (Sulfate, SO_4^{2-})	250	250[d]	≦500 (AO)	250	-	250.0	-
6. 酚類 (Phenols)	0.001	-	-	-	-	0.002	0.005
7. 陰離子界面活性劑 (MBAS)	0.5	-	-	-	-	0.3	0.2
8. 氯鹽 (Chloride, Cl^-)	250	250[d]	≦250 (AO)	250	-	250	200
9. 氨氮 (NH_3-N)	0.1	-	-	0.5	-	0.5	-
10. 總硬度 (total hardness, as $CaCO_3$)	300	-	-	-	-	450	300
11. 總溶解固體量 (total dissolved solids, TDS)	500	500[d]	≦500 (AO)	-	-	1000	500
12. 鋁 (Aluminium, Al)[i]	0.3[h]	0.05-0.2	0.1-0.2	0.2	-	0.2	0.2
四、自由有效餘氯 (residual chlorine)	0.2~1.0	4	-	-	5	0.3	-
五、pH 值 (pH value)	6.0~8.5	6.5~8.5[d]	6.5~8.5	6.5~9.5	-	6.5~8.5	5.8~8.6

備註：

MCLG = maximum contaminant level goal。

NTU = nephelometric turbidity unit。

AO = aesthetic objective。

TCU = true colour unit。

a. 個別項目限值 0.0001 mg/L，總和限值 0.0005 mg/L。

b. 美國同時在次要標準中對氟鹽訂定限值為 2 mg/L。

c. 以 NO_{2-} 表示。

d. 美國國家飲用水次要水質標準。

e. 以行動標準（action level）代替訂定 MCL。

f. 總三鹵甲烷（THMs）化合物中各種化合物的實測濃度與其各自限值的比值之和不超過 1。

g. 鹵乙酸類係檢測一氯乙酸、二氯乙酸、三氯乙酸、一溴乙酸、二溴乙酸（等共五項化合物（HAA5）所得濃度之總和計算之。

h. 戴奧辛（Dioxin）濃度係以檢測十七項戴奧辛及喃呋等化物所得濃度，乘以世界衛生組織所訂戴奧辛毒性當量因子（WHO-TEFs）之總和計算之，並以總毒性當量（TEQ）表示。

i. 檢測總鋁濃度。

j. WHO（2011）飲用水水質指引值：一氯乙酸 0.02 mg/L、二氯乙酸 0.05 mg/L 及三氯乙酸 0.2 mg/L。

美國飲用水標準內關於水中允許污染物質的最大目標限值（MCLG）訂定，係指在不致對人體健康造成已知負面影響下，所訂定最大容許污染濃度，這項目標限值就是根據毒理學對健康無不利影響最高限值（NOAEL）加以推估：

$$MCLG = (NOAEL) \div (UF) \tag{2.1}$$

NOAEL：對健康無不利影響的最高限值（no observed adverse effect level）。

UF：不確定因子（uncertainty factor）；需考量不同物種差異、暴露期間長短及應用不同模式研究數據差異，範圍從 10～10,000 不等。

例題 2.1　**最大目標限值（MCLG）推估**

根據 Keiko Asakura（2008）文獻，鉬的無明顯有害效應劑量（NOAEL）為 1,000 mg/kg/day。假設成人體重 70 kg，每天飲水量為 2 L，每天經由飲用水途徑暴露鉬的總量比例為 20%，請推估飲用水中鉬的最大管制目標值（MCLG）？

解：

對健康無不利影響的最高限值（NOAEL）：1,000 mg/kg/day

飲用水相對貢獻比例：10%

成人平均體重 70 kg、每人每天飲水 2.0 L

不確定因子（UF）：10,000

$$MCLG = \frac{1{,}000\ mg/kg/day \times 70\ kg \times 20\%}{2\ L/day \times 10{,}000} = 0.7\ mg/L$$

使用風險評估法推斷，不確定因子（UF）是最易引起爭議之處。風險評估研究參考資料來源可能包括美國環保署（US EPA）、世界衛生組織（WHO）、國際癌症研究組織（IARC）、台灣勞工安全衛生研究所所彙整之物質安全資料表（MSDS）等國內外環保衛生單位所完成化學物質之毒理資料庫。詳細的風險評估及毒理學學理說明請參考相關專業書籍論述。

2.7 水質鑑定分析技術

在合理經濟的操作系統下，公共給水系統應提供消費者安全舒適爽口的飲用水，水質也需符合法令標準。惟目標值的訂定仍需視該物質之最佳可行技術或分析方法極限，而設定合理且可達成濃度。除了從健康風險考慮，亦須考慮檢驗技術之可行性，美國環保署訂其最高污染量標準（MCLs）時，其水質鑑定分析技術也配合三個主要考據：(1) 方法的選擇；(2) 分析實驗室技術的可行性；(3) 分析方法的決定，並在聯邦法規中公布。台灣公告之水質分析及飲用水處理藥劑分析方法可至中華民國行政院環境保護署環境檢驗所網站查詢（http://www.niea.gov.tw/）。由美國公共衛生協會（APHA）出版之《水和廢水檢驗標準方法》（*American Public Health Association: Standard Methods for the Examination of Water and Wastewater*）列有更多國際公認接受之分析方法（http://www.standardmethods.org/）。

2.8 關切水質項目及處理目標

2.8.1 致病微生物

大多數水生傳染性疾病是藉由水生動物引起，例如：大腸桿菌、隱孢子蟲和梨形鞭毛蟲，即使很少的數量，都可能導致嚴重的疾病，根據 1986 年美國安全飲用水法（SDWA），美國 1989 年訂定地表水處理規範（Surface Water Treatment Rule, SWTR），建置有公共給水設施施工的基本指引。規定以地表水做水源者，必須進行過濾和殺菌處理，對於梨形鞭毛蟲須達到 99.9%（3 log）的去除或去活性程度，病毒去除率需達 99.99%（4 log），最大目標限值（MCLG）為不得驗出。殺菌去除率，需要由消毒劑的水中剩餘濃度 C（mg/L）和其接觸時間 T（min）的乘積 CT 值進行估算。隨著 CT 標準而規定的是淨水濁度和大腸菌（coliform）。淨水濁度一個月間的連續濁度測定值的 95% 以上在 0.5 NTU 以下，濁度不能超過 5 NTU。對於配水系統的剩餘氯，也要求淨水場清水至少要保持 0.2 mg/L 以上。

台灣在飲用水水質標準中僅列出大腸桿菌群（coliform group）和總菌落數（total bacterial count）兩項水質項目，美國飲用水水質標準在微生物指標部分卻有七項之多，包括：隱孢子蟲、梨形鞭毛蟲、軍團菌屬、病毒等指標；澳洲、英國及法國等國也都針對微生物細項列出詳細明確的量化標準。

1. 大腸桿菌

大腸桿菌為細菌的一種，學名 Escherichiacoli，其中 Escherichia 為屬名，coli 為種名。大腸菌類是指能使乳醣（lactose）發酵，並產生氣體和酸、格蘭姆染色呈陰性、無芽胞、以濾膜法培養會產生金屬光澤之深色菌落者。大腸菌類在人體排泄物中經常大量存在，且常與消化系統之致病菌共存，其生存力比一般致病菌如傷寒、霍亂、痢疾等強，但比一般細菌弱，故如水中無大腸菌類，可認為無致病菌存在，而有大腸菌類並不表示一定會有致病菌。

總大腸桿菌（total coliform）與糞便型大腸桿菌（fecal coliform）常作為水質是否乾淨的顯著指標，糞便型大腸桿菌 97% 來自人或家禽的糞便，若在水中找到糞便型大腸桿菌菌落，此原水可能遭受人或家禽之糞便污染（USEPA, 2006）。目前我國飲用水、自來水及各類水體水質標準定有大腸菌類之管制標準，飲用水及自來水之標準較嚴格，與日本及歐美國家標準相似。傳統淨水程序加氯消毒，預計可去除 99% 以上的大腸桿菌。常見的大腸菌類分析結果有兩種表示法，依分析方法不同，一種係以 CFU/100 mL 為單位，一種則以 MPN/100 mL 為單位。MPN 為 most probable number 縮寫，譯為最大可能數。

2. 梨形鞭毛蟲和隱孢子蟲

梨形鞭毛蟲（Giardia lamblia，約 8～13 μm）和隱孢子蟲（Cryptosporidium，約 4～6 μm）都非常小，普遍存在動物腸道中，梨形鞭毛蟲的檢出率代表水源遭排泄物污染的可能性提高。台北及桃園等地的淨水場及簡易自來水場原水及清水分析結果均曾顯示，原水中可檢測梨形鞭毛蟲檢出率為 85%，平均含量為 538.8 cysts/100 L；清水中梨形鞭毛蟲檢出率為 65%，平均含量為 25.7 cysts/100 L（黃志彬，1999）。

這兩類原生動物都非常小，會藏匿於懸浮顆粒中或被屏蔽，值得關注。傳統處理方法包括化學混凝、沉澱及過濾，對於大腸桿菌與糞便大腸桿菌群可有效去除，卻無法有效去除隱孢子蟲和梨形鞭毛蟲。目前研究發現臭氧氧化、紫外線消毒及薄膜過濾法，能有效去除上述原生動物。

3. 病毒

病毒（virus）依存於其他動物體內，大小約 0.015 μm 左右，病毒有數百種，水質主要關切為腸道病毒（enteric viruses），也就是能在人體內繁殖並可能引起疾病的病毒：A 型肝炎病毒（HAV）輪狀病毒、脊髓灰質炎病毒、腺病毒伴隨衛星病毒、腸道病毒、瘤病毒等。

2.8.2 濁度

濁度（turbidity）代表水的混濁度。當光線通過水體時，水中懸浮物質對光線產生散射干擾，就會造成水的混濁度。美國環保署於 2002 年將濁度列入微生物學指標，其限值從 0.5 NTU（95% 合格率）降低至 0.3 NTU，且絕不能超過 1.0 NTU，避免影響消毒效率。台灣目前濁度標準是小於 2 NTU，顯然這個標準已過低了。美國訂定淨水場清水濁度標準是基於對微生物風險考慮，因為梨形鞭毛蟲和隱孢子蟲非常小，微生物很容易藏匿於懸浮顆粒中影響人體健康，更不易經由傳統加氯氧化及膠凝程序去除。然而也有若干美國水場曾以最佳操作程序做過水質測試，他們發現水中 2～10 μm 的懸浮顆粒去除率可達 3～4 log，因此良好的操作配合傳統處理程序，滿足清水濁度低於 0.1 NTU 的目標是可行的。控制濁度就是確保水質安全，這也是淨水程序以濁度作為設計參數的重要目的。

近年來隨著極端氣候考驗，台灣面臨強降雨時常發生原水高濁度問題。因為傳統淨水程序很難直接處理高濁度原水，目前多採取增加混凝劑用量或是被迫停水等待水清再進水因應。當飲用水源濁度超過 200 NTU 時，得適用放寬的標準：

表 2.4　暴雨或其他天然災害致水源濁度超過 200 NTU 時，飲用水水質濁度得適用之水質標準

項目	最大限值（NTU）
濁度（turbidity）	4（水源濁度在 500 NTU 以下時）
	10（水源濁度超過 500 NTU，而在 1,500 NTU 以下時）
	30（水源濁度超過 1,500 NTU 時）

資料來源：中華民國飲用水水質標準（2015）。

嚴格地說，導致國內淨水場無法因應高濁度主因是沉澱池排泥能力不足，使池內積泥。如何改善淨水場處理功能或是增設「預沉澱池」減低濁度，也是未來水場升級面臨的實際問題。

○2.8.3 消毒副產物

除了致病微生物引起急性病的危險性，淨水處理也發現消毒副產物（disinfection by-products, DBPs）生成對人體健康的危害性。故台灣飲用水水質標準（2015）已納入三鹵甲烷（total trihalomethanes, TTHMs）及鹵乙酸類（haloacetic acids, HAA5）為管制項目。消毒副產物是在淨水場加氯消毒過程中產生，原水有機物含量是重要的影響因素。水中有機物和氯反應會形成三鹵甲烷（total trihalomethanes, TTHMs），包括 $CHCl_3$（氯仿）、$CHBrCl_2$（一溴二氯甲烷）、$CHBr_2Cl$（二溴一氯甲烷）、$CHBr_3$（溴仿）等。三鹵甲烷為具有致癌性與致突變性之消毒副產物，相關流行病學研究發現，人體暴露或食入含有加氯消毒副產物之水質，發生膀胱癌、腦癌、直腸—結腸癌之機率會增加。另一類消毒副產物是鹵乙酸類（HAA5），也被發現可能具有致癌性與致突變性，包括一氯乙酸（MCAA）、二氯乙酸（DCAA）、三氯乙酸（TCAA）、一溴乙酸（MBAA）、二溴乙酸（DBAA）等共五項化合物。

消毒副產物研究最早起於 1970 年代的美國，研究確認了加氯消毒所產生有機鹵化物的健康風險。影響消毒副產物之生成因子包含其前驅有機物質、pH 值、加氯量、反應時間、溫度、季節與溴離子濃度等等（Singer, 1999）。水中的天然有機物（natural organic matter, NOM）或總有機碳（total organic carbon, TOC），通常被視為消毒副產物之前驅物質，主要來自水源區生長之藻類，其生物體及胞外代謝有機物（extra cellular products, ECPs）。

為了有效控制及去除加氯消毒副產物，須減少使消毒副產物產生之前驅物質。如以加強混凝（enhanced coagulation）提高有機物去除率達 50～60% 左右（USEPA, 1993），配合加強石灰軟化法（enhanced lime softening），降低原水和過濾水中總有機碳（TOC）濃度及對應原水應添加鹼度量，控制消毒副產物發生機會。對於已生成之消毒副產物，則可使用逆滲透薄膜、活性碳吸附與高級氧化程序等降低濃度或去除之。

2.8.4 影響健康物質

基於健康風險考慮，2008 年修訂之中華民國飲用水水質標準增列了戴奧辛（dioxin）和亞氯酸鹽（chlorite）兩項影響健康物質，並在可能影響健康物質項目增加了鉬（molybdenum）和銦（indium），分別規範淨水場取水口上游周邊五公里範圍內有半導體製造業、光電材料及元件製造業等污染源者。

依據國際癌症中心（IARC）致癌分類，戴奧辛為確定致癌物，對人體具皮膚毒性、神經系統毒性、肝臟毒性、致腫瘤（如軟組織腫瘤及惡性淋巴腫瘤、生殖系統毒性）。2014 年新修訂之飲用水水質標準，戴奧辛（dioxin）限值為 3 皮克 — 世界衛生組織 — 總毒性當量／公升（pg-WHO-TEQ/L）。其標準係以 2,3,7,8- 四氯戴奧辛（2,3,7,8-tetrachlorina-ted dibenzo-p-dioxin -2,3,7,8-TeCDD）、2,3,7,8- 四氯喃呋（2,3,7,8-tetra chlorinated dibenzofuran,2,3,7,8-TeC-DF）及 2,3,7,8- 氯化之五氯（Penta-）、六氯（Hexa-）、七氯（Hepta-）與八氯（Octa-）戴奧辛及喃呋等共十七項化合物所得濃度，乘以世界衛生組織所訂戴奧辛毒性當量因子（WHO-TEFs）之總和計算之，並以總毒性當量（TEQ）表示。

揮發性有機物部分，2014 年修定飲用水水質標準增加了「二氯甲烷」、「鄰 - 二氯苯」、「甲苯」、「二甲苯」、「順 -1,2- 二氯乙烯」、「反 -1,2- 二氯乙烯」、「四氯乙烯」的水質標準，如表 2.3。

2.8.5 持久性難分解有機物

在環境中不易分解之持久性有機物（persistent organic pollutants, POPs）、內分泌干擾物（endocrine-disrupting compounds, EDCs）、環境荷爾蒙（environmental hormone），乃至個人照護之醫藥用品（pharmaceutical and personal care products, PPCPs），已逐漸隨著人類使用流布至環境水體中。對人體健康及環境生態具有潛在危害的污染物統稱為「新興污染物」（compounds of emerging concerns, ECs），雖尚未被飲用水水質標準所列管，也因分析檢測技術改善多可被檢測追蹤。近年來研究學者採集河川水或淨水場原水分析時，陸續有發現這類新興污染物，其濃度介於 ng/L～μg /L 不等。

2011 年台灣塑化劑事件而受到關切的鄰苯二甲酸二（2- 乙基己基）酯

（DEHP），就是屬於新興污染物。環境賀爾蒙類的壬基酚、鄰苯二甲酸二（2-乙基己基）酯（DEHP）、雙酚 A 等三項具有生物累積性、持久性難分解之有機污染物，也已經環保署公告列管為毒性化學物質。

2.8.6 藻毒素

隨著氣候變遷及集水區污染等因素，水體微囊藻（Microcystis）爆發事件頻傳。水質優養容易造成藻華現象，例如水中大量藍綠藻在生長過程中會釋放對人體有害之藻毒，以微囊藻毒 LR 型（Microcystin-LR）最常見。屬於藍綠藻屬（Cyanobacteria）的微囊藻，因體內含有危害肝臟毒素而受到重視。WHO 在「飲用水指導原則」（Guidelines for Drinking-water Quality）中增加「微囊藻毒素」的標準為 1 μg/L。

台灣地區曾作過水庫表水、淨水程序與配水管網中微囊藻毒的採樣及評估分析。結果顯示，水庫表水中微囊藻毒濃度為 N.D.-1.2 μg/L、原水介於 N.D.-0.47 μg/L、清水與配水管網樣品均小於 0.1 μg/L（林財富，2007）。

當水源發生藻華時，應控制原水中過高的有機物和藻毒進到水場，淨水場取水口務必避開微囊藻聚集之表水層，例如：採中層取水。其次在淨水場內應加強混凝（明礬或硫酸鐵為混凝劑）、沉澱和過濾程序，並增加採用 (1) 臭氧氧化、(2) 臭氧結合過氧化氫氧化，或 (3) 薄膜法等高級處理程序法去除藻毒。林財富（2007）進行三年監測結果報告顯示，傳統淨水場對毒素去除效果平均約 32～65% 左右，具慢濾之淨水場去除效率約 48～100%，高級處理淨水場去除效果可以達 53～96%（平均 75%）。在藻類去除效果上，三種類型水場均可達 90% 以上。

2.8.7 硬度

水中多價陽離子（multivalent cations）是導致水具有硬度的主要原因，尤以鈣（Ca^{2+}）與鎂（Mg^{2+}）離子兩者為天然水中之陽離子，其餘如 Fe^{2+}、Mn^{2+}、Sr^{2+}、Al^{3+} 等亦可能存在天然水中，但相對含量低，常忽略不計。含石灰岩地區及土壤表層較厚地區，大部分硬度是由於土壤中碳酸鹽的沉澱物引起，因此硬度通常是以碳酸鈣的重量百萬分比（parts per million, ppm）表示。硬水對人體無害，但若使用為工業用水，可能在鍋爐、冷卻塔或其他處理水的設施中沉澱產生水垢而導致故障。故可採用硬水軟化程序降低水硬度，提高水使用的安全性。因使用的水源流經地層結構不同，因此總硬度也就不相同。基於口感適飲性，一般硬度介於 80～100 mg/L（as $CaCO_3$）可以被大眾所接受，大於200 mg/L則不佳但仍可忍受，大於500 mg/L則為多數人無法接受之濃度。表 2.5 為世界衛生組織（WHO）公布水質硬度分類。根據台灣自來水公司監測水質資訊，台灣地區自來水由北而南水質硬度漸增。北台灣地區鈣、鎂離子濃度維持在80～160 mg/L之間的中度硬水區；中部地區介於160～300 mg/L（硬水）；台南地區總硬度約為 124～139 mg/L（硬水），高雄地區硬度約 136～223 mg/L（硬水～超硬水）。

表 2.5　不同硬度等級的水質分類

分級	硬度
	mg/L（as $CaCO_3$）
軟（Soft）	0～60
中度（Moderately hard）	60～120
硬（Hard）	120～180
甚硬（Very hard）	>180

資料來源：世界衛生組織（WHO）公布水質硬度分類基準。

2.8.8　影響適飲性及感觀物質

除了影響健康物質，消費者對自來水品質還包括了對外觀、嗅、味、色等感官要求。味覺是舌頭味蕾能夠感受物質味道的能力，包括食物、某些礦物質以及有毒物質的味道。嗅覺是鼻腔內接收的化學信息，同屬於化學誘發感覺。國內飲用水水質標準關於適飲性物質項目包括：影響嗅覺的臭度（odour）及酚類（phenols），影響水色的色度（colour）、濁度（turbidity）、鐵（iron）及錳（manganese）、銅（copper）、鋅（zinc），影響味道口感的氯鹽（chloride）、總硬度（total hardness，以 $CaCO_3$ 計）及總溶解固體量（total dissolved solids），以及影響牙齒健康的氟鹽（fluoride，以 F^- 計）。

自來水臭味問題在國內外存在已久，台灣南部水源澄清湖於民國 65 年（1976 年）就出現臭味，以東港溪為水源的鳳山水庫，配水管網清水也均曾偵測到臭味物質（溫清光，1995；林財富，2002）。

根據美、法及台灣地區對水場或消費者作自來水臭味調查顯示（林財富，2002），法國水場不加氯，民眾對氯味（或是臭氧味）抱怨少，美國及台灣高雄地區對氯味抱怨比率較高。當水中餘氯超過 0.15 mg/L 以上時，民眾即可感受到，而水中的臭味也常受到民眾的抱怨。

臭味的種類眾多，飲用水的土臭味可能是微生物代謝產物造成，例如放線菌（Actinomycetes）或藍綠藻（Cyanobacteria）代謝釋放出的物質 geosmin（GSM）及 2-methylisoborneol（2-MIB），此兩種化合物是屬於環狀結構的三級醇類。隨著國人對飲用水品質需求提高，對異臭味物質 geosmin 及 2-MIB 控制與管理也可能是未來的趨勢。由於傳統淨水處理難以去除 geosmin 及 2-MIB，以臭氧結合生物濾床法（ozone-enhanced biofiltration）被視為可行的控制技術之一。

水中異臭味物質的分析方法可分為感覺分析法（sensory analysis）及化學分析法（chemical analysis）。後者係以化學氣相層析方法分析，前者在大部分國家包括台灣均採用臭味閾值（或稱初嗅數，threshold odor number, TON）來表示。公告臭味閾值方法（NIEA W206.50T）是將水樣以無臭水（odor-free water）稀釋直到水樣仍能聞到臭味的最大稀釋體積因子，水樣最大值為 200。但此方法因人為及主觀意識容易造成實驗誤差，歐美許多水場已採用食品業之嗅覺層次分析法（flavor profile analysis, FPA）進行分析，且已列入水質分析標準方法（Standard Method 2170）（APHA, 1995）。

◇2.8.9 金屬鋁（aluminum）

暴露在含鋁環境中可能會加速老年痴呆或失智症的風險，包括台灣及歐美、歐盟等國均已將鋁列入飲用水水質管制項目。飲用水中的鋁主要是來自淨水程序混凝沉澱使用鋁鹽作為混凝劑的殘留含量，使總鋁（溶解性鋁）濃度增加。美國國家飲用水水質標準定義鋁的濃度管制值為 0.05～0.2 mg/L。已有研究在討論如何在淨水程序中使用過濾助劑、調整酸鹼值，控制過濾水的餘鋁濃度。台灣制訂總鋁水質標準自民國 104 年 7 月起最大限值為 0.2 mg/L；自民國

108 年最大限值降低為 0.2 mg/L。另為因應供水需求及台灣特殊氣候水文環境，陸上颱風警報期間水源濁度超過 500 NTU 時，及警報解除後三日內水源濁度超過 1,000 NTU 時，因必須使用大量混凝劑降低濁度，故原鋁標準不適用。

2.8.10 輻射性物質

我們的生活環境原本就存在天然的輻射，包括來自外太空的宇宙射線、地球表面的地表輻射、地下的氡氣，以及隨著食物飲水進入人體的微量天然放射性元素。天然放射性物質如含有鈾、釷、鉀等天然放射性核種礦物或含有其衰變後產生的放射性核種之物質。緊鄰台灣陽明山國家公園的北投地熱谷，該地點的溫泉含有放射性鐳元素，也因此孕育出著名的放射性礦石——北投石。這些天然存在輻射的劑量極低，對於居民及遊客並不會造成健康的影響。然而隨著 2011 年 3 月 11 日日本福島核電廠輻射外洩事件，提高了大眾對輻射性物質的關切。中華民國經濟部已於民國 100 年 9 月公告「主要供水庫管理單位因應輻射污染監測措施」，實施輻射污染監測以保障民生用水安全。

中華民國「飲用水水質標準」對於輻射性物質含量並無規範，依據游離輻射防護法第 22 條規範：「商品對人體造成之輻射劑量，於有影響公眾健康之虞時，主管機關應會同有關機關實施輻射檢查或偵測。」依據此法，行政院原子能委員會在 2007 年修正「商品輻射限量標準」法規，針對飲用水（指供人飲用之水，含包裝水）訂有明確標準，如表 2.6，項目包含總阿伐（α）/ 總貝他（β）活度、放射性同位素氚（^{3}H）、鍶 90（^{90}Sr）、鐳（Ra-226 和 Ra-228）活度。

表 2.6 中華民國商品輻射限量標準：飲用水（指供人飲用之水，含包裝水）

項目	貝克 / 立方公尺（Bq/m^3）
總阿伐（α）	550
總貝他（β）	1,800
氚（^{3}H）	740,000
鍶 90（^{90}Sr）	300
鐳（Ra-226和Ra-228）	740

飲用水中貝他及加馬所造成之年有效劑量限值為 40 微西弗（mSv/yr）。

活度的定義係指一定量之放射性核種在某一時間內發生自發性衰變的數目。國際單位是貝克（Bq），1 貝克（Bq）相當於 2.703×10～11 居里（Ci）。

2.8.11 更嚴格的淨水處理目標

工程師配合法令水質標準，制定淨水場的出水水質目標時，需視每一個淨水單元的功能及最佳操作條件規範設計，如果傳統淨水處理程序無法滿足飲用水標準，多段性（multiple stages）操作結合高級處理程序進行優選組合，將有助提高污染物的整體去除率。美國環保署列出未來可能更嚴格的淨水水質目標，要求工程師在設計水場的淨水程序初期應列入參考：

1. 沉澱池出水濁度應低於 2.0 NTU。
2. 過濾池應按設計反洗砂率執行每日一次反沖洗。
3. 過濾清水濁度應低於 0.1 NTU。
4. 過濾清水中介於 2～10 μm 懸浮顆粒應少於 50 particles/mL。
5. 過濾清水餘鋁（aluminum）濃度應低於 0.05 mg/L。
6. 過濾清水總有機碳（TOC）濃度應低於 2.0 mg/L。
7. 過濾清水總三鹵甲烷（TTHMs）濃度應低於 40 mg/L。
8. 過濾清水之鹵乙酸（HAA_5）濃度應低於 30 mg/L。
9. 過濾清水之溴酸鹽濃度應低於 10 mg/L。

Chapter 3

取水導水設計

3.1 水源水質特性

3.2 取水原則

3.3 需水量估計

3.4 取水工程

3.5 導水工程

良好的取水設施應在枯水及豐水期都滿足計畫的取水目標量。摘錄中華民國「自來水工程設施標準」(2003)第5條內容:「自來水取水設施之水源必須水量充足、水質良好,除經常確保計畫取水量外,並應考慮將來發展需要,經過淨水處理後,應符合自來水法第十條規定之水質標準。」

3.1 水源水質特性

3.1.1 河川水

河川水多來自上游集水區的地表逕流,易受天候影響。當集水區發生短時間高強度而集中的降雨,使地面沖蝕泥砂被帶入河中,水體濁度將因此升高。如果河川周邊有從事農業、工商業及居住生活等人為活動,隨之產生的點源或非點源污染進入地面水,原水水質隨時間及河段上下游位置也易產生變化。

若以河川水為取水水源者,應先就下列事項進行調查,並利用過去流量與氣象資料估計水源之安全出水量:

1. 水量及水位
   (1) 每年最低枯水量、枯水位。
   (2) 水量、水位變化情形。
   (3) 每年最高洪水位。

名詞解釋:
a. 枯水量:1年中355天河川水不低於該水量。
b. 平水量:1年中185天河川水不低於該水量。
c. 洪水量:各年中河川水發生最大的洪水量。

2. 水權

3. 水質
   (1) 勘查影響水質之天然與人為因素。

(2) 降雨與濁度之關係。

(3) 整年水質變化。

河川水質一般是以生化需氧量（BOD）、化學需氧量（COD）及溶氧（DO）水質指標代表受污染程度。取自河川水源者受細菌性污染機會較高，然而河川具有自淨作用，多少可減低有機物及無機物污染。

河川地表逕流之安全出水量是以重現期距為 20 年之枯水流量為準，但近年受到氣候變遷影響，如果有較長期的枯水量及水位數據，統計得到最大枯水量及枯水位，有助於取水設備設計參考。若是以小溪流為水源的小規模自來水設施，無長期流量紀錄可分析時，得斟酌予以推定其安全出水量。

3.1.2 湖沼及水庫

天然湖沼或人工圍築水庫的原水，由於湖庫水流速度緩慢，自淨作用較河川高，水質變化也較河川穩定。台灣地處亞熱帶，湖庫隨季節變化常有熱分層效應（thermal stratification），雖沒有溫帶國家明顯的春和秋季翻轉（over turn）現象，促使水體混合及攪動，但夏季有明顯的熱分層。圖 3.1 說明集水區當過量氮、磷營養鹽進入湖庫會促使藻類生長及水中溶氧日夜變化，水質惡化。在冬季北部水庫也易受水溫及水量變化產生水體翻轉，有利於底泥生物分解後產生還原性污染物及營養鹽被攜帶至表水，再度被藻類攝取。

湖泊水庫為水源之取水設備，應在水庫所預期之水位變化範圍內取水，故可能設有上、中、下層的取水口。水庫管理單位應配合水質監測儀定期監測水中微生物、濁度、氮磷營養鹽、溶氧、水溫及鐵、錳等金屬含量垂直分布，以調節取水口深度進行分層取水，避免取到受污染或優養化水質。取水時應就下列事項進行調查，並利用流量與氣象資料估計水源安全出水量：

1. 每年實際最高與最低水位，水位及貯水量相關曲線變化

2. 水權

3. 水質

(1) 勘查影響水質之天然與人為因素。

(2) 湖岸狀況、風向、風速、降雨與濁度之關係。

(3) 整年水質變化：例如在不同水深內微生物之季節性繁殖及分布狀況。

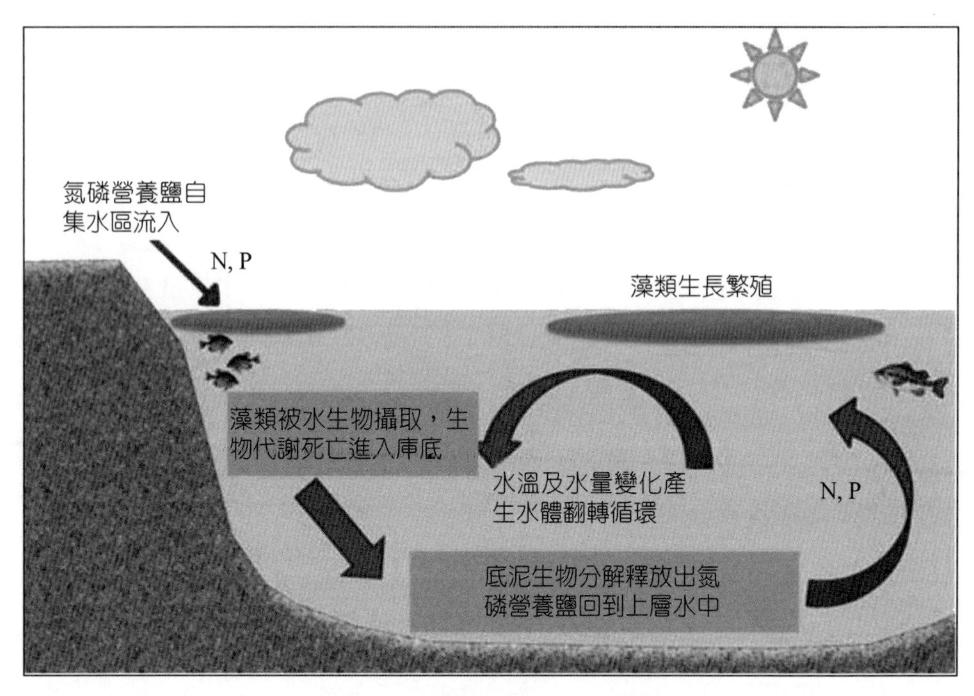

圖 3.1　湖庫營養鹽進入及循環

興建水庫作為自來水水源時，對於上游集水區應就下列事項作長期調查：

(1)壩址上游集水區內之情況。

(2)水庫上游集水區之降雨量及其與進水河流量間之關係。

(3)水庫淹沒區蒸發量。

(4)水庫淤積量。

(5)洪水量。

(6)地質與滲透性。

(7)河流進水水質。

(8)水權。

水庫有效貯水量基準枯水年之決定係以重現期距為 20 年之枯水年為準。水庫有效貯水量應依基準枯水年，以水庫進水量與水庫計畫取水量之差額累加決定之。除水庫計畫取水量外，應加上必要之損失水量及下游既有水權水量。

3.1.3 地下水

在地面下，水受到重力作用會往下入滲，填滿在土壤及岩石中的孔隙。因此土壤及岩石中的孔隙都是地下水儲存的場所。一個孔隙率與滲透度均良好的地層，可以供應豐富的地下水資源，稱為含水層（aquifer）。一般而言，砂層及礫石層孔隙率（porosity）較大，屬於較佳含水層；黏土層孔隙率（porosity）較小，比出水量較小，屬較差含水層。

含水層重要特性參數及定義：

1. 含水層（aquifer）：能夠容納地下水及讓地下水流動地層。含水層分為：
   (1) 自由含水層（unconfined aquifer）：有自由水面，並且總水頭與水面位置相同。
   (2) 受壓（或侷限）含水層（confined aquifer）：無自由水面，且在含水層的上邊界壓力水頭大於零。

   圖 3.2 為地下水各種水層和水井示意圖，顯示三種水井：
   (1) 自由含水層水井（water table well）：自由水面由地表降雨入滲造成，此自由含水層的水井，井內水深的壓力水頭和自由水面等高。
   (2) 受壓（或侷限）含水層水井（artesian well）：水井深度達到受壓含水層，其水井的總水頭，反映受壓水層的總水頭。
   (3) 自流井或泉（flowing well）：若水井壓力水位高於地表，則形成自流井。

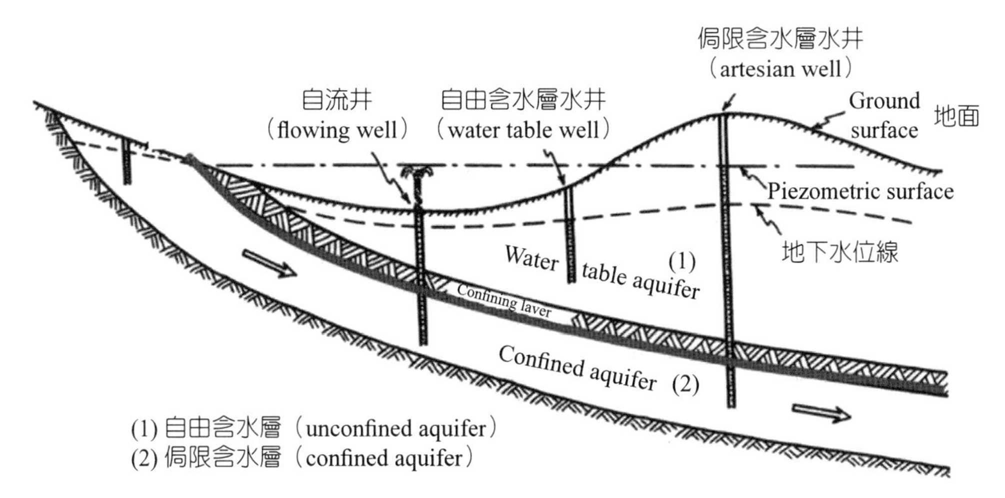

圖 3.2 地下水各種水層和水井的特性

2. 孔隙率（porosity, θ）：土壤內孔隙體積對全部體積的比值（$\theta = \frac{V_V}{V}$，V_V = 土壤孔隙體積，V = 土壤體積）。
3. 比出水量（specific yield, Sy）：當地下水位下降時，非侷限含水層之單位體積飽和層內可因重力或人為作用排出的水體積（$Sy = \frac{V_y}{V}$）。
4. 比貯水量（specific retention, Sr）：在土壤飽和層內，水分因受孔隙的毛細作用及吸著作用，可對抗重力或人力所保持之水體積（$Sr = \frac{V_y}{V}$）。
5. 傳流係數（coefficient of transmissibility, T）：在 15.6°C，水力坡降 100% 的飽和含水層內，單位長度每分鐘可通過的水量（T, $m^3/min \cdot m$）。
6. 透水係數（coefficient of permeability, K）又稱水力傳導係數（hydraulic conductivity）：單位面積斷面及單位時間下，平均水力梯度所通過的流量（m/day 或 cm/s），土壤透水係數表示土壤的透水性質，對特定土壤在飽和情形下，K 為定值，負號代表水流方向和水頭坡降方向相反。透水係數大小主要受到介質孔隙的大小、形狀、連通性和水的粘滯性影響。地下水流速度會因經過不同土層時不同的透水係數受到影響（見圖 3.3）。
7. 蓄水係數（coefficient of storage, S）：自含水層一已知面積直柱體中，減少一單位深度水頭所排洩出之水體積，為無因次參數。

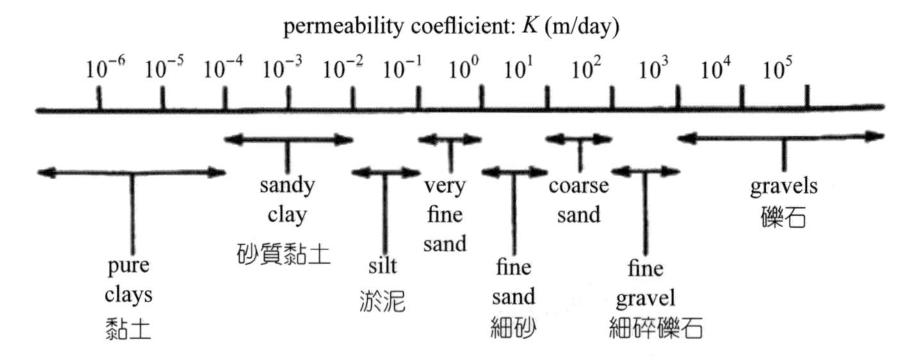

圖 3.3　不同土壤質地含水層的滲透係數

水井以深度劃分，在 35 m 內稱為淺井，40～300 m 以上稱為深井：

(1)淺井：水質比地面水好，但常被地面水污染。水中大腸菌數較高，水質水量較不穩定。淺井地下水中，溶解性鈣、鎂碳酸鹽類（$CaCO_3$、$MgCO_3$）、鐵（Fe^{2+}、Fe^{3+}）、錳（Mn^{2+}）、氯鹽（Cl^-）及硫酸鹽類（SO_4^{2-}）含量較高，台灣現在已較少採用。

(2)深井：井深度在 40～300 m 以上稱為深井，多屬於受壓（或侷限）含水層的水井。自淨作用較完全，水質較穩定。受降雨影響小，缺乏溶氧、硫酸鹽及硝酸鹽，所以三價鐵易被還原而溶解於水中。地下水常含有適合藻類生長之有機物，故當深井水被抽出至地面時，易造成水中藻類繁殖，需添加適量殺藻劑以保護水質。以地下水為水源時，應蒐集附近地質構造，與已開發地下水源取水設備之構造及其出水量、水位、井距與水質之資料；自由地下水及受限地下水應以試鑿及必要之電阻驗層法決定合適的取水層，及在枯水期作抽水試驗以調查水量水位，並採樣檢驗水質。從水質變化可以分析地下水是否遭受污染、海水入侵、土壤鹽化等現象。

3.1.4 泉水

水質與地面水相當，主要是在山麓邊經石灰岩層縫隙流出。泉水可能受到近地表的滲入污染，且出水量並不豐富。

3.1.5 伏流水

水質受流經地層及距河湖遠近影響，含懸浮固體少，但當河水位增加也容易受到影響而呈混濁狀態。出水量視河川及湖泊流量而定，台灣由於河床沖刷劇烈，易遭破壞，現已很少出現。以伏流水為水源時，應在預定地點加以試挖調查地下構造，並作抽水試驗調查枯水時及洪水時之水量與水質。

3.2 取水原則

水源探勘後，為確保淨水場的原水量充足，其取水原則應包括：

1. 在最大枯水期仍能取得計畫用水量。
2. 水質良好，處理程度需在經濟效益範圍內。
3. 水權能清楚及確保。
4. 建設及維護管理容易，費用低廉。
5. 將來可配合給水人口及設備規模擴建。

3.3 需水量估計

自來水系統一般以計劃最大日供水量為準，並視需要另加處理廠內之處理用水及原水自取水設備至處理廠間之其他損失水量。在估計需水量之前，須先確定計畫目標年，並估計給水區域內，給水人口及用水量。建議步驟如下：

1. 設定計畫目標年。

2. 預估計畫目標年給水人口及供水普及率（台北市普及率為 99.5%，台灣自來水公司約 90%），人口推估應至少調查過去二十年以上的人口變遷資訊及考慮未來發展趨勢：

計畫供水人口＝計畫目標年供水區域總人口數 × 供水普及率（%）

3. 估計每人每日用水量（公升／人／日，LPCD）。

4. 平均日用水量 $Q_{\text{averaged day}}$（美國約 660 LPCD）、台灣設計約 300～400 LPCD））。

5. 最大日用水量 $Q_{\max\text{ day}}$ =（1.2～1.6）（× 平均日用水量）。

6. 最大時用水量 $Q_{\max\text{ hour}}$ =（1.8～2.7）（× 平均日用水量）。

7. 最小時用水量 $Q_{\min\text{ hour}}$ =（0.33）（× 平均日用水量）。

8. 估計漏水率 $Q_{\text{uncounted for}}$：台北市 40%、台灣自來水公司 25～30%、日本 11～12%、美國 11～25%、英國 8%。

9. 考慮平時期（normal condition）及乾旱期（drought condition）差別。

淨水單元主要是以最大日用水量 $Q_{\max\text{ day}}$（m^3/day, CMD）作為設計依據。

3.4 取水工程

◇3.4.1 河川水

自河川取水應考慮安全出水量（safety yield），也就是在河川枯水期最低水位時仍能取到水量，河川枯水期流量應大於需要水量。取水深度應顧及最大枯水位及最大洪水位高度，必要時設不同深度取水口，如不足則興建水庫調節之。

河川水之取水設備有引水堰（壩）、取水門、取水塔、底部取水格框及取水管渠等。自來水工程設施標準規定取水設施之設計參數應以重現期距為 20 年發生一次枯水年為準。至於取水點的選擇也很重要，所在位置應地質良好，不致因豪雨、地震、流木、砂石衝擊影響有沖毀崩潰之虞，也應避免廢污水流入，影響取水品質。

◇3.4.2 湖泊及水庫

人工興築的水庫分為在槽水庫（例如：台北翡翠水庫及台南曾文水庫）及離槽水庫（例如：基隆新山、新竹寶山、高雄澄清湖及鳳山水庫等）兩類，前者位於主溪流段，後者係利用豐水期抽取河水進入人工圍築的湖庫內蓄存。

湖庫取水時應考慮原則為：

1. 避免廢污水流入：避免因波浪、鬆土、坍方等致水濁度增高地點。
2. 地基穩固，不接近航道或漂浮物：避免接近航道之處所及受湖庫底沉澱物之攪亂而易引起水污染之地點。
3. 避免有漂浮物漂進之地點。
4. 取水設備能安全築造之地點。

一、水庫蓄水量估計

台灣目前有九十六座水庫，總蓄水量為 25.65 億立方公尺。水庫最重要的物理特性為蓄水容量（storage capacity）。基於公共給水目標及水庫水文變化的質量守恆，水庫出水量必須等於入流量減去浪費的水量和不可避免的損失，包括水面蒸發、滲透、洩漏、淤砂等損失水量（圖 3.4）：

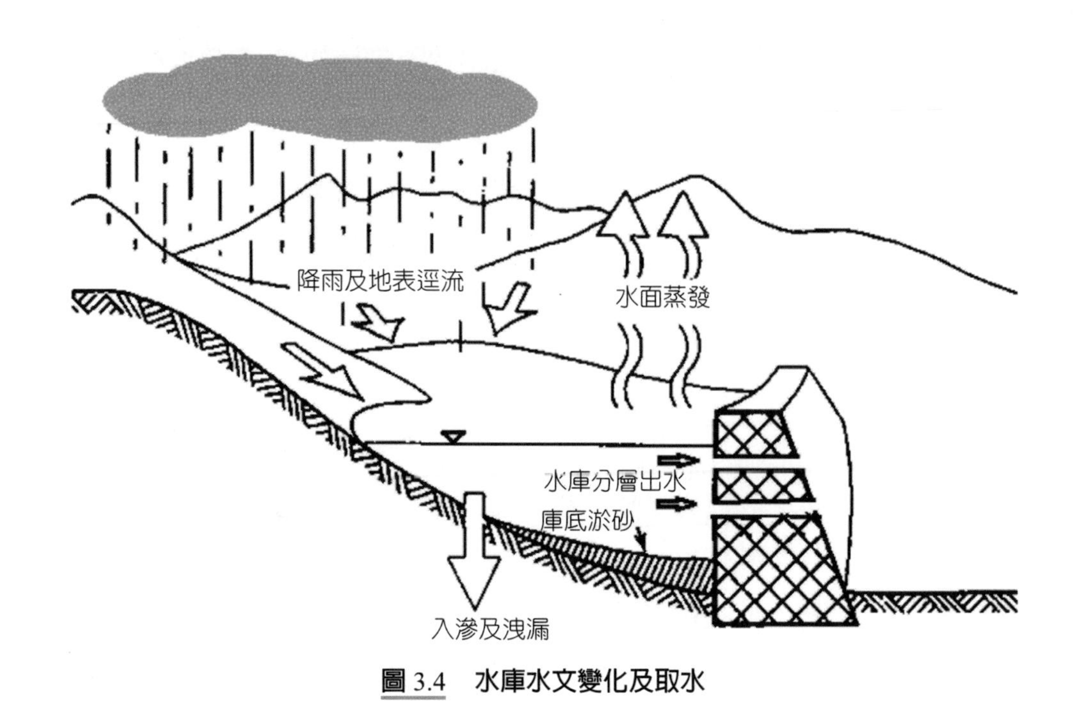

圖 3.4　水庫水文變化及取水

水庫出水量（出流量）= 入流量（降雨及地表逕流）

± 蓄水增量（水面蒸發、入滲、洩漏、淤砂等）

水庫出水量（reservoir yield），係指一特定期間內可從水庫供應的水量，出水量依入流量而定，且每年均有變化。為因應水質變化考量，也可採取上中下的分層取水模式選取較乾淨水層，以供應後端水場處理。

當水庫在臨界乾旱期時，仍可確保之供應水量稱為安全或可靠出水量（safe、firm yield）。實際上，臨界期常常取為河川紀錄上天然流量最低的期間，因此，仍可能發生更乾枯期間，其出水量比安全出水量低的情形。

常用的水庫蓄水量估計法有三種，依序介紹如下：

1. 累積流量曲線法（Mass curve method 或稱 Ripple diagram method）

1883 年 Ripple 氏發展圖解法，假設需水量為定值，且河川入流量的年變化率不大。在壩址點觀察河川隨時間變化的日（或月）流量繪製為流量累積曲線，並和各月取水量（需水量）累積線平行線繪於同一圖內（圖 3.5），在任

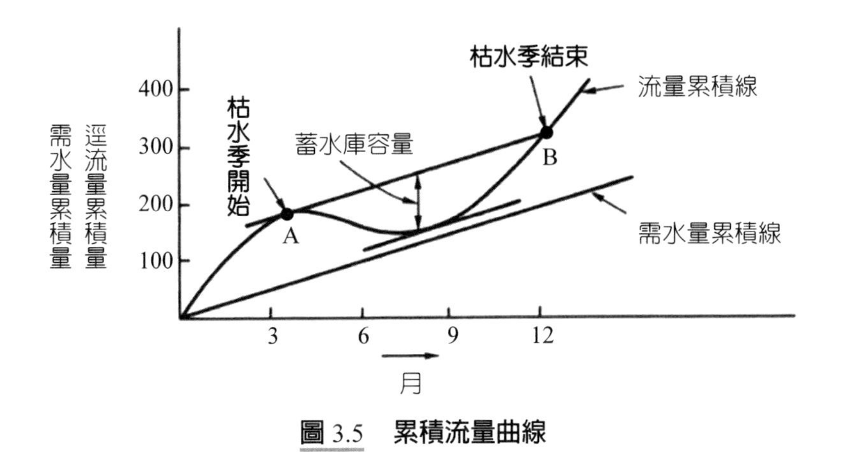

圖 3.5 累積流量曲線

何時間流量累積曲線之斜率為該時間之進流率，需水曲線為一直線，其斜率等於需水率。於累積曲線之轉折頂點做切線，從枯水季開始（點 A），進流量持續低於需水量，一直到枯水季結束（點 B），在需水線和累積曲線間最大之縱向距離（偏距），即為滿足此需要量之水庫容量，代表水庫蓄水量：

$$S = \sum(D - Q)_{MAX} \tag{3.1}$$

2. 連續尖峰演算法（sequent-peak algorithm）

長時間累積觀察的流量數據，較適合採用電腦分析方法。1963 年 Thomas 發展本法，假設進流量與估計之取水量有水文變動的週期循環，求兩循環期間內不致缺乏取水情況下之最低蓄水量為水庫的設計容量。

圖 3.6 為進流量（supply, Q）減去需水量（demand, D）（包括平均蒸發量和滲漏量）數值（$Q - D$）隨時間的曲線變化。第一個尖峰代表累計淨入流量的局部最大值，它和波谷之間的縱向距離代表第一個所需的蓄水量 S_1，必須持續比對後續發生的尖峰序列，計算出 S_2、S_3……，以對應求出所需蓄水量的最大值 S_{max}。

3. 統計分析法

水庫在其壽命內供應預期的蓄水量而不造成缺水的或然率，稱為水庫的可靠度（reliability）。水庫的計畫壽命通常是 50～100 年。根據水資源學，發生

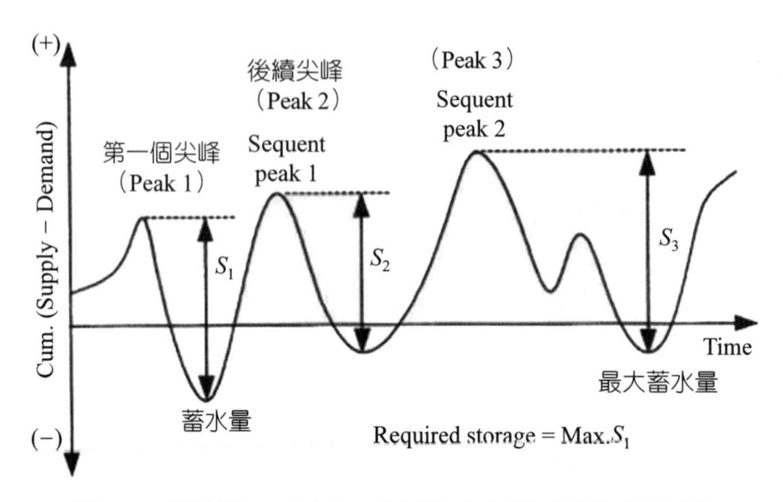

圖 3.6 進流量（Q）減去需水量（D）隨時間的曲線變化

一特定大小之蓄水量與發生另一個相等或更大蓄水量所需經過的平均年數稱為重現期（recurrence interval, Tr）。茲以式 3.2 說明，對一特定時間的蓄水量序列，第 m 大之蓄水量在 N 年記錄期間已被等於或超過 m 次，

$$Tr = \frac{N+1}{m} \tag{3.2}$$

若一事件有一確定的重現期距 Tr 年，則此事件在任何 1 年中被超過或等於的或然率 P 為

$$P = \frac{1}{Tr} = \frac{m}{N+1} \tag{3.3}$$

Tr：迴歸週期。

N：紀錄年數。

m：排名順序。

若將歷年蓄水量由小而大排列，推估 20 年發生一次枯水量的或然率：

$$P = \frac{1}{20} = 5\%$$

因此滿足 20 年不發生一次枯水量的或然率，即為水庫蓄水量的可靠度：

$$1 - P = 1 - 5\% = 95\%$$

圖 3.7 水庫的可靠度曲線顯示，在水庫計畫壽命內滿足需求的或然率是水庫容量的函數。若要求 99.5% 的可靠度，水庫容量為 615,000 acre-ft；若要求 95% 的可靠度，水庫容量為 550,000 acre-ft。此圖是將歷年蓄水量由小而大依序排列，並採用統計學理論 Weibull Method，計算各年順序小於或等於該蓄水量的或然率 P，並以蓄水量為縱軸，或然率為橫軸繪製關係曲線求得。

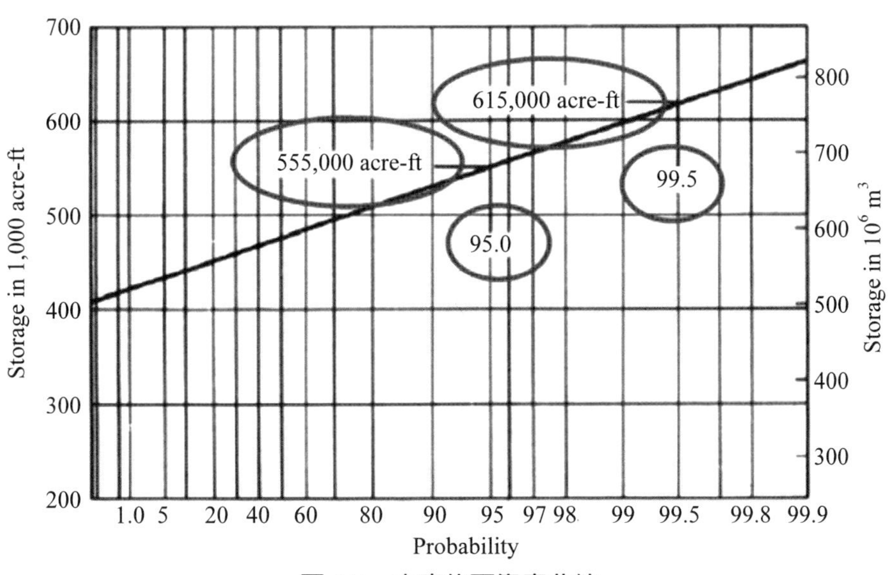

圖 3.7 水庫的可靠度曲線

3.4.3 地下水井取水

以地下水深井為水源，深井內徑約在 200 mm～600 mm∮，井深從 40 m 至 150 m 不等。目前雲林、嘉義、南投等地深井深度已達 300 m，其抽水量視各地地層構造、地下蓄水量而異。深井安全抽水量規定如下：

深井應以抽水試驗（pumping test）決定臨界抽水量，安全抽水量應以臨界抽水量之 70% 為準。應每年舉行抽水試驗一次，抽水量應經常保持在試驗所得安全抽水量以內。

抽水試驗是推估水文地質參數之現地試驗方法，利用地下水水位觀測井於試驗時所得之時間—水位洩降關係來推估水文地質參數：透水係數 K（cm/s）或蓄水係數 S。

一、地下水力學

1. 達西（Henry Darcy）定律

1856 年學者達西（Henry Darcy）發表一篇論文，說明水流經過透水物質時，流速與水頭損失成正比，與流路之長度成反比，如式 3.4 所示，此項理論即為研究基礎地下水流動最重要的原則。當水流通過均勻顆粒的穩定層流（laminar flow）介質時，流量（流速）與壓力梯度呈線性相關：

$$Q = VA = (K\frac{\Delta h}{L})A = KiA \qquad (3.4)$$

式中 Q 是體積流量，A 是截斷面積，V 為流速，K 為透水係數，$i\,(= h/L)$ 為水力坡降。一般而言地下水流速度緩慢，含水層每天流動速度約為 0.07～0.6 m/day。達西定律中的流速為整個截面的平均速度，但事實上水流僅在土壤孔隙中流動，若要估計孔隙中實際水流速度，則 $V = Q/\theta A$，$\theta =$ 孔隙率。由於地下各點的水壓不同，地下水因而不斷地自壓力高處流向低處，所以地下水不一定是自地勢高處往地勢低處流，而是自高水頭流往低水頭。

2. 井平衡公式

Thiem（1906）推導出在穩定態下井的抽水—洩降理論式，此即著名之井平衡公式（equilibrium equation）或稱西姆公式（Thiem equation）。假設在一個「完全貫穿」井，含水層為水平且無窮大，抽水井以定量取水，隨著總出水量增加，井內水位逐漸下降，周圍含水層形成倒圓錐體。經一段時間不再下降，而產生平衡狀態。井平衡公式應用在地下水之基本假設：

1. 連續抽水，出水量一定，井中洩降值不會隨抽水時間而改變。
2. 地下水位呈水平狀態，地下水從四周流入。
3. 水流進入井中屬層流（laminar flow）狀態，水流動緩慢且穩定。

4. 含水層組織為均勻性質土壤，厚度遠近相等且透水係數 K 為定值。

(1)自由含水層（unconfined aquifer）出水量推估

基於井平衡公式，地下水於地面至自由含水層間取水，洩降曲線如圖 3.8，出水量公式：

$$Q = KiA = K\frac{dy}{dx}(2\pi xy) \quad (3.5)$$

$$Q = \frac{\pi K(H^2 - h^2)}{\ln\left(\frac{R}{r}\right)} = \frac{\pi K(y^2 - h^2)}{\ln\left(\frac{x}{r}\right)} \quad (3.6)$$

Q 為出水量，R 為影響圈半徑，r 為抽水井半徑，含水層厚度 H，h 為抽水井水位，x 為距井中心的距離，y 為距井中心 x 距離的水位。根據式 3.5 及式 3.6，可得到透水係數（水力傳導係數）K：

$$K = \frac{Q}{\pi(y^2 - h^2)}\ln\left(\frac{x}{r}\right) \quad (3.7)$$

(2)受壓（或侷限）含水層（confined aquifer）出水量推估

地下水的侷限含水層係於兩個不透水層間取水，其洩降曲線如圖 3.9，出水量的估算式如下：

$$Q = \frac{2\pi Km(H - h)}{\ln\left(\frac{R}{r}\right)} = \frac{2\pi Km(y - h)}{\ln\left(\frac{x}{r}\right)} \quad (3.8)$$

Q 為出水量，R 為影響圈半徑，r 為抽水井半徑，含水層厚度 H，h 為抽水井水位，x 為距井中心的距離，y 為距井中心 x 距離的水位，m 為侷限含水層厚度。

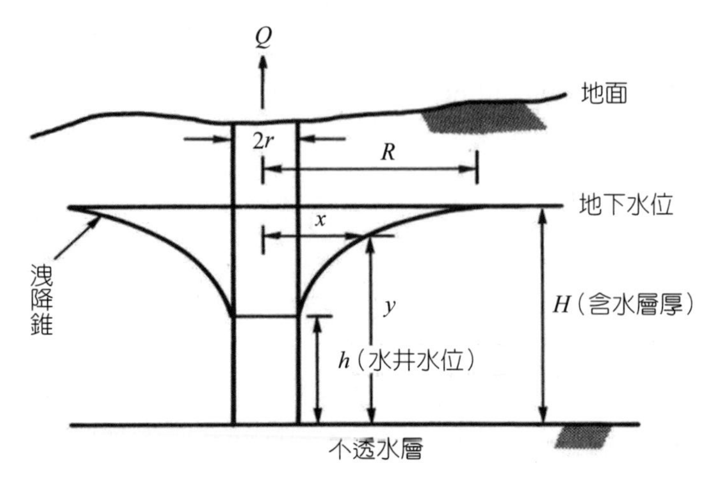

圖 3.8　地下水自由含水層取水的洩降曲線

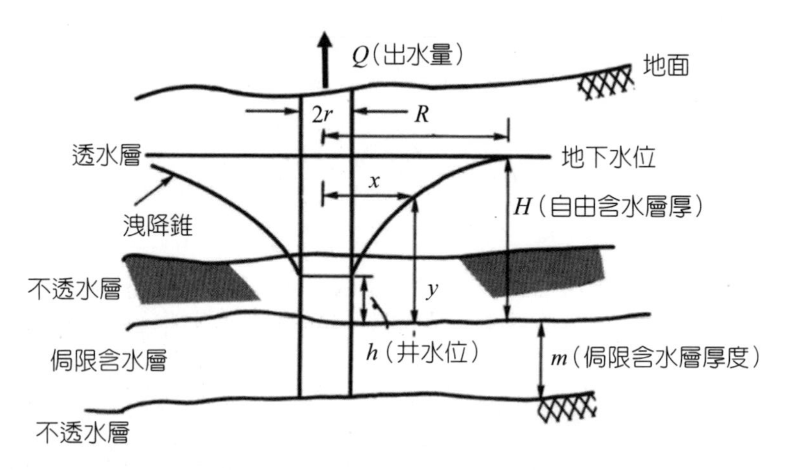

圖 3.9　侷限含水層取水的洩降曲線

3. 井的不平衡公式

在侷限含水層抽水初期，井中抽水量會大於經由四周含水層匯向井中之水量，所以地下水面會迅速下降呈現非穩定狀態（unsteady state），此時水井的洩降面隨時間而變化，Theis（1935）把地下水流類比為熱流，解出井的不平衡公式（non-equilibrium equation），或稱為泰斯方程式（Theis equation）。他認為在侷限含水層以定量抽水時，其影響範圍隨時間增加，井中洩降值 Z 隨著抽水時間 t 而改變，並非定值，因此形成非定量水流狀況。

把水井系統改為極座標系統，並配合邊界條件求解出侷限含水層的洩降曲線 Z（$=H-h$，h 為抽水井水位）解析解：

$$Z=\frac{Q}{4\pi T}\int_0^\infty \frac{e^{-u}}{u}du=\frac{Q}{4\pi T}W(u) \tag{3.9}$$

$$u=\frac{r^2S}{4Tt} \tag{3.10}$$

$$W(u)=-0.5772-\ln(u)+u-\frac{u^2}{(2\cdot 2!)}+\frac{u^3}{(3\cdot 3!)}+\ldots\ldots \tag{3.11}$$

Q 為抽水量（m^3/day），Z 為離抽水井距離 r 的觀測井的水位洩降（m），T 為傳流係數（m^3/day · m），S 為蓄水係數（無因次），r 為抽水井與觀測井的距離（m），t 為抽水時間（day），e 為自然對數。

學者 Jacob Bear（1946）認為，當抽水時間 t 很長，且抽水井與觀測井的距離 r 值很小時，u 會變得非常小，因此可忽略第 3.11 式展開式第二項後面的項數，重新整理提出 Jacob 修正型井不平衡公式（non-equilibrium formula）：

$$Z=\frac{Q}{4\pi T}W(u)=\frac{Q}{4\pi T}(-0.5772-\log_e u)=\frac{Q}{4\pi T}\left(\log\frac{2.25T}{Sr^2}\cdot t\right) \tag{3.12}$$

因此洩降 Z 與時間 t 的關係可在半對數紙上成為一條直線關係。若將兩個不同時段（t_1、t_2）的觀測洩降資料（Z_1、Z_2）代入上式：

$$\Delta Z=Z_1-Z_2=\frac{Q}{4\pi T}\left(\log\frac{2.25Tt_2}{Sr^2}-\log\frac{2.25Tt_1}{Sr^2}\right)$$

$$\Delta Z=Z_1-Z_2=\frac{0.183\times Q}{T}\left(\log\frac{t_2}{t_1}\right) \tag{3.13}$$

如圖 3.10 所示，選擇一個對數週期 $\log(t_2/t_1)=\log(1000/100)=1$ 的洩降數據差，代入上式，求出傳流係數 T：

$$T=\frac{2.3Q}{4\pi\Delta Z} \tag{3.14}$$

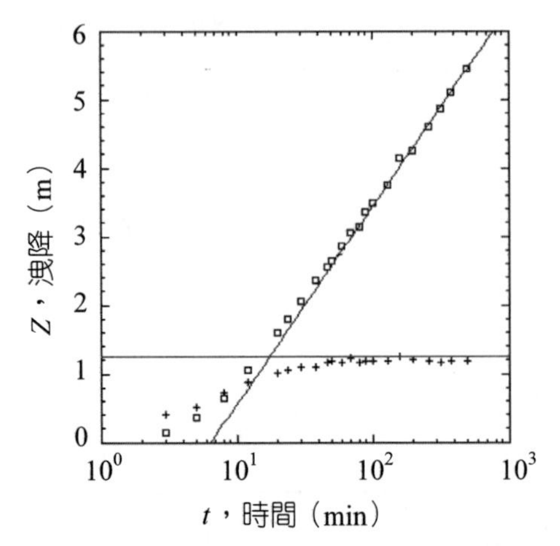

圖 3.10 Jacob **修正型井不平衡公式，洩降** Z **與時間** t **的關係**

當洩降 $Z = 0$，將直線延伸至截距 $t = t_0$，求出蓄水係數 S：

$$\log\frac{2.25Tt_0}{Sr^2} = 0 \text{，} \frac{2.25Tt_0}{Sr^2} = 1$$

$$S = \frac{2.25Tt_0}{r^2} \tag{3.15}$$

經由現地侷限含水層的深井抽水試驗數據，以洩降 Z 為縱軸，$\log t$ 為橫軸作半對數圖求得直線關係，可求出此侷限含水層的傳流係數 T 和蓄水係數 S。

3.4.4 集水暗渠

集取伏流水源時，將鋼筋混凝土 RC 構造之有孔管渠埋在河川兩岸或河底之設施予以收集稱之。集水暗渠管內徑約 600 mm∮，內有圓形集水孔，孔徑 1～2 cm，孔數 25～100 個／m^2。集水暗渠埋設時應以木框或鋼筋混凝土框保護，方向與伏流水流向成 90° 左右，埋設深度約 5 m，以防暴露流失。暗渠坡降約 1/500 以下，旁邊設聯絡井，暗渠周圍回填時應自內向外以每層厚度 50 cm 以上之卵礫石層、石子、粗砂層層包圍回填至原地面高度。

如圖 3.11，集水暗渠流出口的流速應小於 1 m/s，出水量估算式：

$$Q = KIA \tag{3.16}$$

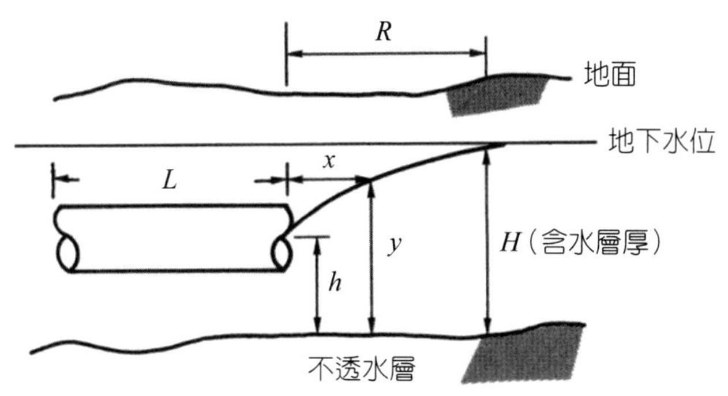

圖 3.11 集水暗渠單側集水之水位洩降曲線

Q 為抽水量，*A* 為單位長度單側的集水面積（$= y \times 1$），*K* 為透水係數，*L* 為集水渠長度，*H* 為含水層厚度 *H*，*h* 為抽水渠距不透水層高度，*R* 為影響半徑。

$$I = \frac{dy}{dx} >> Q = K\frac{dy}{dx} \times (y \times 1) \tag{3.17}$$

將 *dy*、*dx* 雙邊積分得到出水量：

單側集水 $$Q = \frac{KL(H^2 - h^2)}{2R} \tag{3.18}$$

雙側集水 $$Q = \frac{KL(H^2 - h^2)}{R} \tag{3.19}$$

3.5 導水工程

導水係指將各種地面水或地下水自取水點輸送原水至淨水場。若是由淨水場將清水送至配水系統，則稱為送水。導水及送水方式主要有渠流（重力輸水）及管流（加壓輸水）兩種形態。其構造物包括自然及人工的渠道、隧道、水管、倒虹吸管等。基本上取水點和淨水場兩者之間的位置決定管路長度，依據現場地形決定應採用何種型式送水及對應之水道形態。如果地形空間允許，應盡量遵從水力坡降線，利用重力輸水方式以降低抽水成本。

設計導（送）水量應以計畫最大日供水量為準，導水因重力流（gravity flow）輸水時具有自由水面，水流隨渠道順流而下，分為明渠、暗渠、隧道、水管橋等，坡度 1/1,000～1/3,000。壓力式輸水（pumping flow）為管流型式，無自由水面，管內主要為受壓管流，高程差較大。以壓力式輸水時應注意是否有意外滲漏、溢流及其它可能污染水質問題。如果原水取水點有兩點，為使整場進水系統聯結成一體，一般也會在淨水場入口增設進水井及原水調節池，再進入後端淨水處理程序。

3.5.1 導水渠（管）水力學

水在管道中的輸送和流動幾乎都是亂流（turbulent flow）形態。沒有壓力、具自由水面的重力流管道，其流速計算以曼寧公式（Manning's formula）為主：

$$V = \frac{1}{n} R^{2/3} S^{1/2} \tag{3.20}$$

V：平均流速（m/s）。

R：水力半徑（$= A/P$；面積 / 濕周，不同形狀的管渠其水力半徑及濕周計算各異，常見渠道斷面型式包括矩形、梯型和圓形等，見表 3.1）。

S：水力坡降（m/m, $= h/L$）。

n：粗糙係數（一般為 0.013～0.015，粗糙度越大其 n 值越高，見表 3.2）。

表 3.1　不同渠道斷面形狀之水力半徑及濕周

河道斷面	矩形 rectangle	梯形 trapezoid	圓形 circle
	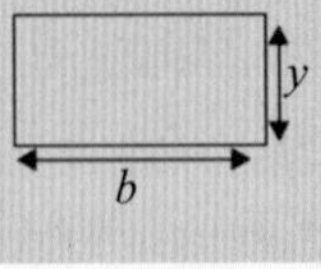 y, b	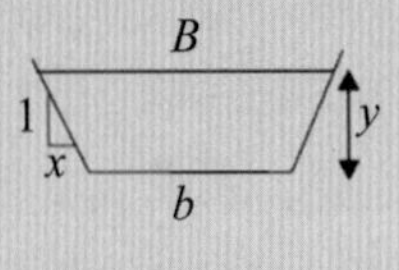 B, 1, x, y, b	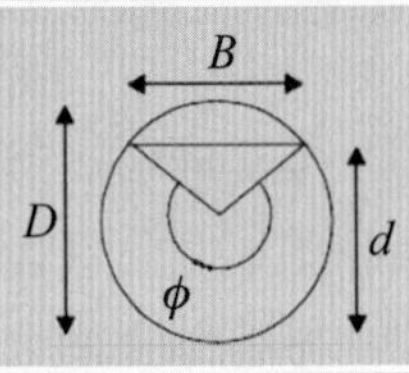 B, D, d, ϕ
面積 area, A	by	$(b + xy)y$	$\frac{1}{8}(\phi - \sin\phi)D^2$
濕周 wetted perimeter, P	$b + 2y$	$b + 2y\sqrt{1 + x^2}$	$\frac{1}{2}\phi D$

河道斷面	矩形 rectangle	梯形 trapezoid	圓形 circle
上方寬度 top width, B	b	$b+2xy$	$(\sin\phi/2)D$
水力半徑 hydraulic radius, R	$by/(b+2y)$	$\dfrac{(b+xy)y}{b+2y\sqrt{1+x^2}}$	$\dfrac{1}{4}\left(1-\dfrac{\sin\phi}{\phi}\right)D$
水深 hydraulic mean depth, d	y	$\dfrac{(b+xy)y}{b+2xy}$	$\dfrac{1}{8}\left(\dfrac{\phi-\sin\phi}{\sin(1/2\phi)}\right)D$

表 3.2　曼寧公式的粗糙係數

材質	曼寧粗糙係數 n
混凝土渠道 平整混凝土面 未粉飾混凝土面	 0.014～0.016 0.017～0.020
鋼筋混凝土或混凝土管（RCP） RCP < 600 mm RCP ≧ 600 mm	 0.015 0.013
梯形漿砌明溝	0.025
混凝土砌卵石側牆（混凝土打底）	0.025～0.030
混凝土砌卵石側牆（天然渠底）	0.027～0.030
平滑瀝青面	0.014～0.015
金屬波紋管（corrugated metal pipe）	0.022～0.025
塑膠或強化纖維管	0.011～0.015
平滑均勻岩床	0.030～0.035

資料來源：
1. 雨水下水道系統規劃原則檢討，2010。
2. 公路排水設計規範，2001。

具壓力管道的流速，應用赫茲威廉公式（Hazen-William's formula）：

$$V=0.849CR^{0.63}S^{0.54} \tag{3.21}$$

V：平均流速（m/s）。

D：水力半徑（m, $=A/P$（面積／濕周）；滿管流 $R=\dfrac{\pi D^2/4}{\pi D}=D/4$）。

S：水力坡降（m/m）。

C：Hazen-Williams 流速係數，因材質而異（查表 3.3）。

將平均流速乘以輸水管截面積即為管中流量：

$$Q = V \times A \tag{3.22}$$

V：流速（m/s）。

A：輸水管截面積或斷面積（m^2）。

Q：流量（m^3/s）。

表 3.3　赫茲威廉（Hazen-Williams）流速係數

材質	C 值
混凝土或水泥內襯管	130
塑膠管 PVC 或 PE 管	150
使用 20 年的 PVC 或 PE 管	110
鋼管	100
鑄鐵管（CIP）	120
使用 20 年的鑄鐵管（CIP）	95
石棉水泥管	140
銅管、玻璃管	140
ABS 塑性塑膠管	160
新的鍍鋅鐵管（GIP）	120
使用 20 年的鍍鋅鐵管（GIP）	90
很老的鐵管、金屬管類	80
很粗糙的管材	60

導水渠道或幹管的流速有限制：混凝土渠道流速約 0～3.0 m/s；鋼管、鑄鐵管及塑膠管 0～6.0 m/s。設計最小流速應不低於 0.3 m/s 是為了避免水中含砂粒沉澱，設計最大流速限制則是為防止內壁遭水流磨損。

♢3.5.2 導水渠（管）設計及埋設考量因素

水管管徑計算需考慮管之水力坡降，在起點低水位、終點高水位時，坡度變化、通水量等。依據流體力學之白努利原理（Bernoulli's theorem）（Daniel Bernoulli, 1700），在理想流的假設下，忽略流體的黏滯阻力，得到兩點之間的能量守恆。而能量方程式乃針對兩個斷面之能量變化：

$$Z_1+\frac{P_1}{r}+\frac{V_1^2}{2g}=Z_2+\frac{P_2}{r}+\frac{V_2^2}{2g}+h_L \tag{3.23}$$

Z：高程（靜水頭）（m）。

P：管中壓力（N/m^2）。

V：流速（m/s）。

r：流體單位體積重（N/m^3）。

g：重力加速度（m/s^2）。

h_L：系統內水頭損失總和（$=\Sigma h_f$），包括流體與管線磨擦，管配件或閥件（例如：接頭、彎頭、三通、大小頭、異徑接頭等處，因轉向或管徑突變等造成的次要水頭損失（minor head loss，$\Sigma=KV^2/2g$；K損失係數可查表3.4）。有關水頭損失詳細討論可參考第 8.2.4 節配水管水力分析內容。

選擇導水管材時應考慮條件包括：

1. 經久耐用、抗蝕性良好、對內外載重抵抗力強。
2. 符合衛生，不可有溶出有害物質、惡臭味之器材。
3. 容易操作維護。
4. 輸水阻水低，且水密性應良好，以避免地面、地下水入滲管內。
5. 費用合理。
6. 易於製造，施工、搬運、管理容易。

導水管型式包括鋼筋混凝土管（reinforced concrete pipe, RCP）、預力鋼筋混凝土管（pre stressed concrete pipe, PSCP）、鋼管（steel pipe, SP）、鑄鐵管（cast iron pipe, CIP）、石墨延性鑄鐵管（ductile iron pipe, DIP）等。石墨延性鑄鐵管組織為含球狀石墨之鑄鐵，具有吸收壓力的功能，因此可承受較大之衝擊力且能塑性變形。此外擁有高碳、矽之化學成分，使延性鑄鐵具有抗腐蝕性

表 3.4 管配件或閥件的磨擦損失係數 *K*

配件	磨擦損失係數 *K*	配件	磨擦損失係數 *K*
90° 彎管，法蘭口 elbow, flanged regular 0°, Flanged Regular	0. 30	球閥 ball valve, fully open	0.05
90° 彎管，螺紋牙口 elbow, threaded regular	1.5	角閥 angle valve, fully open	10
45° 彎管，法蘭口 elbow, flanged regular	0.20	膜動閥 diaphragm valve, open	2.3
45° 彎管，螺紋牙口 elbow, threaded regular	0.40	制水閥 gate valve, fully open	0.15
180° 迴轉彎頭，法蘭口 return bends, flanged	0.2	逆止閥 check valve	2
180° 迴轉彎頭，螺紋牙口 return bends, threaded Regular	1.5	蝶閥 butterfly valve	0.25
三通，直通，法蘭口 tee, line flow flanged	0.2	管路進入桶槽 outlet loss	1
三通，直通，螺紋牙口 tee, line flow threaded	0.9	桶槽流入管路 entrance loss	1
三通，分岐，法蘭口 tee, branched flow flanged	1.0	桶槽流入管路，方形接頭 entrance loss sharp-cornered	0.5
三通，分岐，螺紋牙口 tee, branched flow threaded	2.0	桶槽流入管路，圓形接頭 entrance loss rounded	0.2

資料來源：http://www.engineeringtoolbox.com/minor-loss-coefficients-pipes-d_626.html。

及同鋼一樣的強度。使用年限長、破損率低及維護費用較低之優異特性，適用於我國位處之地震帶環境。表 3.5 列出常用管材規格及特性，設計時可參考廠商提供之商業化管件型錄予以選擇。

導水渠（管）路線選擇及路線埋設等應考慮條件原則包括：

1. 地形與地勢

(1) 應設在公有道路、管線專用路或其他自來水用地範圍內。

(2) 路線盡可能避免水平或垂直方向之急劇轉彎。

表 3.5 常用輸導水管材規格及特性

管材種類規格	優點	缺點
鑄鐵管（CIP） 1,200～2,000 mm	‧對內外應力的抵抗力高 ‧抗蝕性強 ‧接頭具有水密性、可撓性、伸縮性	‧重量巨大，搬運費高 ‧鑄造時會有鑄疵、偏心及砂孔等毛病
石墨延性鑄鐵管（Ductile Iron Pipe, DIP） 75～2,600 mm	‧接頭性能優良，漏水率低 ‧高強度及韌性好、壁薄、重量輕、抗腐蝕性 ‧耐衝擊及可塑性，彎曲性能大 ‧使用年限長、施工費低、安裝方便	‧在高壓管網不使用，抗壓力低 ‧施工不如塑膠管便捷
鋼管（SP） 400～2,400 mm	‧施工容易、可在地面接合後埋設、工期短 ‧重量輕、管壁薄、管材長、搬運費低 ‧抗拉強度大、負延展性 ‧耐振動衝擊、耐高壓	‧對外載重抵抗低，當管內放空易陷縮或彎曲 ‧易腐蝕 ‧熱膨脹率大，需配置伸縮及撓曲零件 ‧不易做異形管
鋼筋混凝土管（RCP） 2,000～2,500 mm	‧對外載重抵抗力高 ‧重量大不易受地下水浮力而移動 ‧可現場灌注，不必搬運 ‧保養費低廉 ‧不產生水垢，輸水量不因使用年代而遞減 ‧不需伸縮接縫，管接合簡單	‧易產生裂縫及砂孔，漏水量較多 ‧通常為明渠，易受污染 ‧遇酸時易腐蝕 ‧修補困難 ‧管材笨重，搬運不易
預力鋼筋混凝土管（PSCP） 1,000～4,000 mm	‧可承受內外壓及耐腐蝕 ‧管身長，有韌性、穩定 ‧壽命長 ‧接頭止水性佳 ‧良好的耐震性	‧搬運費昂貴及費力 ‧重量大、切鑿困難、施工難度相對較大 ‧對地形的適應力較差
硬質塑膠管 ‧聚氯乙烯（PVC） ‧聚乙烯（PE） 450 mm 以下	‧可耐酸鹼，不起電解 ‧重量輕，費用低廉 ‧加工容易，可免塗裝 ‧管壁光滑，輸水順暢 ‧異形管易構築	‧接頭必須具備特殊工法 ‧耐熱性低易老化 ‧熱脹冷縮大，不宜長期受日光照射 ‧強度低、抗壓性能差，施工不當易引起變形

(3) 管線上任何輸水點不得高出最低水力坡降線。

(4) 管線上之最大靜水壓不得超過管種最大使用靜水壓。

(5) 使用抽水機導水，應設減壓設備防止水錘作用。

(6) 易發生災害地點應設雙線導水管及連絡管以防斷水。

2. 施工條件及地質土壤

(1) 埋設深度應就土質、交通荷重、路面狀況及其衝力之分布程度進行評估。

(2) 應就選用水管材料、構造、管徑及內壓進行評估，一般管徑越大，覆土深度亦大。一般水管之最小覆土深度為 1.0 m。

(3) 導水隧道應具有充分之水密性，必要時以混凝土襯裏或施以灌漿，並在其進出口加以充分保護。

(4) 導水渠橫過深谷河川之處，應考慮建造水路橋。

3. 經濟考慮及漏水率

工程師應就不同之路線，依測量圖及實地勘查，以水理性、經濟性、耐震性、維護操作保養及其他觀點研判後決定之。導水渠管線主要附屬設施包括：連絡井（減壓槽）、人孔、溢流口、排泥口、制水閘門、養護道路、攔污柵、伸縮接縫、制水閥、減壓閥、排氣閥、逆止閥等。

淨水處理例題

1. 有一個社區目標年將達到 120,000 人口，假設每人每天用水量為 610 LPCD，請估計 (1) 消防用水量（fire flow）、(2) 淨水場的設計日處理量及 (3) 配水系統的設計容量；（Q_{fire} 單位 m^3/min；P = 每千人計）

答：

(1) 計算消防用水量（fire flow）

$$Q_{\text{fire}} = 3.86\sqrt{P}(1-0.01\sqrt{P}) = 3.86\sqrt{120}(1-0.01\sqrt{120})$$
$$= 37.65\ \text{m}^3/\text{min}$$
$$= 54{,}216\ \text{m}^3/\text{day}$$

$P = 120$

(2) 淨水場的設計日處理量

平均日用水量 $Q_{\text{ave}} = 120{,}000$ 人 $\times 610\ \text{LPCD} \times 10^{-3}\ \text{m}^3/\text{L} = 73{,}200\ \text{m}^3/\text{day}$

最大日用水量 $Q_{\text{max day}} = 1.5 \times Q_{\text{ave}} = 109{,}800\ \text{m}^3/\text{day}$

最大時用水量 $Q_{max\ hour} = 2.5 \times Q_{ave} = 183{,}000\ m^3/day$

(3) 配水系統的設計容量

應比較最大時用水量或（最大日用水量＋消防用水量），取其中的最大值

$Max(Q_{max\ hour}, Q_{max\ day} + Q_{fire})$

$= Max\ (183{,}000，109{,}800 + 54216)$

$= Max\ (183{,}000，164{,}016)$

$= 183{,}000\ m^3/day$

2. 有一混凝土鋪面的矩形輸水渠道，水力坡降為 1/1,000，有效水深為 2 m，請計算平均流速及平均流量。

答：

應用曼寧公式（Manning's formula）：$V = \frac{1}{n} R^{2/3} S^{1/2}$

n（粗糙係數）$= 0.015$，$S = 0.001$

R（水力半徑 $= A/P$）$= \frac{2 \times 2}{2 \times 2 + 2} = \frac{2}{3}$

流速 $V = \frac{1}{0.015}\left(\frac{2}{3}\right)^{2/3} 0.001^{1/2} = 1.61\ m/s$

流量 $Q = A \times V = 2 \times 2 \times 1.61 = 6.44\ m^3/s$

3. 有一圓形的原水輸水渠管，直徑 41 cm，輸水量為 12,000 m^3/day，請分別估計所需埋設的水力坡降 slope (S)：(1) Manning's equation，粗糙係數 $n = 0.013$；(2) Hasen-Williams equation，$C = 120$。

答：

$D = 0.41m$，$Q = 12{,}000\ m^3/day = 0.13889\ m^3/s$，$n = 0.013$，$C = 120$

(1) Manning's equation

$Q = A \times V$，$R = 1/4D$ 代入下式：

$$Q = A \times V = \left(\frac{1}{4}\pi D^2\right) \times \frac{1}{n} R^{2/3} S^{1/2} \rightarrow S = 3.907 \times 10^{-3}$$

(2) Hasen-Williams equation

$V = 0.35464 C R^{0.63} S^{0.54}$，$R = 1/4D$

$\rightarrow S = 2.685 \times 10^{-3}$

4. 有一圓形的原水輸水渠管，輸水量為 9,000 m^3/day，水力坡降 0.2%，$n = 0.013$（使用 Manning's equation）請分別估計在 (1) 滿管流、(2) 接近 70% 滿管時，所需的管徑。

答：

(1) 滿管流

$Q = 9{,}000\ m^3/day$，$S = 0.2\%$，$n = 0.013$，$R = 1/4D$

$$Q = A \times V = \left(\frac{1}{4}\pi D^2\right) \times \frac{1}{n} R^{2/3} S^{1/2}$$

$\rightarrow D = 0.417$ m

(2) 接近 70% 滿管

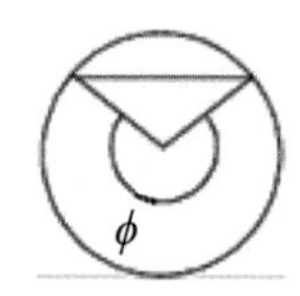

$A = \frac{1}{8}(\phi - \sin\phi)D^2$，$A_o = \frac{1}{r}\pi D^2$，70% 滿管 $A/A_o = 0.7$

整理得到 $\rightarrow \phi - \sin\phi = 1.4\pi$　用試誤法 trail and error 求解

$\phi = 217.4°$　$R = \frac{1}{4}\left(1 - \frac{\sin\phi}{\phi}\right)D = 0.289D$

$$V = \frac{Q}{A} = \frac{9{,}000/1{,}440}{\frac{1}{4}\pi D^2} = \frac{0.1897}{D^2} \cdots\cdots(1)$$

$$V = \frac{1}{n}R^{2/3}S^{1/2} = \frac{1}{0.013}(0.289D)^{2/3}(0.002)^{1/2} \cdots\cdots(2)$$

(1) = (2) 重新整理得到 $D = 0.460$ m

5. 有一個輸水系統欲將原水從 A 槽以泵浦抽送到 B 槽，A 槽和 B 槽水位高程分別為 105 m EL 和 145 m EL，輸送水量為 6,600 CMD，壓力管 L 的總長度為 3,200 m。其管道，閥門和配件的損失係數 K 分別為：

1 個閘閥 gate valve（$K = 0.19$）；

1 個止回閥 check valve（$K = 2.5$）；

6 個 22.5° 彎管（$K = 0.15$）；
4 個 45° 彎管（$K = 0.20$）；
4 個 90° 彎管（$K = 0.30$）。

請估計 (1) 壓力管 L 的適當管徑（$C = 110$）；(2) 泵浦的總揚程（total dynamic head, TDH）。

答：

(1) 壓力管 L 的適當管徑（$C = 110$）

假設是滿管流，Hasen-Williams equation：

$V = 0.35464CR^{0.63}S^{0.54}$

$Q = 6{,}600$ CMD $= 0.076$ m^3/s，$TSH = 145 - 105 = 40$ m，$S = h/L = 40/3{,}200$

應用 Hasen-Williams equation：$V = 0.35464CR^{0.63}S^{0.54}$

$\rightarrow D = 0.252$ m（基於工程考量可選用商用管徑 0.30 m 較合宜）

(2) 泵浦的總揚程（total dynamic head, TDH）

基於白努利原理（Bernoulli's theorem），能量方程式乃針對兩個斷面之能量變化：

$$\text{TDH} = (\frac{P_d}{\gamma} + \frac{V_d^2}{2g} + Z_d) - (\frac{P_S}{\gamma} + \frac{V_{Sd}^2}{2g} + Z_S)$$

$$= \text{TSH} + h_L + h_v$$

$$= \text{TSH} + f\frac{L}{D}\frac{V^2}{2g} + \Sigma K_i \frac{V^2}{2g}$$

出口是一貯水池，可不考慮速度水頭損失影響，假設水溫為 25℃，$v = 0.895 \times 10^{-6}$ m^2/s，$\rho = 997.04$ kg/m^3，雷諾數 $Re = 4.36 \times 10^4$（$Re > 4{,}000$ 為紊流形態）假設輸水管材為鋼管，取管壁粗糙度的平均高度 $\epsilon = 0.005$，$\frac{\epsilon}{D} = \frac{0.005}{0.3} = 0.02$（相對粗糙度），根據穆迪圖（Moody chart），對應 Re 及 ϵ/d 可求出 f 達西摩擦因子，$f = 0.058$

$$\text{TDH} = \text{TSH} + f\frac{L}{D}\frac{V^2}{2g} + \Sigma K_i \frac{V^2}{2g}$$

$$= 40 + 0.058 \times \frac{3{,}200}{0.3}\frac{1.08^2}{2 \times 9.81} + (0.19 + 2.5 + 6 \times 0.15 + 4 \times 0.2$$

$$+ 4 \times 0.3) \times \frac{1.08^2}{2 \times 9.81}$$

$$= 77.1 \text{ m}（約 77 m）$$

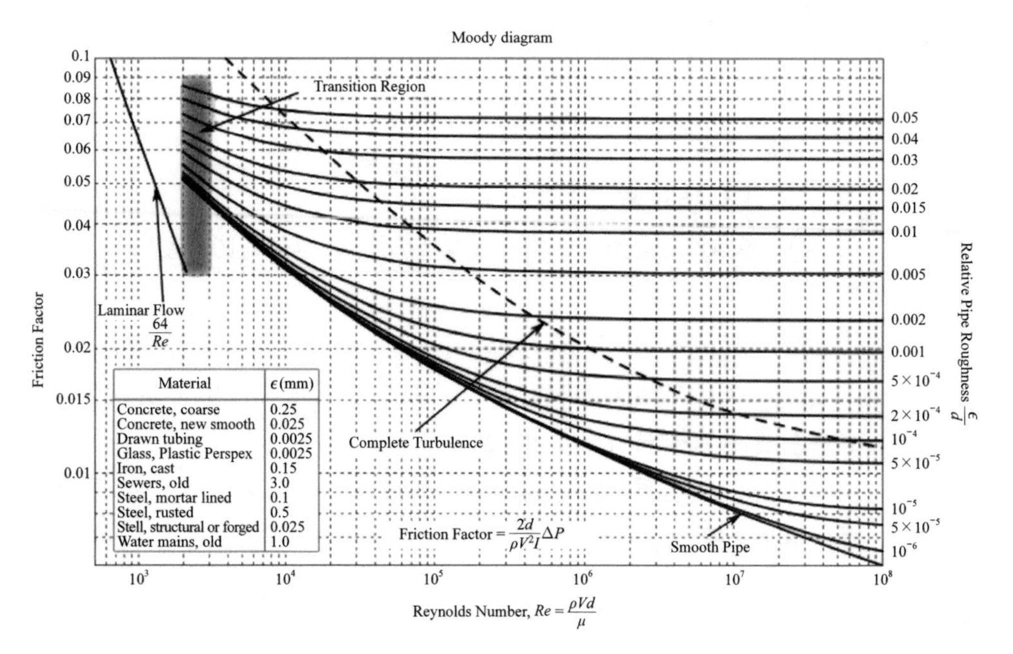

Material	ϵ(mm)
Concrete, coarse	0.25
Concrete, new smooth	0.025
Drawn tubing	0.0025
Glass, Plastic Perspex	0.0025
Iron, cast	0.15
Sewers, old	3.0
Steel, mortar lined	0.1
Steel, rusted	0.5
Stell, structural or forged	0.025
Water mains, old	1.0

資料來源：維基百科，https://zh.wikipedia.org/wiki/%E7%A9%86%E8%BF%AA%E5%9C%96。

穆迪圖（Moody diagram）的橫軸和縱軸分別是雷諾數（Re）、達西摩擦因子（f）和多條對應不同相對粗糙度（ϵ/d，標示在右側）曲線的關係。

6. 自一受壓含水層的水井以抽水量 400 m^3/hr 連續取水，含水層厚度 4 m，在距該井分別為 25 m 和 75 m 處以觀測井觀測到水位各下降 85.3 m 和 89.6 m，請推估傳流係數 T。

答：

$$Q = \frac{2\pi Km(H-h)}{\ln\left(\frac{R}{r}\right)} = \frac{2\pi Km(y-h)}{\ln\left(\frac{x}{r}\right)}，T = m \times K$$

已知 $Q = 400\ m^3/hr$，$r_1 = 25$ m，$r_2 = 75$ m，$h_1 = 85.3$ m，$h_2 = 89.6$ m，$m = 4$ m，代入上式求出抽水量 $T = 4.066\ m^2/hr$

7. 自一非受限含水層的水井以抽水量 300 m^3/hr 連續取水，在距該井分別為 50 m 和 100 m 處以觀測井觀測到水位各下降 40 m 和 43 m，請推估透水係數（水力傳導係數）K。

答：

$$Q=\frac{\pi K(H^2-h^2)}{\ln\left(\frac{R}{r}\right)}=\frac{\pi\times K(43^2-40^2)}{\ln\left(\frac{100}{50}\right)}=\frac{300}{3,600}\ m^3/s$$

求出 $K = 2.310^{-4}$ m/s

8. 在一受限地下水層做深井抽水試驗，連續抽水 10 天，平均抽水量 1,750 CMD，距離該井 300 m 處的觀測井測得水位在第 1 天和第 10 天分別洩降 11 m 和 15 m。請依井不平衡公式求 T 和 S。

答：

$$\Delta Z=Z_1-Z_2=\frac{0.183\times Q}{T}\left(\log\frac{t_2}{t_1}\right)=15-11=\frac{0.183\times 1,750}{T}\times\left(\log\frac{10}{1}\right)$$

$T = 80.07\ m^2/day$，以洩降 Z 為縱軸，$\log t$ 為橫軸作半對數圖求得直線關係，($\log t_1$, 11)，($\log t_2$, 15)，2 點得直線方程式

$Z = 4(\log t) + 11$

當 $Z = 0$，$\log t_0 = -2.75$，$t_0 = 0.064$ day，代入公式$S=\frac{2.25Tt_0}{r^2}$

蓄水係數 $S=\frac{2.25\times 80.07\times 0.064}{300^2}=1.28\times 10^{-4}$

9. 自一非受限含水層的水井取水，此井貫穿整個含水層至不透水層，井的直徑為 0.6 m，井中洩降為 5 m，自由水面高度為 55 m，透水係數（水力傳導係數）$K = 0.6$ m/hr，影響圈半徑 R 為 250 m，請推估井的出水量。

答：

基於井平衡公式 $Q=\frac{\pi K(H^2-h^2)}{\ln\left(\frac{R}{r}\right)}$

$K = 0.6$ m/hr，$H = 55$ m，$h = 55 - 5 = 50$ m，$R = 250$ m，$r = 0.6$ m

代入上式求出抽水量 $Q = 164.05\ m^3/hr$

10. 在一厚度 3 m 的砂礫含水層埋入集水暗渠集取伏流水，透水係數 K 為 0.008 m/s，集水管的水位在含水層上方 0.6 m，影響圈半徑 R 為 20 m，請推估以單側進水的集水暗渠每 100 m 的出水量。

答：

單側集水 $Q=\dfrac{KL(H^2-h^2)}{2R}=\dfrac{0.008\times100\times(3^2-0.6^2)}{2\times20}$

求出抽水量 $Q=0.173\ \text{m}^3/\text{s}$

11. 原水分別流經直徑為 20 cm 的 A 斷面和直徑為 40 cm 的 B 斷面的傾斜管道。A 和 B 點分別位於地面 2 m 和 2.5 m 的高度。若輸水流量為 30 L/s，A 處的壓力為 20 kPa，請推估 B 處的水壓（$1\ Pa=1\ \text{N/m}^2$，忽略管道中的摩擦頭損失 $h_L=0$）。

答：

根據白努利能量方程式：$Z_1+\dfrac{P_1}{r}+\dfrac{V_1^2}{2g}=Z_2+\dfrac{P_2}{r}+\dfrac{V_2^2}{2g}+h_L$

$P_A=P_1=20$ kPa，$P_B=P_2=?$，$Q=30\ \text{L/s}=0.03\ \text{m}^3/\text{s}$

$A_1V_1=A_2V_2$，$A_1=0.0314\ \text{m}^2$，$A_2=0.1256\ \text{m}^2$，$V_1=0.03/A_1=0.955$ m/s，$V_2=0.03/A_2=0.238$ m/s

$$Z_1+\frac{P_1}{r}+\frac{V_1^2}{2g}=Z_2+\frac{P_2}{r}+\frac{V_2^2}{2g}+h_L$$

$$2+\frac{20{,}000}{1{,}000\times9.81}+\frac{0.955^2}{2\times9.81}=2.5+\frac{P_2}{1{,}000\times9.81}+\frac{0.238^2}{2\times9.81}+0$$

$\rightarrow P_2=15{,}522\ \text{Pa}=15.522\ \text{kPa}$

Chapter 4

淨水單元——快混及膠凝

4.1 原水水質特性及評估因素
4.2 混凝膠凝原理
4.3 混凝劑和助凝劑
4.4 快混及膠凝系統
4.5 化學加藥系統
4.6 快混及膠凝系統功能評估

在原水中加入化學藥劑，促使較難沉澱的膠體顆粒和慢速沉降的懸浮固體凝聚成較大的膠羽於沉澱池沉降除去，稱為混凝與膠凝（coagulation and flocculation）。標準的快濾處理系統前，通常會添加混凝劑進行混凝（快混及膠凝）。本章將就混凝原理、藥劑選擇、混凝膠凝系統及化學加藥系統的設計準則依序說明。

4.1 原水水質特性及評估因素

原水濁度（turbidity）被視為自來水水質的主要控制指標，能控制濁度高低也就能確保水質的安全。原水中形成濁度的來源及組成分種類相當繁多，包括具不同粒徑大小之泥砂顆粒、色度、藻類、天然或合成有機物，細菌及病毒微生物等。表 4.1 為不同大小粒徑的物質組成與其沉降速率：

表 4.1　不同粒徑物質組成與其沉降速率

粒徑（mm） particle diameter	組成型式 type of particle	沉降速率 settling velocity
10	粗礫石	0.73 m/s
1	粗砂	0.23 m/s
0.1	細砂	0.6 m/min
0.01	泥	8.6 m/d
0.00001 (10 μ)	較粗膠體顆粒、黏土	0.3 m/yr
0.000001 (1 nano)	細小膠體顆粒（溶解性固體，分子大小）	3 m/million yr

由上表可知，大於 0.01 mm 顆粒多可藉由重力沉澱方式去除，小於 10 μm 膠體顆粒（colloid）體積小表面積大，不易以重力方式沉降，是原水中濁度及色度的主要來源，故需仰賴混凝程序去除。而小於 10^{-3} μm 溶解性固體（屬於分子大小），則須以吸附、離子交換或薄膜等高級淨水單元處理。

水質含有過量硬度會造成飲用或使用上的困擾，依操作經驗，當水中總硬度超過 300 mg/L（as $CaCO_3$），快混設備的加藥口常容易因金屬鹽類沉澱而阻塞（clogging）需要清理。其次，原水水質及水量具季節變異特性，也是水場在設計時應列入的重要依據。台灣降雨量變化極大，冬天缺水，夏天多颱風，3～5 月梅雨季時原水濁度就常提升至 100～200 NTU，而受颱風豪雨影響，水中濁度更常飆升超過 1,000 NTU，但其它時期原水濁度相對低。故季節變異特性將增加淨水場操作的困難度，必須隨時監測原水水質，善加因應。

集水區地質特性也是影響原水水質因素之一。以台灣北部石門水庫為例，下游淨水場常在颱風帶來的原水中發現一股穩定而懸浮之白色懸浮物（又稱為白濁水），由於其粒徑非常小，久置也不易沉澱，遂影響混凝沉澱單元運作效能。若沉澱後的出水濁度仍高，就必須減量供水及降低清水出水質標準。因此遇到這種情況，在水場的取水口就應先檢測水質，調整使用化學藥品數量及先後順序，例如：可添加高分子凝集劑（polymers）增加混凝效能。設計快混及膠凝池前，工程師應事先評估因素簡要整理如表 4.2。原水於不同濁度範圍時應採行之水處理程序如表 4.3 所示。

表 4.2 設計快混及膠凝池前應評估因子

評估因子	內容
原水水質特性	懸浮固體來源、粒徑分布及組成、硬度、色度及浮游生物等
可利用之水頭高程	以水力或機械做為動力來源
處理水量變異性	平時及暴雨期；冬季枯水期和夏季豐水期隨季節變化
攪拌機設備	設備供料、成本、操作維修之方便性
接續處理單元	後續接續沉澱過濾單元特性和去除率
化學藥品添加	依水質評估需添加幾種化學藥品

表 4.3 不同原水濁度範圍建議之水處理程序

原水濁度範圍（NTU）	建議處理程序
5～8	快混→快濾
<15	快混→膠凝→快濾及浮除
<500 尖峰流量 <1,000	快混→膠凝→沉澱→快濾

資料來源：Kawamura (2000)。

4.2 混凝膠凝原理

○4.2.1 膠體粒子

根據表 4.1，約 30 μm 以下之顆粒通常視為不易自然沉降甚至不會沉澱，其中以 10^{-2}～10 μm 膠體顆粒為濁度及色度的主要來源。其體積小表面積大，易受分子碰撞產生布朗運動，呈穩定狀態。膠體粒子依性質可分為親水性（hydrophilic）或疏水性（hydrophobic）。根據 Stern（1924）電雙層理論（Electrical double layer theory），膠體粒子皆帶有電荷，所帶電荷有正有負，視其吸附其周圍介質內的離子電荷數而定。帶相同的電荷粒子會產生互斥力量，但分子間互相碰撞仍存在一股互相吸引的力量，稱為凡得瓦爾力（van der waals forces）。當排斥力大於吸引力，而產生能障（energy barrier），膠體系統就會呈現穩定狀態。表 4.4 彙整膠體粒子種類及穩定機制。

表 4.4 膠體粒子種類及穩定機制

膠體粒子	穩定機制	電荷	原水物質種類	水質影響
親水性（hydrophilic）	親水粒子表面有水分子吸附形成薄層稱為水合作用（hydration），使膠體外圍受電雙層保護，不易經由凡得瓦爾力（van der waals forces）互撞吸引，形成較大顆粒沉降	多數帶負電	腐植質、木質素，可溶解蛋白質、澱粉等	色度
疏水性（hydrophobic）	有表面電位存在，膠體間形成電雙層使排斥力大於吸引力，產生能障（energy barrier）	有正電及負電	黏土細顆粒、金屬離子等	濁度

根據 Stern（1924）電雙層理論來解釋圖 4.1 帶負電荷的膠體顆粒與周圍電荷分布情形。當膠體粒子表面因特定吸附（specific adsorption）會形成固定層（或稱 Stern layer），位於第二層離子帶電荷則與第一層粒子表面電荷相反，又稱為反離子（counter ion）。反離子分布在膠體粒子表面逐漸向外減少至正負離子相等，此一範圍稱為擴散層（diffuse layer）。於是擴散層與固定層遂合

稱為電雙層（electrical double layer）。每個膠體粒子因電雙層電荷分布會產生靜電位能，如圖 4.1 膠體隨表面距離與電位變化之關係：在粒子表面的電位最大，稱為總電位或 Nerst 電位（Nerst potential），隨距離增加呈指數遞減，在固定層與擴散層界面的電位稱為 Stern 電位（Stern potential），繼續隨距離遞減至剪力面（shear plane）時，此處電位稱為界達電位（Zeta potential）：

$$\zeta = \frac{4\pi\eta(v/E)}{\varepsilon} \tag{4.1}$$

ζ：界達電位（Zeta potential, mV）。

η：水的動力黏滯係數（$N \cdot s/m^2$）。

v/E：電泳速度。

ε：介質的介電常數。

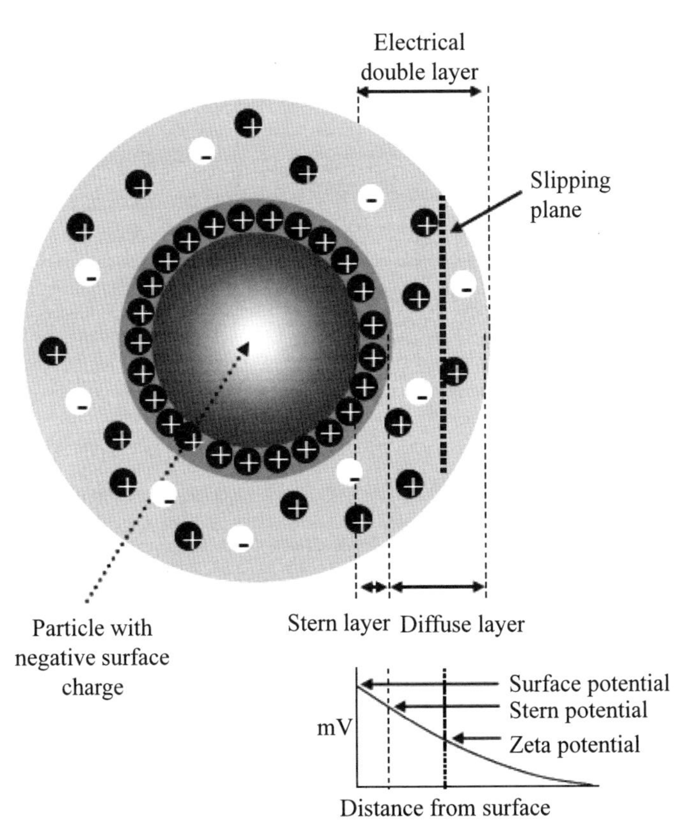

圖 4.1 帶負電荷的膠體顆粒與周圍電荷分布情形

界達電位測量可以電泳儀器測得，一般膠體粒子的電泳速度約為 2.4×10^{-4} cm/s，相當於 10～200 mV。若將界達電位降低至接近零時，粒子吸引力大於排斥力，約在 +5 到 −10 mV，便有利粒子發生碰撞結合形成膠羽。界達電位是膠體分散程度的關鍵指標，代表同樣帶電粒子間的靜電斥力的程度。界達電位電位越大（不論正或負值越大），穩定性越高。反之界達電位越趨近零，超過帶靜電的斥力才有助打破穩定，傾向於混凝或絮凝。

大多數天然存在的膠體顆粒是帶負電荷的，帶負電荷越大，界達電位越高，並且膠體顆粒越大時，溶液系統穩定性越高。對於天然有機的膠體粒子，界達電位必須降低至接近零始有助混凝；黏土顆粒的界達電位更必須降至負值方能混凝。膠體穩定性和界達電位之間的關係如表 4.5。

表 4.5 膠體穩定性和界達電位之間的關係

界達電位 Zeta potential (mV)	膠體顆粒穩定性 stability behavior of the colloid
to ± 5	快速混凝或絮凝（rapid coagulation or flocculation）
10 to ± 30	初期不穩定（incipient instability）
30 to ± 40	中等穩定（moderate stability）
40 to ± 60	穩定（good stability）
more than ± 61	非常穩定（excellent stability）

資料來源：界達電位維基百科，Greenwood, R; Kendall, K (1999); 2.Hanaor, D.A.H.; Michelazzi, M.; Leonelli, C.; Sorrell, C.C. (2012)。

4.2.2 膠體去穩定機制

膠體粒子以一般的靜置沉澱法去除是沒有效果的，一方面小粒子受到浮力作用漂浮於水中，再加上受到粒子之間的靜電互斥作用力，顆粒完全無法利用重力方式去除，因此添加混凝劑如硫酸鋁、氯化鐵、硫酸鐵溶解水中時，會解離出帶正電的離子，如二價的鐵離子、三價的鋁離子。這些正電離子會吸引周圍的負離子，原本穩定的負電粒子受到擾動，團聚於正電離子周圍，促使膠體互相碰撞凝結產生較大顆粒，當重力大於浮力時就會開始往下沉澱。混凝機制包含兩道程序：

1. 去穩定（destabilization）：在快混池進行，打破膠體的穩定狀態，促使粒子間互相碰撞凝聚。
2. 膠凝（flocculation）：在膠凝池進行，將穩定後的膠體凝集成較大膠羽。根據電雙層模式，混凝打破膠體穩定性的機制有四項：
   (1) 壓縮擴散層（double layer compression）：於膠體溶液中加入相反電荷離子（counter ion），膠體表面電雙層（double layer）厚度會被壓縮，能障（energy barrier）漸減或消失，使膠體穩定性被破壞。依據 Schulze-Hardy rule，任何一膠體加入與膠體表面帶相反電荷離子造成膠體去穩定性效果，隨所帶相反電荷數目之增加而增加，因此如果混凝劑電荷增加一價，混凝能力可增加超過 10 倍。
   (2) 吸附及電性中和（counter ions adsorption and charge neutralization）：當混凝劑（如明礬）加入，因水解作用產生正價金屬離子和金屬錯合物時，帶負電的膠體表面吸附正價錯合物而使膠體電性中和，會破壞膠體穩定。但若加量過多，膠體粒子又會因超量吸附而重新形成穩定態，必須審慎控制混凝劑量。
   (3) 沉澱絆除（sweep flocculation）：混凝時加入高量金屬混凝劑，如硫酸鋁、氯化鐵及氫氧化鈣時，致產生金屬氫氧化物 $Al(OH)_3$、$Fe(OH)_3$、$CaCO_3$ 沉澱，則可使膠羽在這些金屬氫氧化物沉澱時一起被沉澱絆除。
   (4) 吸附及架橋作用（adsorption and bridging）：吸附及架橋作用乃藉由加入具吸附性之長鏈高分子有機聚合物含有的化學結構，使聚合物吸附於膠體表面而附著形成「膠體－聚合物－膠體」之錯合物。但若已形成之膠羽經劇烈攪拌或攪拌時間過長，反而會破壞膠羽的穩定性。

添加高價位正電荷混凝劑（鋁、鐵鹽）與帶負電荷膠體相吸，穿透壓縮電雙層，而解除或破壞顆粒穩定（界達電位下降接近零），顆粒因攪動先結成微細膠羽，再吸附凝集則可成為較大膠羽（1～4 μm）。

上述第 (1) 及 (2) 項作用主要發生在快混程序，使藥液快速擴散於水中，中和負電荷膠體。第 (3) 及 (4) 項作用主要發生在膠凝程序，以慢速攪拌，馴養成膠羽，需要較長反應時間。

◇4.2.3 影響混凝效果因素

根據高氏（1975），影響混凝效果因素共有十項：

1. 濁度物質類型

原水濁度物質以無機黏土及其他礦物顆粒為主，因水質不同將影響吸附或離子交換能力差異性，膠體穩定性也會有所差異，故使用之混凝劑種類及劑量也需隨之調整。

2. 顆粒大小

原水濁度顆粒介於 1～5 μm 細粒形成之膠羽最密集，其他大小顆粒形成之膠羽則較鬆散。

3. 粒子多寡

水中粒子乃是混凝形成膠羽核心物質，高濁度時粒子多易發生相撞中和，膠羽形成數量及速率也隨之增加。反之濁度低時原水粒子少，較不易達成混凝效果。

4. 水中酸鹼值及鹼度

各種混凝劑對濁度去除皆有其最佳之酸鹼值及鹼度操作範圍，當加入鋁鹽及鐵鹽等混凝劑，會消耗水中鹼度。若鹼度不足，水中 pH 值可能降至最佳範圍外，影響正常混凝效果。故進行混凝時須確定有足夠鹼度，否則需加入石灰或苛性鈉補充。根據過去實驗室及淨水場操作經驗，鋁鹽最佳 pH 值範圍介於 5～8。高分子聚合物受 pH 值影響較小。惟現場仍需做瓶杯試驗及測定界達電位以確認之。

5. 水中鹽類

原水可能含有各種無機鹽，例如硫酸鹽（SO_4^{2-}）、磷酸鹽（PO_4^{3-}）、硝酸鹽（NO_3^-）類等，這些鹽類可能與氫氧化合物作用，增加混凝劑量，影響混凝反應適宜之 pH 值範圍及最佳劑量、膠羽形成時間及水中剩餘混凝劑等。當自然水體存有上述多種鹽類，各種離子共存，對混凝效果影響很難確定。

6. 混凝劑

常用的主要混凝劑為明礬（硫酸鋁）、多元氯化鋁 PAC、鐵鹽，各有最適合的 pH 值操作範圍及用途。採用鋁鹽或鐵鹽作為混凝劑之調配水溶液濃度 0.5～1.0% 效果最佳。

7. 水溫

水溫會影響混凝效果，尤其是水溫接近 0℃時，膠羽沉降性不佳。當水溫降低，水的黏滯係數升高，膠羽沉降速度慢，膠體形成緩慢且結構鬆散顆粒細小，膠羽強度較差。為提高低溫水的混凝效果，常需增加混凝劑量並加助凝劑。

8. 膠體的水合作用

親水性膠體其水合作用（hydration）強，穩定性高，可以化學中和法去除。親水性膠體以色度為代表，以腐植質引起最常見。疏水性膠體以濁度為主，以黏土為主，可考慮以物理吸附方式去除。

9. 攪拌影響

混凝效果與輸入攪拌能量高低有關。攪拌分為兩種，一是讓混凝劑迅速均勻分散，增加顆粒碰撞機會，破壞膠羽穩定性之急速攪拌；另一則是使微小膠羽互相碰撞漸漸混凝成較大膠羽的慢速攪拌。

10. 助凝劑種類及劑量

某些特殊水質（高低濁度原水或有機物含量過高）僅以混凝劑無法達到良好混凝效果時，就可適時添加助凝劑（coagulant aid）幫助形成膠羽，提升混凝效能及節省混凝劑用量。

4.3 混凝劑和助凝劑

4.3.1 混凝劑種類

淨水處理所使用的混凝劑概分為兩類：

1. 無機鹽類混凝劑：鋁鹽硫酸鋁（$A1_2(SO_4)_3 \cdot 18H_2O$）、硫酸鋁鉀（明礬）和鋁酸鈉等，以及鐵鹽硫酸亞鐵（$FeSO_4 \cdot 7H_2O$）和氯化鐵（$FeCl_3 \cdot 6H_2O$）等。

2. 高分子混凝劑：如多元氯化鋁（poly aluminum Chloride，簡稱 PAC）

詳細說明請參見表 4.6 之常見的淨水處理化學混凝劑。傳統水處理程序多

表 4.6 常用的淨水處理化學混凝劑

種類	說明
鋁鹽 硫酸鋁 $Al_2(SO_4)_3 \cdot 18H_2O$ 又稱明礬（alum）	·價格便宜無毒，且不增加色度，廣泛適用各種水質。 ·有固態及液態兩種，多數採用液態鋁為混凝劑，比重約 1.33。 ·硫酸鋁加入水中會與原水鹼度反應產生 $Al(OH)_3$ 膠羽疏鬆，及 CO_2： $Al_2(SO_4)_3 \cdot 18H_2O + 3Ca(HCO_3)_2 \rightarrow Al(OH)_3 \downarrow + CaSO_4 + 18H_2O + 6CO_2$。 ·每加入 1 mg/L 硫酸鋁 $Al_2(SO_4)_3 \cdot 18H_2O$ 會消耗水中天然鹼度 0.45 mg/L(as $CaCO_3$)，釋放 0.396 mg/L(as CO_2)。 ·$Al(OH)_3$ 最低溶解度須控制 pH 值在 6.0～7.5 之間，避免過高或過低的 pH 值均會使 $Al(OH)_3$ 再次溶解成為 $Al(OH)_4^-$ 離子。 ·鋁鹽適宜的 pH 值操作範圍介於 6～9（最佳 pH = 5.5～6.3），若鹼度不足需添加消石灰 $Ca(OH)_2$ 補足鹼度： $Al_2(SO_4)_3 \cdot 18H_2O + 3Ca(OH)_2 \rightarrow 2Al(OH)_3 \downarrow + 3CaSO_4 + 18H_2O$。 ·每加入 1 mg/L 硫酸鋁 $Al_2(SO_4)_3 \cdot 18H_2O$ 會消耗水中天然鹼度 0.33 mg/L(as $Ca(OH)_2$)。 ·與石灰作用會增加之永久硬度 $CaSO_4$，但若加入蘇打（碳酸鈉，$NaCO_3$）則不會產生永久硬度，不過價格較貴。 ·添加過多硫酸鋁會造成輸送管線阻塞，故使用量宜控制。
鐵鹽硫酸亞鐵 $FeSO_4 \cdot 7H_2O$ （又稱綠礬）	·原水通常須有足夠鹼度，才能與硫酸亞鐵產生快速的反應： $FeSO_4 \cdot 7H_2O + Ca(OH)_2 \rightarrow Fe(OH)_2 \downarrow + CaSO_4 + 7H_2O$。 ·增加的永久硬度比鋁鹽少。 ·適於 pH = 4～9 原水（最佳 pH = 4.5～5.5）。 ·不適宜處理有色度軟水。 ·價格較硫酸鋁及 PAC 混凝劑便宜。
鐵鹽氯化鐵 $FeCl_3 \cdot 6H_2O$	·具有鐵離子色度，較少用於自來水處理。 ·具強烈腐蝕性，易潮解。 ·適於處理含有色度原水，氯化鐵和原水反應，會產生難溶的氫氧化鐵膠羽： $2FeCl_3 \cdot 6H_2O + 3Ca(HCO_3)_2 \rightarrow 2Fe(OH)_3 + 3CaCl_2 + 6CO_2 + 12H_2O$。 ·天然鹼度不足時可加入石灰補其不足。
高分子混凝劑 多元氯化鋁 （poly aluminum chloride, PAC）	·係一鹽基性多核錯化合物【$Al_2(OH)_nCl_{6-n}$】$_m$，分子量在 1,000 以下，含有約 10～15% Al_2O_3。 ·可作為混凝劑及助凝劑。 ·價格較硫酸鋁貴約 3 倍，但使用劑量較低，適用於高濁度、低鹼度原水及含有色度原水。 ·具高價陽離子，架橋能力強，具有 OH 鹽基性鹽，不會迅速消耗水中鹼度。 ·操作酸鹼值範圍大（pH = 6～9），形成膠羽大，沉降性良好，故可縮短膠凝時間。 ·將鋁鹽及高分子凝集劑搭配使用時，應注意混合會產生沉澱物堵塞管路。 ·受水溫影響小。 ·產生污泥體積較少，且易脫水。 ·最佳劑量範圍較窄，超量或不足可能使膠體發生再穩定而降低沉降率，反使水中殘餘濁度增加。 ·膠羽黏性高，在過濾池反沖洗時不易洗淨。

使用鋁鹽為主要混凝劑，鐵鹽為輔。根據操作經驗，鋁鹽加藥量約為 10～150 mg/L，硫酸鐵和氯化鐵分別為 10～250 mg/L 及 5～150 mg/L。傳統水處理程序多使用鋁鹽為主要混凝劑，近年有不少學者在原水中加入高分子凝集劑實驗發現：以少量陽離子型高分子混凝劑做為混凝添加，能得到良好的混凝效果（台北自來水事業處，1988；翁及葉，2003）。

陽離子型混凝劑具有多電價特性，可與帶電膠體顆粒產生強大吸引力，經由吸附及架橋作用將懸浮物絆除。原水加入鋁鹽及鐵鹽等混凝劑，會消耗水中鹼度（alkalinity）。若鹼度不足，水中 pH 值可能降至最佳範圍外，影響正常混凝效果。故進行混凝時須確定有足夠鹼度。原水鹼度 < 60 mg/L 需要添加鹼劑石灰（$Ca(OH)_2$）。石灰價格較便宜但需要現場調配加水，程序較麻煩，故多數淨水場使用溶液狀之苛性鈉（NaOH）做為鹼劑。

根據過去實驗室及淨水場操作經驗，調整適當的 pH 值操作範圍是決定加藥量的重要因素。鋁鹽適宜的 pH 值操作範圍介於 6～9（最佳 pH = 5.5～6.3），鐵鹽介於 4～9（最佳 pH = 4.5～5.5）。如圖 4.2，在 pH = 7～8，鋁鹽以很少的加藥量 20～60 mg/L 仍可以掃除膠羽（sweep coagulation）作用得到最好的膠凝效果。高分子聚合物受 pH 值影響較小（pH = 6～9），適用於高濁度低鹼度原水，惟現場仍需做瓶杯試驗及測定界達電位確認之。

硫酸鋁在水中對膠體去穩定的機制包括吸附、電性中和以及沉澱絆除。根據 AWWA Committee（1989）研究，硫酸鋁水解反應隨時間變化分為兩個階段（2 stages）：

$$Al_2(SO_4)_3 \cdot 14H_2O \xrightarrow{\text{充分 ALK}} AlOH^{2+} + \underset{\text{stage I}}{\overset{\downarrow}{Al(OH)_2^+}} + Al_7(OH)_{17}^{4+} + \ldots \rightarrow \underset{\text{stage II}}{\overset{\downarrow}{Al(OH)_{3(S)}}} \quad (4.2)$$

stage I：鋁錯合物 $Al(OH)_2^+$ 具最佳吸附中和能力，反應時間約 10^{-4}～1 s。

stage II：$Al(OH)_3$ 沉澱時具最佳吸附、絆除能力，反應時間約 1～7 s。

快混時，如要獲得有效之電荷中和作用，鋁混凝劑需要在水中迅速分散（< 1 s 為宜）。快混攪拌速度梯度 *G* 值宜大，提供短時間內的激烈攪動擴散能力，時間不必長。若快混機制不是很理想（錯過 stage I），僅靠 $Al(OH)_3$ 吸附絆除，雖亦可達到快混目的，但加藥量將會增加。

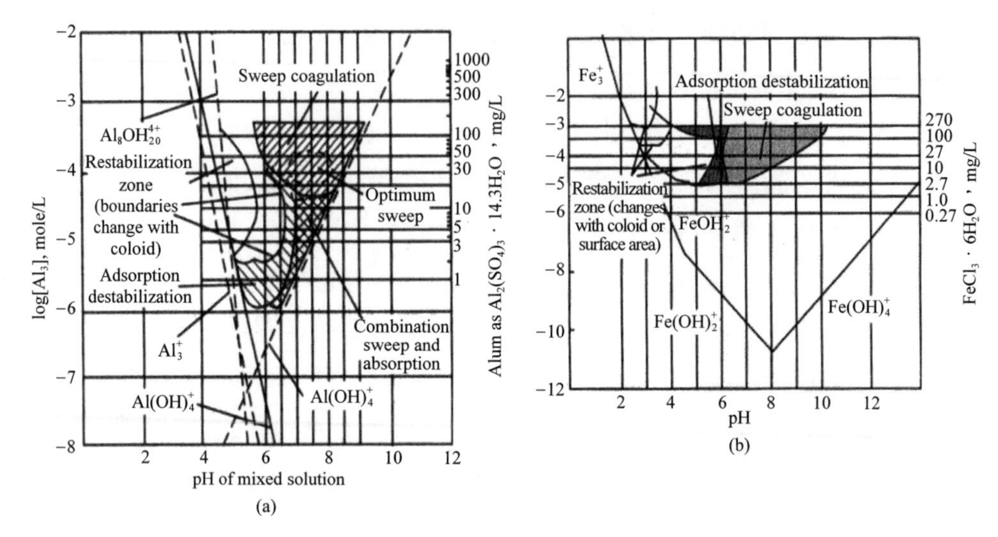

圖 4.2　鋁鹽 (a) 和鐵鹽 (b) 適宜的 pH 值操作範圍

資料來源：Amirtharajah and Mills, 1982。

4.3.2　助凝劑種類

當某些特殊水質狀況（高低濁度原水或有機物含量過高），僅以混凝劑無法達到良好混凝效果，可適時添加助凝劑，幫助形成膠羽，提升混凝效能及節省混凝劑用量，獲得較清澈水質，及延長濾床之濾程。常用的助凝劑種類包括：

1. 氧化劑

在處理有色度原水時，可在混凝前加入氧化劑：氯、二氧化氯、臭氧等，但須注意是否產生三氯甲烷副產物，謹慎用之。

2. 增重劑

對低濁度高色度原水，如含白色蒙脫黏土、水泥灰、沉澱污泥之原水適用。使用時應與混凝劑同時加入，作為膠羽核心並增加重量。

3. 活性矽酸鈉

工業用矽酸鈉俗稱水玻璃，可做為助凝劑在低溫低鹼度原水中添加以減少明礬用量。所生成膠羽較粗且密度較大，宜適用於洪水濁度遽增之原水，但易增加過濾池損失水頭，使濾池加速阻塞，用量宜審慎。

4. 高分子凝集劑

高分子凝集劑PAC應用於水處理之固液分離，為有效之混凝劑及助凝劑。其應用有以下優點：

(1)不會迅速消耗水中鹼度，對酸鹼值影響較小。

(2)加速凝集作用，形成較大膠羽，提高沉澱效率。

(3)減少無機鹽混凝劑用量，降低處理費用。

(4)生成污泥量較少且脫水性可提高。

然而高分子凝集劑的最佳劑量範圍也較窄，超量或不足可能使膠體發生再穩定而降低沉降率，反使水中殘餘濁度增加。其次混凝劑與助凝劑的加藥位置及先後順序也會影響凝集效率。台北自來水事業處（1998）係將高分子凝集劑提前至原水取水口井加入，劉（2002）及 Rout 等人（1999）研究提到：將鋁鹽及高分子凝集劑搭配使用時，兩者加藥位置及順序會影響混凝效果。惟目前對於最適加藥順序及其影響仍有待學者研究確定之。

高分子凝集劑依成分來源可分為天然有機聚合物或人工合成聚合物。天然有機聚合物包括洋菜、纖維素、蛋白質等。幾丁聚醣（chitosan）曾被應用於水處理研究，利用幾丁質去乙醯化（deacetylation）處理製成。幾丁質大量存在甲殼類動物如螃蟹龍蝦外殼之骨架中，是很豐富的天然來源。人工合成聚合物的分類相當繁雜，依解離後的帶電性可分為陽離子型、陰離子型及非離子型聚合物。除了用在助凝劑，高分子凝集劑也可以應用於水場過濾池前的助濾劑（filtering aid）及調理污泥用之污泥脫水劑。

應用高分子凝集劑於水處理在歐美國家已相當普遍，但是近年發現某些高分子凝集劑例如聚丙醯胺（polyacrylamide, PAM），其製造過程會產生若干污染物，如殘餘的丙醯胺單體，高分子聚合物也可能在水處理程序中與添加的其他氧化劑發生反應而產生消毒副產物，聚丙醯胺助凝劑已被質疑有可能增加人體健康致癌風險，各國對其使用有其限制：日本禁止用於飲用水處理；美國、德國及法國嚴格規定高分子聚合物的種類及添加劑量；中華民國環保署於 1997 年公告，只有原水濁度高於 250 NTU 時可使用聚丙烯醯胺、聚氯化二烯二甲基胺（poly (diallyldimethyl ammonium chloride), poly(DADMAC)）及氯甲基一氧三環二甲基胺（epi-DMA polyamines, epichlorohydrin dimethylamine (polymer)）聚合物為飲用水水質處理藥劑。

◇4.3.3 瓶杯實驗

良好膠羽具備條件包括：(1) 體積大且密緻、(2) 形成之時間短、(3) 沉降速度大、(4) 界達電位（Zeta potential）低、(5) 沉降完成後，上澄液清晰可見。但由於混凝單元進流水之水質（例如：pH 值、濁度、色度、有機質或其他污染物濃度）可能變化很大，實驗室預先進行瓶杯試驗（jar test），如圖 4.3，有助得到最佳目標操作條件：

1. 適當的混凝劑及助凝劑。
2. 最佳的混凝強度和反應時間的乘積（$G \times t$）。
3. 最適當的 pH 值範圍。
4. 最適當的混凝劑及助凝劑加藥量。
5. 評估沉澱池和過濾池的操作績效。

瓶杯試驗係利用有多個攪拌裝置，且可變化攪拌強度之瓶杯試驗機。進行試驗步驟如下：

(1) 取 200 mL 水樣於燒杯中，加少量混凝劑後，經快混（約 100 rpm）1 分鐘，慢混（約 30 rpm）3 分鐘，若無膠羽出現，則重覆此步驟及增加混凝劑量，直到膠羽出現。

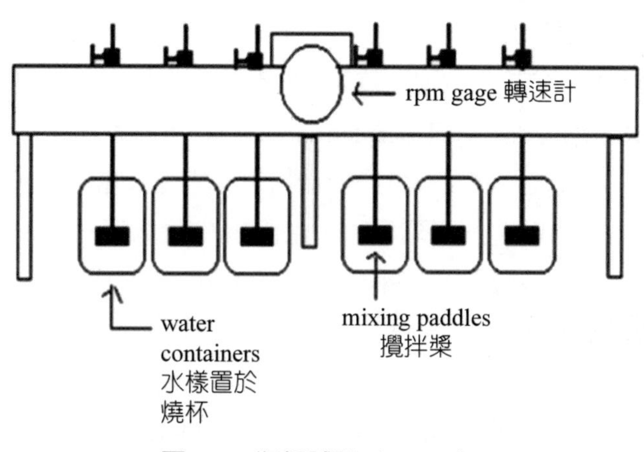

圖 4.3 瓶杯試驗（jar test）

(2) 用 6 個燒杯各置 1,000 mL 水樣，以 H_2SO_4 或 NaOH 調整各水樣 pH 值分別為 4.0、5.0、6.0、7.0、8.0、9.0。

(3) 以步驟 (1) 測試所得之混凝劑劑量分別加入各燒杯。

(4) 以轉速 80～100 rpm 快混 1～3 分鐘後，轉速改為 25 rpm 慢混 10～30 分鐘。

(5) 停止攪拌，靜置 30 分鐘，取上層澄清液分析水質，決定最佳之 pH 值。

(6) 再取水樣 1,000 mL 六個，調整 pH 值至步驟 (5) 所得值，每個水樣分別加入混凝劑及助凝劑不同的濃度， 如：100 mg/L、150 mg/L、200 mg/L、250 mg/L、300 mg/L、350 mg/L，或其他範圍，再依步驟 (4)～(5)，觀察生成之膠羽大小、沉降速度，並分析上層澄清液水質，以決定有效而經濟之最佳加藥量。

4.4 快混及膠凝系統

混凝及膠凝系統主要設備包括：

1. pH 控制設備；
2. 混凝及助凝藥劑添加設備；
3. 攪拌設備。

設計良好的快混及膠凝單元應考慮要項：

(1) 快混：型式選擇、快混機數目、化學藥劑注入方式及快混速度和攪拌時間。

(2) 慢混：型式選擇、慢混機數目、最佳慢混時間、最佳攪拌強度、分幾段（stages）以及如何形成慢混池內柱狀流（plug flow）的足夠條件。

4.4.1 快混（膠凝）攪拌強度

將混凝劑加入快混（膠凝）設備後，以水力混合或機械混合快速攪拌，使懸浮顆粒形成較大的膠羽絮凝。使顆粒產生絮凝的首要條件是接觸及產生碰撞，在混凝池中輸入能量提高攪拌強度，促使顆粒接觸碰撞有三種途徑：(1) 顆粒的布朗運動、(2) 顆粒間的沉降速度差異，以及 (3) 流動水體的水力作用。

以顆粒發生互撞次數 N 表示（Somoluchoski, 1916）：

$$N = \frac{1}{6} n_1 n_2 (d_1 + d_2)^n \frac{du}{dy} \tag{4.3}$$

n_1、n_2：顆粒 1 及顆粒 2 之數量。

d_1、d_2：顆粒 1 及顆粒 2 之粒徑。

du/dy：水體的速度梯度。

流體混合攪拌程度之另一種表示法，係定義為以輸入動力（功率）轉為速度梯度的 G 值（velocity gradient）（Camp et al. 1943）：

$$\frac{du}{dy} = G = \left(\frac{P}{\mu V}\right)^{1/2} \tag{4.4}$$

G：速度梯度（velocity gradient, s^{-1}）。

P：輸入動力（J/s, watt）。

V：反應槽體積（m^3）。

m：水體的靜粘滯係數（N・s/m^2, kg/m・s）與水溫有關。

t：快混反應時間（s）。

如果決定了反應槽的體積 V 及速度坡降 G，便可推算出反應槽所需的攪拌動力 P：

$$P = \mu V G^2 \tag{4.5}$$

總顆粒碰撞數與速度坡降 G 及水力停留時間 t 之乘積（$G \times t$）成正比。動力特性參數 G、t 值大小視原水濁度及快混方式而異，當原水低濁度時，若未添加助凝劑，反應時間 t 值不妨略長，增加顆粒間互相碰撞吸附次數（N 值）。G 值也可視為能量梯度，快混的 G 值多在 200～300 s^{-1} 以上，$G \times t$ 值範圍介於 500～1,600（Kawamura, 2000）。

◇4.4.2 快混型式及設計準則

目前市面上商用化的快混型式有多種選擇：

1. 機械混合（mechanical flash mixing）。
2. 管中注藥（mechanical In-line blenders or static in-line blenders）。
3. 水力混合（hydraulic mixing）。
4. 壓力式噴流（pressure water jet）。
5. 空氣擴散混合（diffusion by pipe grid）。

後續簡要說明各種快混型式特性，及其設計參數。

1. 機械混合型

機械混合是淨水場最常見的快混型式，如圖 4.4 及圖 4.5，在反應槽或槽渠，以一組或多組機械混凝機組在槽內進行混合攪拌，快速將水中藥劑擴散均勻混合，以達最佳快速混合效果。機械快混機可概分為兩類：

(1) 渦輪式：以平面或彎曲型式的渦輪槳葉（turbine）附於轉軸上，形成放射流或切線流，如圖 4.4，水流可由下往上方向進入槽內，加藥點應盡量靠近輪葉下方。

(2) 螺旋槳式：以螺旋槳葉片（propeller）旋轉產生強力水流，如圖 4.5 (a) 入流水經過隔板自下往上流，在入口處加藥後，經過葉片攪拌增加紊流混合程度。圖 4.5 (b)，混凝劑由上端注入槽內，垂直軸上可裝數個螺旋槳葉片增加由上往下水流的混合，槽內壁增設定板（stators）導流，提高混合效果。

機械快混型式通常處理 1 CMS 水量約需 2.5 kW（瓩），G 值在 600～1,000 s^{-1} 以上，停留時間 t 約 10～60 s。本法優點是水頭損失小，可調整轉速來適應不同的水量和水質，缺點是轉軸或軸承容易發生故障，須時常維修保養，且應注意池內可能發生水流回混（back mixing）、短流（short circuit）、質量旋轉（mass rotation）等缺點。槽內須增加整流板（stators）或隔板（buffles）導流，提高混合效果。

快混池多採二段式（two stages）設計，有助消除短流，也是目前最普遍使用型式（stage I：t = 10～20 s; stage II：t = 30～40 s）。美國土木工程師協會（ASCE）、美國水道工程協會（AWWA）及日本水道協會（JWWA）對快混

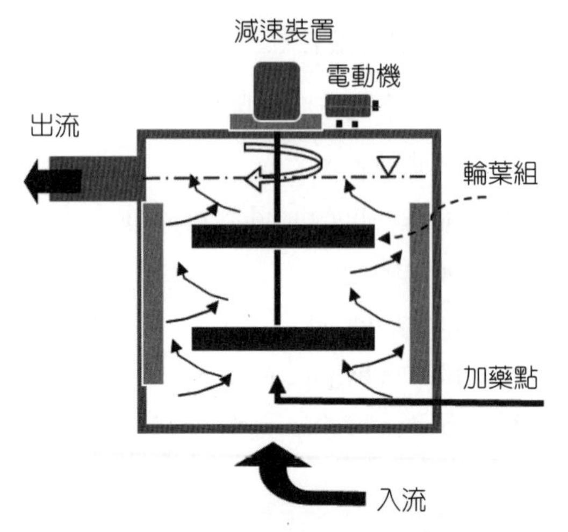

圖 4.4　機械快混機組：輪葉型式

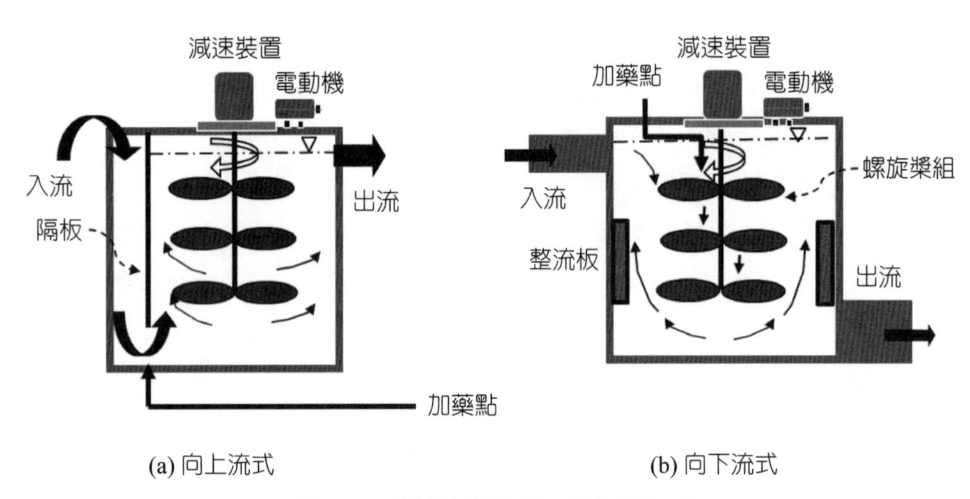

(a) 向上流式　　(b) 向下流式

圖 4.5　機械快混機組：螺旋槳型式

池選用機械混合動力參數的設計規範有些差異，如表 4.7 所示。

2. 管中注藥型

在輸送管中加入混凝藥劑，透過管中機械混合或是水流動力達成混合效果稱之。目前有兩種類型：

(1)管中注藥及機械攪拌（mechanical in-line blenders）：在輸送管中加入混凝劑，透過管內安裝的螺旋槳葉的動力攪拌達成混合效果，如圖 4.6。

表 4.7　快混—機械混合型式參數設計準則

設計參數	資料來源
‧t = 10～60 s ‧G = 600～1,000 s^{-1} ‧Power (P) = 0.25～1.0 HP/MGD or (0.7～2.5)×10^{-4} HP/CMD ‧Gt > 1,000	US (ASCE、AWWA)
‧t = 60 s；G = 300～500 s^{-1} ‧Power (P) = (0.35～0.5)×10^{-4} HP/CMD or 3～4.3 HP/CMS；	Japan (JWWA)
‧t = 10～30 s ‧G =300 s^{-1} ‧Power (P) = (0.85～1.0) HP/MGD	Kawamura (2000)

t：快混反應時間（s）；G：速度梯度（s^{-1}）；P：輸入動力（watt，HP/CMD，HP/MGD）。
單位換算：1 MGD = 3,785 CMD。

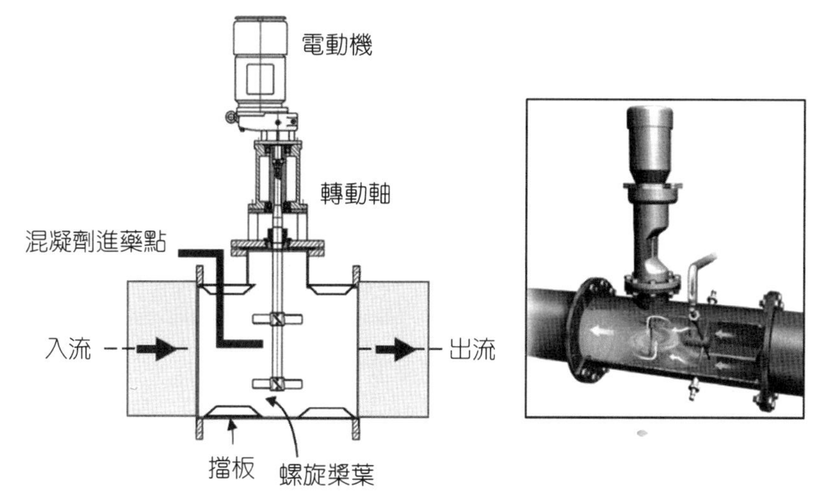

圖 4.6　快混型式：管中注藥及機械攪拌

(2)管中注藥及管內自然攪拌（static in-line blenders）：如圖 4.7 (a)，透過水流動力自然混合，或是在輸送管中直接安裝靜態混合器（static mixer），如圖 4.7 (b)，或是安裝文氏管（venturi mixer），如圖 4.7 (c)，以提高管中流速混合效果。此類型不需外加動力，但需注意不能有異物進入卡住捲軸。管中注藥型式的快混動力參數規範如表 4.8 所示。

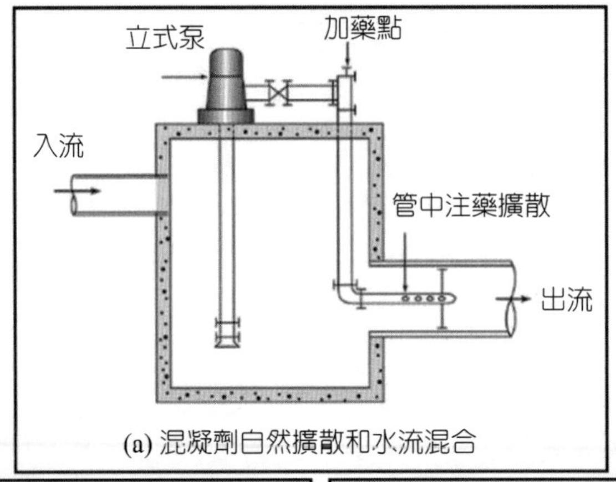

(a) 混凝劑自然擴散和水流混合

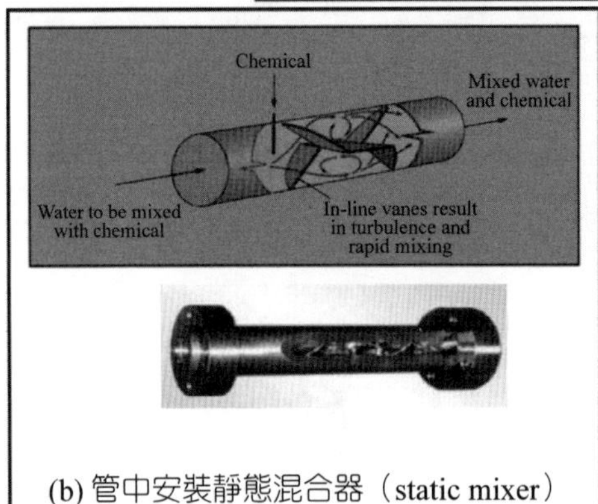

(b) 管中安裝靜態混合器（static mixer）

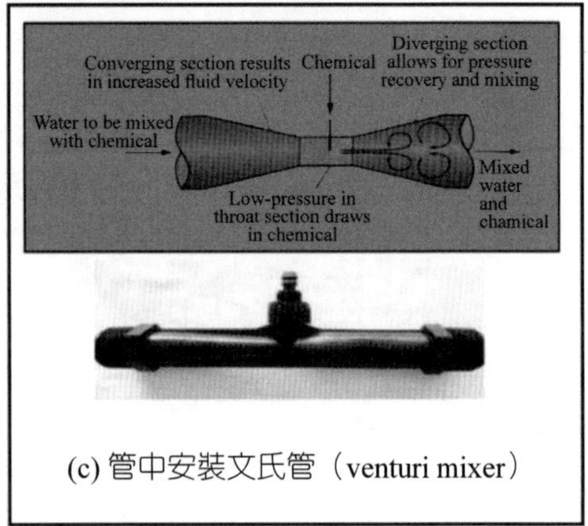

(c) 管中安裝文氏管（venturi mixer）

圖 4.7　快混型式：管中注藥及管內自然攪拌

表 4.8　快混—管中注藥型式參數設計準則

設計參數	資料來源
・管中注藥及機械攪拌	
$t = 0.5$ s Power (P) = 0.5 HP/ MGD $G = 3{,}000 \sim 5{,}000\ \mathrm{s}^{-1}$	Shammas and Wang (2016)
$t = 0.5 \sim 3$ s Power (P) = $(0.35 \sim 1.0) \times 10^{-4}$ HP/CMD or $3 \sim 4.3$ HP/CMS $G = 900 \sim 1{,}000\ \mathrm{s}^{-1}$	Kawamura (2000)
・管中注藥及管內自然攪拌 $t = 1 \sim 5$ s $G = 350 \sim 1{,}700\ \mathrm{s}^{-1}$（平均 1,000） $h_f = 2 \sim 3$ ft (0.6～0.9 m)（水力損失）	Kawamura (2000)

3. 水力混合型

自分水井利用既有的高度水頭，以巴歇爾槽（Parshall flumes）、文氏管（Venturit tubes, or meters）或 O-G 水堰（O-G weir）形成水躍（hydraulic jump）產生紊流，可幫助混凝劑迅速擴散混合，稱為水力混合（hydraulic mixing）。如圖 4.8，混凝劑注入進水管或進水室，藉由下游形成水躍完成混合作用。水頭落差和損失（head loss）約為 0.2～0.3 m 時，可提供速度坡降 G 值 800～1000 s^{-1}（20℃），但水力紊流提供的能量和進水量有關，如果進水量變化大並不適用此種快混型式。水力混合型的快混設計參數請參見表 4.9。

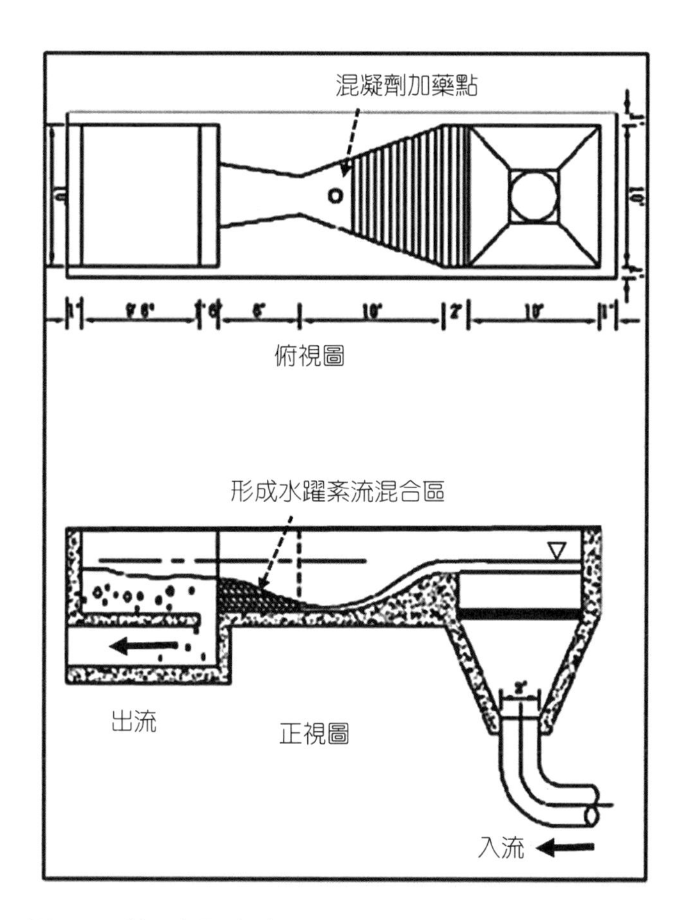

圖 4.8　利用水躍池（hydraulic jump）幫助混凝劑迅速混合

表 4.9　快混—水力混合型式參數設計準則

設計參數	資料來源
‧跌水高 $h_f = 0.6 \sim 0.9$ m(2～3 feet) ‧喉口流速 $v = 3 \sim 4$ m/s	Kawamura (2000)

4. 壓力式噴流型

如圖 4.9 壓力式噴流型快混型式，用抽水機預先抽取少量水或引用上游部分含濁度的原水，先和混凝劑混合成為加壓水柱（10 psi, 0.7 kg/cm^2），再逆向噴入原水進水口，使產生紊流及促進混合，稱為壓力式噴流（pressure water jet）。此種方法特色是抽取上游部分原水先和混凝劑混合，增加混合效果，且所需要動力低，約為機械混合動力的一半，將可節省混凝劑加藥量。其設計參數參見表 4.10。

5. 空氣擴散混合

利用空氣壓縮機將空氣壓入快混池底部之擴散板（管），使形成細小的氣泡往上跑，在上升途中製造亂流增加混合效果。

6. 綜合討論

Kawamura 氏（2000）根據快混效率，操作成本及設備維修難易度等條件加以評估，推薦設計時優先選用的順序為 (1) → (6)：

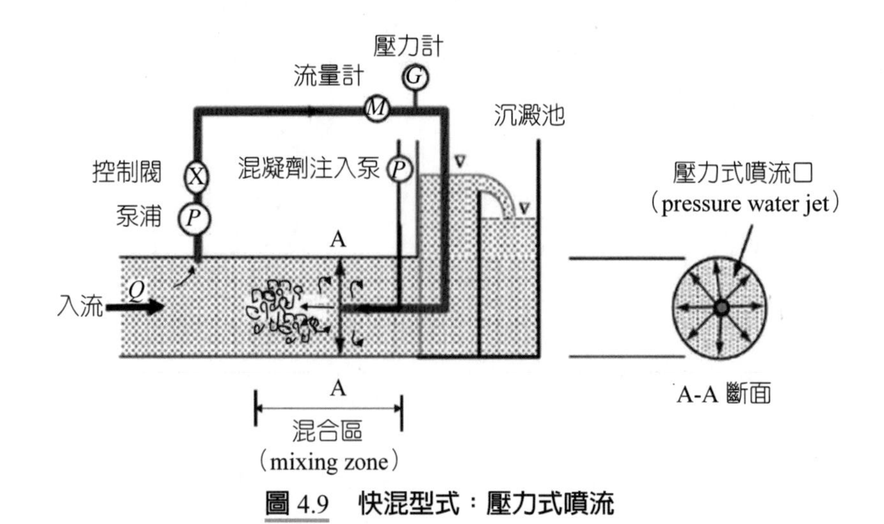

圖 4.9　快混型式：壓力式噴流

表 4.10 快混─壓力式噴流型參數設計準則

設計參數	
・注入混凝劑噴流量（pump injection water）：$q = 2\sim5\%\ Q$（Q：處理水量）	
・噴口流速 $V_{at\ injection}$：6～7.5 m/s	
・$t = 1\sim3$ s	
・$G = 300\sim1{,}000\ s^{-1}$	
・Power(P) $= \gamma \times q \times (\Delta H)$	ΔH：總能量損失（total jet energy loss） q：注入噴流量 g：水比重

資料來源：Kawamura (2000)。

(1)壓力式噴流（pressure water jet）。

(2)管內自然攪拌器（in line static blender）。

(3)管中注藥及機械攪拌（mechanical in-line blender）。

(4)水力混合（hydraulic mixing）。

(5)機械混合（mechanic flash mixer）。

(6)空氣擴散混合（diffusion by pipe grid）。

台灣淨水場主要採用水力混合及機械快混兩種快混型式。大型淨水場多採機械快混，雖有耗動力及回流、短流等缺點，但設計之 G 值明確，構造容易，不涉專利技術。而中小型水場則多用水躍池快混型式，水躍池之優點為無轉動機件，也有曝氣及量水功能，無需維修保養。

壓力式噴流、管中注藥管件及機械攪拌機等設備大多由國外專業廠商製造。設計者雖能由水量（Q）計算出需要之 G 值及馬力大小，但在購料時仍須審慎研究設備廠商提供之機械設計文件，包括驅動馬力、減速裝置、刀片（blade）尺寸、直徑、轉速（rpm）、攪動流體形態（flow pattern）等重要的設計參數經驗值是否合用，以確保符合最佳混合效果。其次，驅動裝置之電動機馬達及減速器應設計為可調整式，以配合水場適應原水質量變化時必須調整快混池的速度梯度 G 值，適應變化需求。

4.4.3 膠凝池型式及設計準則

膠凝池設在快混池之後，將快混形成的微膠羽（pin floc）續以低轉速攪拌，相吸結成粗膠羽（dense-coarse floc）。膠凝成果可於出流口以目測觀察，攪拌速度必須控制得宜，太快會破壞膠羽，太慢則膠羽無法碰撞長大。如果進膠凝池的膠羽太細，就須反向探求是否快混池的水力及混合操作條件有失誤，必須加以調整。

膠凝池型式概分為四類：

1. 機械式膠凝機
   (1) 豎軸式渦輪膠凝機（vertical shaft turbine flocculation system）。
   (2) 垂直或水平軸式槳板膠凝機（horizontal or vertical shafts with paddle wheel flocculation system）。
2. 隔板迴流式膠凝池（baffled channel）
3. 擴散管注入空氣或水射流（diffuser air or water jet）
4. 特殊膠凝方式：商用開發出將膠凝和沉澱池結合一體（不另設膠凝池）的污泥氈式反應槽（sludge blanket），以及污泥接觸反應式槽（solids contact reactor clarifier）等。

膠凝池攪動計算公式與快混池相同，即 $G = (P/\mu V)^{1/2}$（見式 4.4）；但速度梯度 G 值應由 100 逐段減至 10～20，分 2 至 6 段進行，使膠羽緩慢由小至大而不破碎。根據設計經驗：G 值由 90 降至 15，分 3～4 池串聯，逐段降低，可使膠羽逐步結實（collision），避免剪力破碎。整體膠凝池平均速度差（G 值）約為 45～50 區間，全部所需的膠凝池內滯留時間（t）可在 25～45 mins 之間。也可視不同水源而調整，河川地面水源約 20～30 mins，湖庫水源需約 30～45 mins。

膠凝機間應設整流隔牆（baffle wall），開孔面積應為 5～7%，使之不造成短流，快混後需緊接慢混，若中斷 2.5～5.0 mins 再慢混，膠凝效果就會較差，並需額外增加混凝加藥量 30～40%。故大型淨水場宜將快混膠凝單元採多組並聯方式規劃，避免池中的分水渠過長。膠凝池進出水口之配置應避免池中短流，且應設排泥設施（含 200 mm∮電動排泥塞閥）及照明設備。

一、機械式膠凝機

1. 豎軸式渦輪膠凝機

在豎軸式渦輪膠凝機的垂直軸裝有葉片或槳板之葉輪（impeller），葉片直徑（D）相較於池體長度（T）的比值（D/T ratio），葉輪相對流體速度（υ_R），及豎軸轉速（N）等都是重要的設計參數，如表 4.11 和圖 4.10 (a) 豎軸式膠凝機示意圖。葉輪攪拌程度及電動機輸入的攪拌動力，決定膠凝機操作的效率：

$$\begin{aligned} &\upsilon_R \propto NDvv\upsilon \\ &A \propto D^2 \\ &P \propto F_{Dv} \end{aligned} \tag{4.6}$$

ρ：流體密度（kg/m^3）

υ_R：葉輪速度（m/s）。

N：旋轉速率（rev/min）。

D：葉輪直徑（m）。

F_D：阻滯力。

P：輸入能量。

我們可利用上述關係進行無因次分析，推導出類似阻滯係數的能量數 N_P（power number）：

$$N_P = \frac{P}{\rho N^3 D^5} \tag{4.7}$$

和代表流體狀態的雷諾數 Re（Reynolds number）：

$$Re = \frac{\rho N D^2}{\mu} \tag{4.8}$$

在理想的紊流混合狀態下，$Re > 10{,}000$。

表 4.11 典型膠凝池設計參數準則

設計參數	一般範圍	迴流隔板膠凝池	水平軸式明輪膠凝機	豎軸式渦輪膠凝機
速度梯度 G (s^{-1})	低濁度：70～20 平均值：45～50 高濁度：50～150 （Shammas and Wang, 2016）	50～10	50～10 (Kawamura) 50～20 (MWH)	70～10 (Kawamura) 80～10 (MWH)
停留時間 t (min)	20～30 at $Q_{\max\ day}$	30～45	20～40	20～40
速度差與滯留時間之乘積 $G\times t$ 值	一般濁度：10^4～10^5 高濁度：9～18×10^4			
水深 H（m）	3～4.5			
池體長寬比 L/W	4:1			
膠凝池段數（stage）	2～6段 （通常為3～4段）	6～10	3～6	2～4
速度 v（m/s）		1 （最大水流速度）	0.9～1	2～3
輪機轉速 N（rpm）			1～5	8～25
槳板相對池體面積（%）		－	5～20	0.1～0.2
葉片長度相對池體直徑 D/T		－	0.5～0.75	0.2～0.4
池內攪拌排水量係數 D/F	30～40	30～40	－	－

資料來源：1.Kawamura (2000)。2. MWH (2005)。

2. 豎軸或水平軸式的明輪式膠凝機

此種型式常見於傳統淨水場，有轉速調節設備以調整攪拌速度，調速範圍 4 比 1 以上，增加操作彈性。此種型式膠羽形成效果佳，膠凝機翼板面積應占池斷面積 15～20%，槳板相對於水流的速度在 0.9～0.1 m/s 間，先大後小。動力損失及水頭損失小，但因槳板多沉在水下，增加保養維護困難。槳板所需動力 P 和槳板總面積、槳板相對於流體的速度有關：

$$動力 P = F_1 \cdot v = \frac{1}{2} C_D \rho A \upsilon_m^3 \qquad (4.9)$$

將式 4.9 代入下式

$$G = (\frac{P}{\mu V})^{1/2} = \left(\frac{C_D A \upsilon_m^3}{2V(\mu/\rho)} \right)^{1/2}$$

上式內 $\mu/\rho = v$

得到速度梯度 $G = (\frac{C_D A \upsilon_m^3}{2Vv})^{1/2}$ （4.10）

其中

C_D：曳引係數（drag coefficient），和槳板的長寬比有關，$L/W = 20$，$C_D = 1.5$；

$L/W > 20$，$C_D = 1.9$。

A：槳板總面積（m^2）。

υ_m：槳板與水流的相對速度（m/s）。

ρ：水體密度（kg/m^3）。

V：水池容積（m^3）。

μ：水體的靜黏滯係數（kinetic viscosity of the fluid, $N \cdot s/m^2$, $kg/m \cdot s$）。

v：水體的動黏滯係數（kinematic viscosity of the fluid, m^2/s）。

v_m 是槳板相對於池壁的周緣速度 v_p 的 0.75 倍：

$$\upsilon_m = 0.75 \times v_p = 0.75 \times (2\pi r N) \qquad (4.11)$$

其中

N：膠凝機的轉速（rpm）。

r：槳板中心點到轉軸的距離。

常見的水平軸式明輪膠凝機如圖 4.10 (b)，其重要的設計參數如表 4.11 所示。

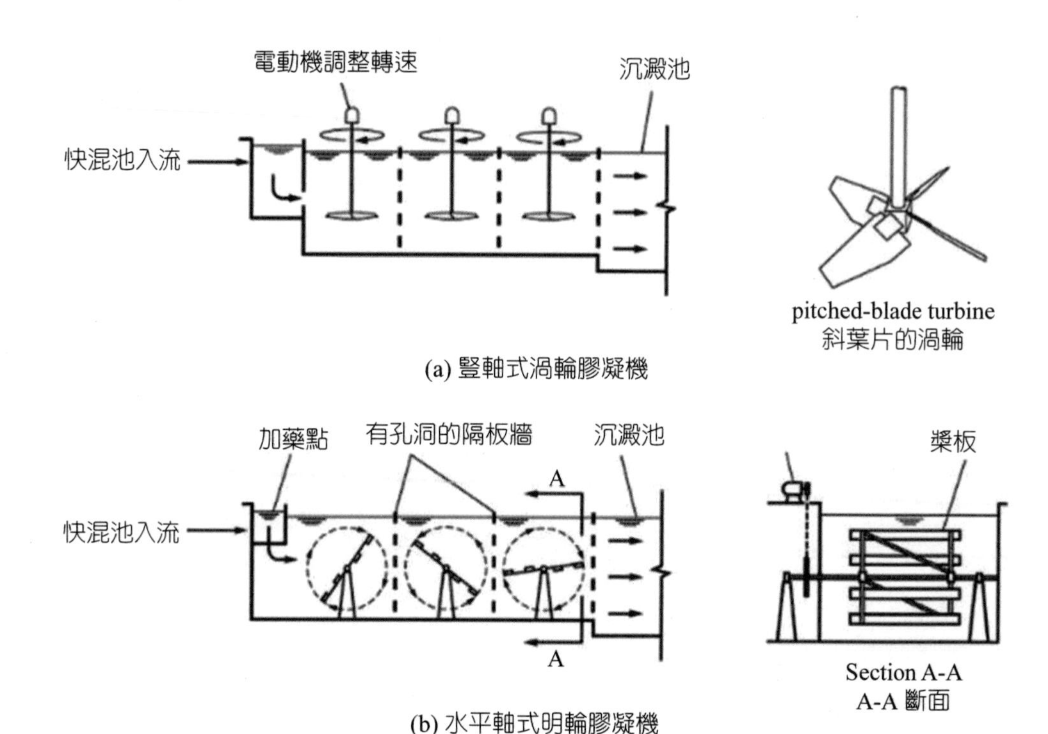

圖 4.10　(a) 豎軸式及 (b) 水平軸式膠凝系統

資料來源：MWH, 2005。

二、水力迴流隔板膠凝池

混凝池各段可以穿孔式的隔板牆（perforated baffle wall）隔開，避免短流。水力迴流型式的隔板膠凝池（baffled channel）分為水平回流式（round-the-end）及上下回流式（up and down）兩種，如圖 4.11。池內設置不等距的隔板，引導水流經隔板末端轉彎造成攪拌所需的紊流。此類型膠凝池可適用於流量變化小且有多餘之重力流水頭情況，但若在乾旱季缺水時則會失去作用。

水力隔板式膠凝池的輸入動力 P 及速度梯度 G 關係：

$$G = \left(\frac{P}{\mu V}\right)^{1/2} \tag{4.12}$$

$$P = Q\rho gh = av\rho gh = \frac{l}{t}a\rho gh \tag{4.13}$$

$V = a \cdot l$（迴流道面積 × 迴流道長度）　　(4.14)

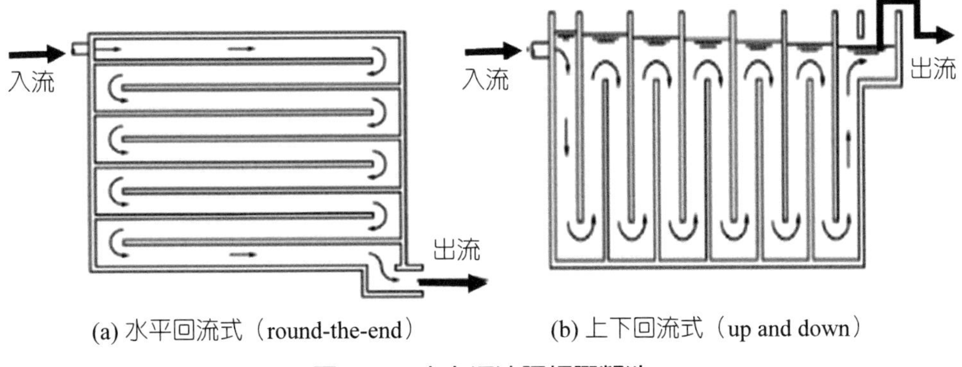

(a) 水平回流式（round-the-end）　(b) 上下回流式（up and down）

圖 4.11　水力迴流隔板膠凝池

將式 4.13 及式 4.12 代入式 4.11，得到以下關係：

$$G = \left(\frac{g \cdot h}{\upsilon \cdot t}\right)^{1/2} \tag{4.15}$$

Q：流量（m^3/s）。

h：迴流池進水與出水之高差（Σh_f）（m）。

t：停留時間（s）。

υ：槽內水流速（m/s）。

a：迴流道斷面積（m^2）。

l：迴流道長度（m）。

V：水池容積（m^3）。

ρ：水體的密度（kg/m^3）。

μ：水體的靜黏滯係數（kinetic viscosity of the fluid）。

ν：水體的動黏滯係數（kinematic viscosity of the fluid）（$\nu = \mu/\rho$）。

4.5　化學加藥系統

根據原水濁度及鹼度和瓶杯試驗結果決定適合的加藥點，如圖 4.12 淨水場內常於 (1) 原水取水口井或分水井、(2) 快混池中、(3) 膠凝池前加藥。

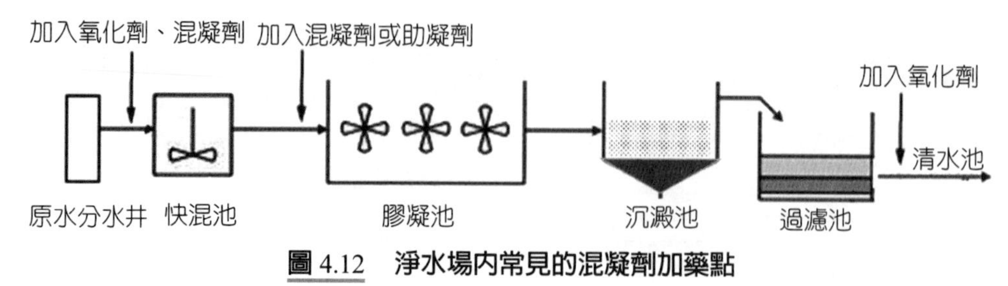

圖 4.12　淨水場內常見的混凝劑加藥點

需要使用的混凝劑及助凝劑量、加藥率以及加藥槽容量必須審慎計算。表 4.12 列出化學藥劑注入系統應評估因子，包括加藥量、加藥機（乾式或濕式）、計量幫浦及輸送管線、藥劑溶解槽、藥品貯存槽（約 1 個月存量）等。

表 4.12　化學藥劑注入系統應評估因子

選擇化學藥劑種類
選擇化學劑量和 pH 值範圍
選擇化學藥劑添加點，加藥機及計量幫浦選擇
選擇合適的加藥機及計量幫浦
化學藥劑輸送管線維護
化學藥劑稀釋和注入方法

4.6 快混及膠凝系統功能評估

快混及膠凝池是否操作良好，可以膠羽形成良莠作為指標：

(1)攪拌方式及混合程度，混合時間及動力不足影響膠羽形成。

(2)添加混凝劑或助凝劑過多或不足，或藥劑選擇不當，影響膠羽形成。

(3)池體流況如短流、表面流，使實際停留時間不足或形成之膠羽被破壞。

(4)攪拌機型式選擇不當，影響膠羽的形成。

表 4.13 膠羽形成不良及改善對策，可據以參考評估。以下討論混凝程序常見的技術問題：

表 4.13 膠羽形成不良及改善對策

原因	對策
快混時化學藥品分散不足	· 檢討混合程度、混合時間及動力是否不足 · 增加攪拌強度及調整攪拌角度
不適當的加藥量	· 添加混凝劑、助凝劑，藥劑是否過多或不足 · 以瓶杯試驗確認適當的加藥量 · 檢查及校正 pH 計及加藥機計量幫浦及管線
快混時間過長	· 減少快混時間
加藥地點不適當	· 調整加藥地點
槽體設計不良導致短流現象，停留時間不足	· 檢討池體之水力流況，如短流、表面流，使實際停留時間不足或形成之膠羽被破壞 · 增設隔板或整流板，使處理水在槽體中以較長路徑均勻繞流 · 調整進流口及出流口位置，增加繞流路徑
膠凝攪拌速率過快或太慢	· 調整轉速，檢查膠凝機輪葉、電動機馬達及減速器適合正常，進行維修保養 · 檢討是否攪拌機型式選擇不當
慢混池表面有時發生藻類生長現象	· 定時清除水面上之藻類與浮渣

1. 混凝劑與濁度顆粒接觸不均

當原水濁度不高時，混凝劑加入水中自然擴散，與膠體顆粒充分混合接觸。原水濁度增加時，混凝劑水解產物的擴散即成為控制處理效果之決定性因素。高濁度原水膠體顆粒數量非常多，當混凝劑加入來不及擴散就被靠近它的膠體顆粒接觸與捕捉，可能形成混凝劑與膠體顆粒只在局部反應的現象。因此將上千 NTU 高濁度原水降低至 100～300 NTU 較易，若要將高濁度原水一次降低到 4～5 NTU 則非常困難，必須增加混凝劑加藥量或同時添加少量高分子聚合物架橋助凝才能改善出水水質。故水場在濁度特高時可能有藥劑增加和出水 pH 值過低問題。

2. 混凝劑過度添加

混凝劑的添加量大多是由「瓶杯試驗」（jar test）求得，但實場與實驗室的條件不盡相同，常導致混凝劑添加量存在許多不確定性。在極低濁度或極高濁度時，這種不確定性又特別明顯，操作人員往往會以超量加藥方式確保混凝效果良好，導致混凝劑過度添加，導致電性逆轉而形成「再穩定」現象。使得上澄液殘留大量不易過濾的氫氧化鋁膠羽，導致上澄液過濾性降低，反沖洗頻率增加（黃，2008）。

3. 原水鹼度不足

以鋁鹽及鐵鹽為混凝劑進行混凝時會消耗水中的鹼度，當混凝劑添加量太多時會使水中鹼度被消耗殆盡，此時水溶液的 pH 值會大幅下降至 6 以下，造成混凝效果不佳以及溶解性鋁離子過高的問題。

4. 原水濁度過低

原水濁度太低時常導致膠羽太小、膠羽比重太輕或根本無法產生膠羽等問題，其主因為水中顆粒不足，壓縮電雙層及電性中和的效果不明顯，反而需要添加較多混凝劑，以絆除沉澱方式來去除水中的濁度顆粒。氫氧化鋁膠羽的比重只比水略重（約 1.01），若沒有足夠的濁度顆粒（泥砂比重約 2.65）增加膠羽重量，會造成沉降速度太低，沉澱效果不佳。若低濁度原水含有藻類或其他有機微粒，混凝沉澱效果也不易達成。因此濁度低之原水，就不建議設沉澱池，改採溶解空氣浮除法（DAF）或直接過濾方式去除（Kawamuwa, 2000）。

淨水處理例題

1. 某一淨水場每日處理水量 10,000 m^3/day，經杯瓶試驗需加 60 mg/L 之硫酸鋁（$Al_2(SO_4)_3 \cdot 18H_2O$）作為混凝劑 $Al_2(SO_4)_3 \cdot 18H_2O$（18 個結晶水之水合物）。

   (1)請計算每日所需鋁鹽混凝劑用量。

   (2)處理水因加入硫酸鋁消耗的鹼度有多少（以 $CaCO_3$ 表示）？

   (3)處理水因加入硫酸鋁，每日 CO_2 之排放量有多少？

   (4)如不消耗原水中鹼度需加入多少消石灰（$Ca(OH)_2$）？

   (5)假設加入消石灰後生成的污泥 $Al(OH)_3$ 固體物含量為 2.2%，污泥乾基比重為 2.0，原水濁度予以忽略，預計每日產生多少 $Al(OH)_3$ 污泥量（m^3/day）？

答：

$$Al_2(SO_4)_3 \cdot 18H_2O + 3Ca(HCO_3)_2 \rightarrow Al(OH)_3 \downarrow + CaSO_4 + 18H_2O + 6CO_2$$

$$1 : 3 : 6$$

$$1\ mg/666 : X/100 : z/44$$

每加入 1 mg/L 硫酸鋁 $Al_2(SO_4)_3 \cdot 18H_2O$ 會消耗水中天然鹼度 0.45 mg/L as $CaCO_3$，釋放 0.396 mg/L as CO_2

(1) 每日硫酸鋁加藥量 $= 10{,}000 \times 60 \times 10^{-3} = 600$ kg/day

(2) 消耗的鹼度 $= 600 \times 0.45 = 270$ kg/day as $CaCO_3$

(3) 每日 CO_2 排放量 $= 600 \times 0.396 = 237.6$ kg

（根據 Henry's law，CO_2 在氣液相中平衡時，幾乎完全釋放至大氣中）

(4) $Al_2(SO_4)_3 \cdot 18H_2O + 3Ca(OH)_2 \rightarrow 2Al(OH)_3 \downarrow + 3CaSO_4 + 18H_2O$

$$1 : 3 : 2$$

$$1\ mg/666 : Y/74 : z/76$$

每加入 1 mg/L 硫酸鋁 $Al_2(SO_4)_3 \cdot 18H_2O$ 會消耗水中天然鹼度 0.33 mg/L as $Ca(OH)_2$，生成 $Al(OH)_3$ 固體物 0.234 mg/L

加入消石灰（$Ca(OH)_2$）量 $= 600 \times 0.33 = 198$ kg/day

(5) 生成 $Al(OH)_3$ 固體物 $= 600 \times 0.234 = 140.4$ kg/day（乾基）

污泥 $Al(OH)_3$ 固體物含量為 2.2%，含水率為 97.8%，污泥乾基比重為 2.0

$Al(OH)_3$ 污泥濕基比重 ρ：$1/\rho = (\frac{0.978}{1}) + (\frac{0.022}{2.0}) \rightarrow \rho = 1{,}011\ kg/m^3$

$Al(OH)_3$ 濕污泥體積 $= (140.4/0.02)/1{,}011 = 6.94\ m^3/day$

2. 某一淨水場處理最大日水量 100,000 m^3/day，原水濁度為 60 度，鹼度為 20 mg/L，經杯瓶試驗最佳混凝劑量為 60 mg/L 之硫酸鋁（$Al_2(SO_4)_3 \cdot 18H_2O$）。

(1) 請計算每日所需鋁鹽混凝劑用量。

(2) 需再添加多少消石灰（$Ca(OH)_2$）補充鹼度？

(3) 每日預計產生多少乾污泥重（kg/day）（假設每去除濁度 1 度會產生 1 mg/L 污泥）？

(4) 每日預計產生濕污泥體積（m^3/day）（污泥固體物含量為 2.2%，污泥乾基比重為 2.0）？

(5) 假設硫酸鋁容積密度約 820 kg/m^3，試估算一個月貯存量以圓形加藥槽貯存，其加藥槽容積和尺寸。

答：

$$\underline{Al_2(SO_4)_3 \cdot 18H_2O + 3Ca(OH)_2 \rightarrow 2Al(OH)_3} \downarrow + 3CaSO_4 + 18H_2O$$

1 : 3 : 2

1 mg/666 : Y/74 z/76

(1) 每日硫酸鋁加藥量 $= 100{,}000 \times 60 \times 10^{-3} = 6{,}000$ kg/day

(2) 每加入 1 mg/L 硫酸鋁 $Al_2(SO_4)_3 \cdot 18H_2O$ 會消耗水中天然鹼度 0.33 mg/L as $Ca(OH)_2$

故 60 mg/L 硫酸鋁需要消耗鹼度 $= 60 \times 0.33 = 19.8$ mg/L as $Ca(OH)_2$

相當於 $19.8 \times (100/74) = 26.75$mg/L as $CaCO_3$

故需額外補充的鹼度 $= 26.75 - 20 = 6.75$ mg/L as $CaCO_3$

換算回 $Ca(OH)_2 = 6.75 \times (74/100) = 5$ mg/L

每日消石灰（$Ca(OH)_2$）補充鹼度量 $= 100{,}000 \times 5 \times 10^{-3} = 500$ kg/day

(3) 每加入 1 mg/L 硫酸鋁 $Al_2(SO_4)_3 \cdot 18H_2O$ 會生成 $Al(OH)_3$ 固體物 0.234 mg/L，每去除濁度 1 度會產生 1 mg/L 污泥

污泥量 $= (60 \times 1 + 60 \times 0.234) \times 100{,}000 \times 10^{-3} = 7{,}404$ kg/day

(4) 污泥固體物含量為 2.2%，污泥乾基比重為 2.0，推估出污泥濕基比重 1,011 kg/m^3

濕污泥體積 $= (7{,}404/0.02)/1{,}011 = 366\ m^3/day$

(5) 假設硫酸鋁濃度為 50%，每月以 30 天計

硫酸鋁藥量 $= 6{,}000/50\% \times 30 = 360{,}000$ kg

硫酸鋁容積密度約 820 kg/m^3

圓形加藥槽容積 $= 360{,}000/820 = 440\ m^3$

若分八座加藥槽，設計槽體高度 $H = 3.5$ m 槽體直徑 D

$$D = \sqrt[2]{\left(\frac{4}{\pi}\right)\left(\frac{440/8}{3.5}\right)} = 4.5 \text{ m}$$

設計八座圓形加藥槽，每一座容積為 55 m^3，尺寸為 4.5 m(∮)×3.5 m(H)

3. 請設計一座快混池處理 18,900 m^3/day 水量，假設快混池分為四池，停留時間為 20 s，池體是正方形，深度與寬度比為 1.6（$H/B = 1.6$）。

答：

進流水平均分流入四個快混池，Q = 18,900 m^3/day/4 = 4,725 m^3/day = 0.05468 m^3/s

單座快混池體積 $V = Q \times t = 0.05468 \times 20 = 1.09$ m^3

已知長寬相等，深度與寬度比 $H/W = 1.6$，$1.6W^3 = 1.09$

$W = L = 0.88$ m，$H = 1.44$ m

考慮施工條件故尺寸宜取整數，

設計快混池尺寸為 1.0 m(L)×1.0 m(W)×1.5 m(H)

$V = 1 \times 1 \times 1.5 = 1.5$（>1.09, check ok！）

4. 根據第 3 題，假設快混池內的速度梯度 G 值 1,000/s，請計算快混機所需輸入功率和轉速。

答：

(1) 假設快混池內設置裝有傾斜葉片的機械快混渦輪機（power number $N_P = 1.26$），葉片長度相對池體寬度 $D/T = 0.3$，動力機件效率為 0.85，進流水溫 20℃，$\rho = 1{,}000$ kg/m^3 $\mu = 10^{-3}$ kg/m^3s

$P = VG^2 = 10^{-3} \times 1.5 \times 1{,}000^2 = 1{,}500$ watt = 1.5 kW

所需的輸入動力 = 1.5/0.85 = 1.77 kW，取 2.0 kW

(2) 葉片長度相對池體寬度 $D/T = 0.3$，$T = 1.0$ m，$D = 0.3$ m

機械快混渦輪機能量數 $N_P = 1.26$

$P = N_P \rho N^3 D^5$ $P = 2{,}000 = 1.26 \times 1{,}000 \times N^3 \times 0.3^5$

推估渦輪機轉速 $N = 8.67$ rpm 取 9.0 rpm

5. 根據第 4 題，請在快混池後設計一座三段式（3-stage）膠凝池。

已知條件：

水量 Q = 18,900 m^3/day。

停留時間：分三段式（3-stage），$t_1 = t_2 = t_3 = 10$ mins。

膠凝池的速度梯度 G 值：$G=(\frac{P}{\mu V})^{1/2}$。

1st stage：60 s^{-1}。

2nd stage：40 s^{-1}。

3rd stage：20 s^{-1}。

假設條件：

· 分流入兩座膠凝池。

· 每一池寬度 6 m（兩座合計總寬度 12 m）。

· 總長度為池深 3 倍。

· 採用豎軸式膠凝機，動力機件效率為 0.85。

請計算以下內容：

(1) 計算膠凝池尺寸。

(2) 計算每一段膠凝池所需動力（watt）。

(3) 假設安裝的豎軸式膠凝機採用斜葉片驅輪，葉片長度相對池體直徑 $D/T=0.45$，N_p 能量數（power number）為 0.25，請根據下列關係 $P=N_p\rho N^3D^5$；求出膠凝機的轉速 N（rpm）。

答：

(1) 計算膠凝池尺寸

$Q=18{,}900\ m^3/day$，分為兩池，$\Sigma L/H=3$，$B=6$，$DT=10$ mins (3 stages)

$\Sigma V=18{,}900/14{,}400\times30=393.75\ m^3$

每一段的體積 $V=L\times B\times H=6H^2$

$V=(18{,}900/2)/1{,}400\times10=63.5=6H^2$，$H=3.3$（取 3.5 m）

$L=H=3.5$ m，$\Sigma L=10.5$ m

確認 $V=10.5\times12\times3.5=441\ m^3$ (>393.75 m^3, ok！)

膠凝池尺寸設計為兩池，每一池為 10.5 m(L)×6 m(W)×3.5 m(H)

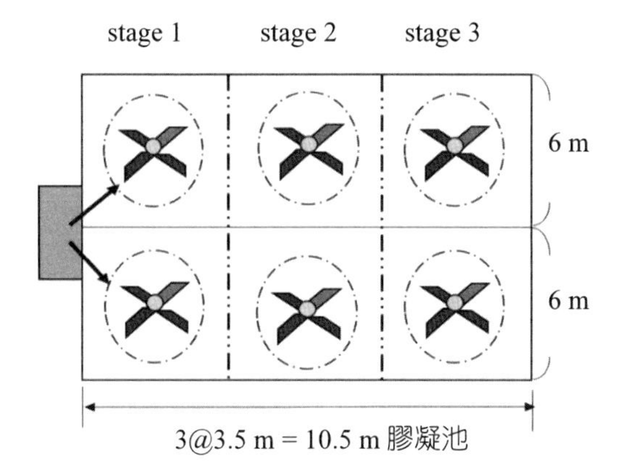

(2) 每一段膠凝池所需動力假設進流水溫 20℃，$\rho = 1{,}000\ \text{kg/m}^3$

$\mu = 10^{-3}\ \text{kg/m}^3\text{s}$，$V = 6 \times 3.5 \times 3.5 = 73.5\ \text{m}^3$

$P_1 = \mu G_1^2 = 10^{-3} \times 73.5 \times 60^2 = 264.6$ watt

$P_2 = \mu G_2^2 = 10^{-3} \times 73.5 \times 40^2 = 117.6$ watt

$P_3 = \mu G_3^2 = 10^{-3} \times 73.5 \times 20^2 = 29.4$ watt

考慮豎軸式膠凝機，動力機件效率為 0.85

實際應輸入動力為：

$P_{1t} = 264.6 / 0.85 = 311$ watt

$P_{2t} = 117.6 / 0.85 = 138$ watt

$P_{3t} = 29.4 / 0.85 = 35$ watt

(3) 已知每一段膠凝池為 3.5 m(L)×6 m(W)×3.5 m(H)

池內的豎軸式膠凝機，葉片長度相對池體長度 $D/T = 0.45$

取 $T = 6$ m，$D = 6 \times 0.45 = 2.7$ m

根據 (2) 求出每一段的膠凝機輸入動力 P 及 $N_p = 0.25$

個別求出膠凝機轉速如下：

$$N_1 = \left(\frac{P_1}{N_P \times \rho \times D^5}\right)^{1/3}$$

$$N_1 = \left(\frac{311}{0.25 \times 1{,}000 \times 2.7^5}\right)^{1/3} = 0.209\ \text{s}^{-1} = 12.5\ \text{min}^{-1}(\text{rpm})$$

$N_2 = 9.6\ \text{min}^{-1}$

$N_3 = 6.1\ \text{min}^{-1}$

確認表 4.10 豎軸式渦輪膠凝機輪機轉速規範 8～25 rpm，ok！

6. 有一淨水場每日處理 150,000 m^3/day 原水，膠凝池採用水平軸明輪式（paddle type）膠凝機混合，試設計膠凝池之體積及膠凝機之動力，動力機件之效率為 0.85，水之黏滯係數 μ = 0.001 kg/m/s（註：所需各項數據，請自行合理假設）。

答：

(1) 計算膠凝池尺寸

根據表 4.10 典型膠凝池設計參數準則，假設膠凝池的停流時間 20 分鐘，速度梯度 $G = 50s^{-1}$，進流水分流入兩池，每一池內分為五段，各安裝一座明輪式膠凝機，每一座膠凝機軸承的槳板有三片，分別距軸心為 0.6、1.2 和 1.8 m。每一片槳板的寬度為 0.15 m。假設池深 $H = 5$ m，每一段落（stage）長度 $L = 5$ m，

每一段落體積

$$V = \frac{Q \times t}{2\,\text{train} \times 5\,\text{stage}} = \frac{150{,}000 \times 20/1{,}440}{2 \times 5} = 208.3\ \text{m}^3/\text{stage}$$

每一段落寬度 $B = 208.3/(5 \times 5) = 8.33$ m

(2) 計算膠凝機槳板長度

已知膠凝機和池壁間的淨寬應至少 0.7 m，膠凝機之間的距離至少 1 m，$B = 8.33$ m

扣除兩側淨寬和間距：

$8.33 - (0.7 \times 2 + 1) = 5.93$ m

每一座膠凝機槳板長度 = 5.93/2 = 2.97 m（以 3.0 m 設計）

(3) 計算膠凝機需輸入動力，$G = 50\ s^{-1}$，

$P = \mu VG^2 = 0.001 \times 208.3 \times 50^2 = 520.8$ J/s

若考慮動力機件之效率為 0.85

真正應輸入動力 = 520.8/0.85 = 612.7 J/s

(4) 計算施於槳板上的動力及轉速

動力應作用在第一至第三塊槳板上

$$P = F_1 \cdot v = \frac{1}{2} C_D \rho A v_m^3 = \frac{1}{2} C_D \rho A_P (v_{1m}^3 + v_{2m}^3 + v_{3m}^3)$$

槳板總面積 A_p = (2 wheel)(4 boards/wheel)(0.15 m)(3 m) = 3.6 m^2

槳板總面積相對池體面積比 = 3.6/(8.33×5) = 8.6%

（在 5～20% 間，ok！）

槳板的長寬比（L/W）= 3/0.15 = 20

求取 C_D：曳引係數（drag coefficient），根據式 4.10，

$L/W = 20$，$C_D = 1.5$

槳板相對於水流速度 v_m

$v_m = 0.75 \times v = 0.75 \times (2\pi rN)$

$r_1 = 0.6 - 0.15/2 = 0.525$ m

$r_2 = 1.2 - 0.15/2 = 1.125$ m

$r_3 = 1.8 - 0.15/2 = 1.725$ m

$$P = \frac{1}{2} C_D \rho A_P (v_{1m}^3 + v_{2m}^3 + v_{3m}^3)$$

$$= \left(\frac{1 \times 1.5 \times 1{,}000 \times 3.6}{2}\right)\left(\frac{2\pi N(0.75)}{60s/\min}\right)(0.525^3 + 1.125^3 + 1.725^3)$$

$520.8 = 2{,}700 \times 4.85 \times 10^4 \times 6.7015 \times N^3$

N = 3.90 rpm（介於輪機轉速 1～5 rpm 區間，ok！）

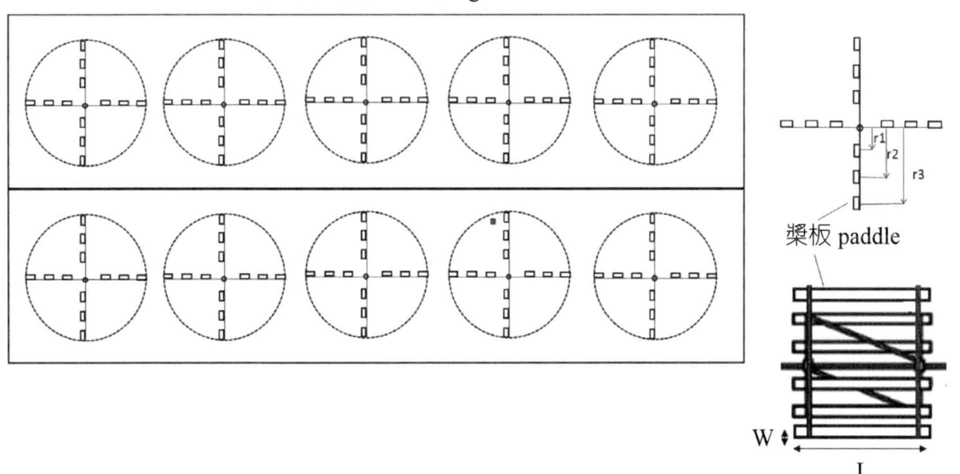

7. 某一淨水場每日處理水量 10,000 m^3/day，經杯瓶試驗需添加 60 mg/L 氯化鐵（ferric chloride）（$FeCl_3 \cdot 6H_2O$）作為混凝劑，假設原水鹼度足夠。

(1) 請計算每日所需鐵鹽混凝劑用量。

(2) 處理水消耗的鹼度有多少（以 $CaCO_3$ 表示）？

(3) 請計算處理水因加入鐵鹽混凝劑，每日 CO_2 之排放量。

$$2FeCl_3\ 6H_2O + 3Ca(HCO_3)_2 \rightarrow 2Fe(OH)_3 + 3CaCl_2 + 6CO_2 + 12H_2O$$

$$\frac{2 \quad : \quad 3 \quad : \quad 2 \quad : \quad 6}{1\ mg/270.5 \quad : \quad X/100 \quad : \quad y/107 \quad : \quad z/44}$$

每加入 1 mg/L 硫酸鋁 $FeCl_3 \cdot 6H_2O$ 會消耗水中天然鹼度 0.55mg/L as $CaCO_3$，產生 0.40 mg/L $Fe(OH)_3$ 污泥，釋放 CO_2 0.488 mg/L。

答：

已知杯瓶試驗需添加 60mg/L 氯化鐵（ferric chloride）（$FeCl_3 \cdot 6H_2O$）作為混凝劑

(1) 每日氯化鐵加藥量 $= 10,000 \times 60 \times 10^{-3} = 600$ kg/day

(2) 消耗的鹼度 $= 600 \times 0.55 = 330$ kg/day as $CaCO_3$

(3) 每日 CO_2 之排放量 $= 600 \times 0.488 = 292.8$ kg

8. 有一淨水場處理 0.55 m^3/s 原水，採用混凝沉澱處理，試設計壓力式噴流型快混機（pressure water jet as the flash mixer）。已知流管直徑 90 cm，$G = 750\ s^{-1}$，噴口流速 $v = 6 \sim 7.5$ m/s，鋁鹽混凝劑濃度 10～50 mg/L，注入混凝劑噴流量（pump injection water）：$q = 2 \sim 5\%\ Q$，水之黏滯係數 $\mu = 1.1 \times 10^{-3}$ kg/m/s（註：所需各項數據，請自行合理假設）。

答：

(1) 計算混合時間

$D = 90$ cm $= 0.9$ m，混合長度 $L = 1.5D = 1.5 \times 0.9 = 1.35$ m

混合長度管內的體積 $V = \frac{\pi}{4} D^2 L = \frac{\pi}{4} \times 0.9^2 \times 1.35 = 0.86\ m^2$

$DT = V/Q = 0.86/0.55 = 1.56$ s

(2) 計算輸入動力

$P = VG^2 = 1.1 \times 10^{-3} \times 0.86 \times 7,502 = 532.13$ watt $= 0.532$ kW

(3) 計算抽取部分原水和混凝劑混合的噴流量（pump injection water）：$q = 2\sim5\%\ Q$

假設抽取比例為 3.5%

$q = 3.5\%\ Q = 0.035\times0.55 = 0.019\ m^3/s$

(4) 計算噴流速度 v 和噴流管的管徑 D_1

$P = \gamma\times q\times(\Delta H) \rightarrow 532 = 9{,}810\times0.019\times\Delta H$

$\Delta H = 2.86\ m = v^2/2g$

$v = (2g\Delta H)^{0.5} = 7.5\ m/s$

$q = Ap\times v = \frac{\pi}{4}D_1^2\times v \rightarrow 0.019 = 0.785\times D_1^2\times7.5$

$D_1 = 0.056\ m = 5.6\ cm$

9. 有一淨水場日處理 10 MGD（$0.44\ m^3/s$）原水，擬採用管中注藥及管內自然攪拌（static in-line blenders）予以快混處理。已知進流管直徑 30 in，管中流速 1.8～2.4 m/s，反應接觸時間 2 s，根據儀器商提供型錄，特殊混合管的壓降關係式 $\Delta P = (0.007\,Q/D^{4.4})N$，式中 Q 為流量，D 為管徑，N 為管件數目，水之黏滯係數 $\mu = 2.73\times10^{-5}\ lb\cdot s/ft^2$（50°F）。

答：

(1) 根據經驗，大於 5 ft 管徑的反應接觸時間都需要 2～3 s，故反應混合長度 L 約為流速 2 倍，約 12～16 ft（3.6～4.9 m）。

儀器商提供的經驗法則是一支混合管長度約為管徑的 1.5～2.5 倍，假設取 2 倍，已知管徑 30 in，管長 = 2×30 = 60 in = 5 ft

總混合長度 = 12～16 ft，故至少需要埋設三支管

（3@5 ft = 15 ft）

(2) 計算 G 值

混合管內體積 $V = \frac{\pi}{4}D^2L = \frac{\pi}{4}\times\left(\frac{30}{12}\right)^2\times15 = 73.59\ ft^3$

流量 $Q = 10\ MGD = 6{,}944\ gpm = 15.47\ ft^3/s$

管內的壓降 $\Delta P = \left(0.007\times6{,}944\ /\left(\frac{30}{12}\right)^{4.4}\right)\times3 = 2.59\ psi$

1 psi = 2.307 ft of water

$\Delta P = 2.59\ psi = 2.59\times2.307 = 5.98\ ft = h$ (head loss)

$$\Delta P = \gamma Q h = 62.4\frac{\text{lb}}{\text{ft}^3} \times \frac{15.47\ \text{ft}^3}{s} \times 5.98\ \text{ft} = 5773\ \text{ft-lb/s}$$

$$G = (P/\mu V)^{0.5} = 1695\ \text{s}^{-1}$$

10. 有一淨水場處理流量為 1 m^3/s 原水，擬分流入兩池，型式為水平迴流式（round-the-end）隔板膠凝池，水力停留時間為 25 分鐘，每一池內分三段，速度梯度 G 值：stage 1：70 s^{-1}、stage 2：34 s^{-1}、stage 3：20 s^{-1} 請設計：

(1) 膠凝池尺寸、迴流道長度和隔板數量。

(2) 經過每一道隔板的水頭損失、流速和開口寬度。

答：

(1) 膠凝池體積 $V = Q \times t = 1 \times 60 \times 25 = 1{,}500\ m^3$

分兩池，每一池 $V_1 = V_2 = 1{,}500/2 = 750\ m^3$

假設膠凝池分為六個迴流水道，迴流道深度 2 m，寬度為 2.2 m，每一座水道長度 $L = 750/((2.2 \times 6) \times 2) = 28.4$ m（設計為 28.5 m），膠凝池初步設計如下圖所示，迴流道內設置隔板保持渠流狀態，第一段設有二十個隔板形成二十個彎（20 turns），第二段十六個彎（16 turns），第三段十二個彎（12 turns）

(2) 每一座池內的流量是 0.5 m^3/s，第一段 $G_1 = 70\ s^{-1}$，水頭損失 h_1

$$G = \left(\frac{g \cdot h}{\upsilon \cdot t}\right)^{1/2} \rightarrow h = \frac{G^2 \upsilon V}{gQ}$$

$$h_1 = 70^2 \times (1.3 \times 10^{-6} \times (750/3))/(9.81 \times 0.5) = 0.325\ \text{m}$$

$$h_2 = 35^2 \times (1.3 \times 10^{-6} \times 250)/(9.81 \times 0.5) = 0.081\ \text{m}$$

$$h_3 = 20^2 \times (1.3 \times 10^{-6} \times 250)/(9.81 \times 0.5) = 0.027\ \text{m}$$

總水頭損失 $\sum_{i=1}^{3} h_i = 0.433$ m

第一段有二十個彎，平均每一個彎的水頭損失 $= h_1/20 = 0.0163$ m

每一個彎的水頭損失 $h = K\upsilon^2/2g$，$K = 1.5$

將上述值代入計算得到第一段的水流速度 υ_1

$v_1 = (2 \times 9.81 \times 0.0163/1.5)^{0.5} = 0.462$ m/s

每一個彎開口（slit）的寬度 w_1

$w_1 = Q/(v_1 \times H) = 0.5/(0.462 \times 2) = 0.54$ m

同理可得 $v_2 = 0.258$ m/s，$w_2 = 0.97$ m；$v_3 = 0.17$ m/s，$w_3 =$ 1.47 m

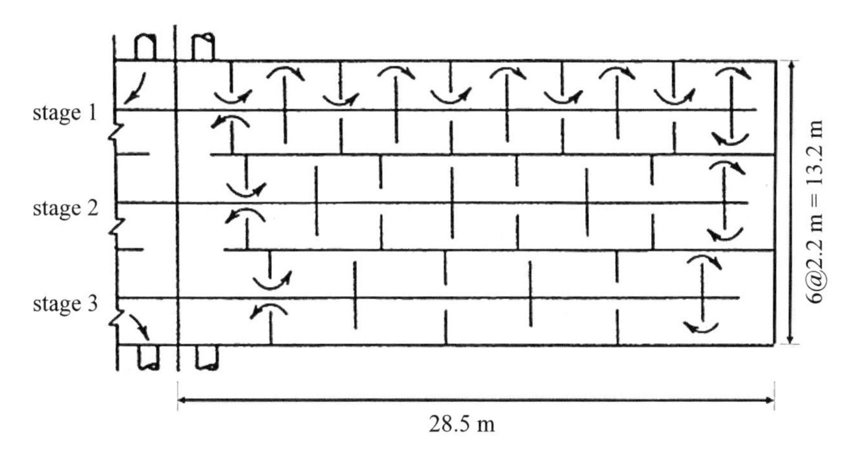

迴流隔板膠凝池設計參數值如表所列：

	stage 1	stage 2	stage 3
速度梯度 (s^{-1})	70	35	20
每一段的水頭損失 head loss (m)	0.325	0.081	0.027
隔板形成彎數 number of slit	20	16	12
經過每一彎的水頭損失 head loss (m) per slit	0.0163	0.0051	0.0022
經過每一彎的流速 flow velocity at slit (m/s)	0.47	0.26	0.17
每一道隔板的開口寬度 slit size (m)	0.54	0.97	1.47

$Q = 1$ m^3/s 分成 2 池。

Chapter 5

淨水單元——沉澱

5.1 概論
5.2 沉澱理論
5.3 理想沉澱池
5.4 沉澱池設計應考慮要素
5.5 沉澱池種類和型式
5.6 高濁度原水的沉澱池處理能力檢討

5.1 概論

沉澱（sedimentation）是一種固體／液體分離程序，藉由重力作用將水中的懸浮固體或膠羽顆粒分離。沉澱池目的在將水中懸浮固體 SS 幾近 100% 沉降，使沉澱後出水濁度降至 3～5 NTU，減輕過濾池負荷。沉澱池出水濁度高低，將影響快濾池過濾水品質，過去的實驗發現，快濾池在濾速 4.2～6.7 m/h 及無外加助濾劑，比較傳統砂濾床的過濾水（filtered water）水質的濁度和在沉澱池沉降水質（settled water）的濁度關係，是成正比的（圖 5.1）。如果以這個關係圖判斷，倘若要求過濾水濁度在 0.4 NTU 以下，則沉澱池處理後水質必須低於 2 NTU。

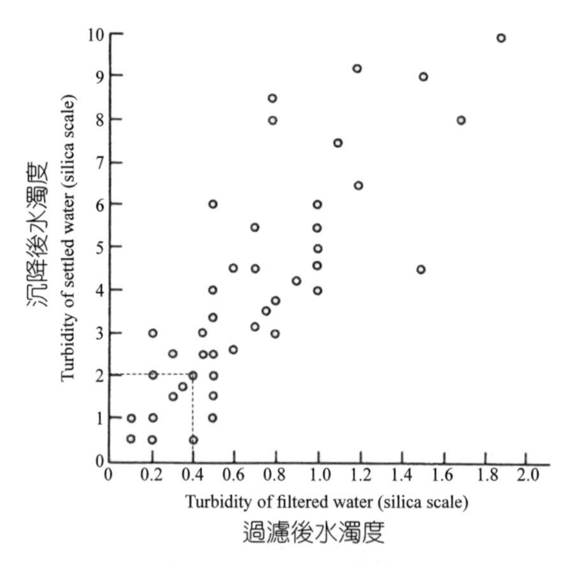

圖 5.1 傳統砂濾床過濾後水濁度和沉澱池沉降水濁度關係

資料來源：Kawamura (2000), Fig 3.2.5-1。

5.2 沉澱理論

沉澱依水中顆粒濃度、顆粒與顆粒間互相作用的能力，可將沉降分為下列四種形態：

1. 單顆粒沉降（Pparticulate settling）：為個別顆粒沉澱，相鄰之顆粒間，並無明顯之交互作用。

2. 混凝沉降（flocculent settling）：顆粒因碰撞而凝聚結合，顆粒變大形狀改變，而增加沉澱速度。

3. 層沉降（zone settling）：懸浮顆粒濃度高，在沉澱物和澄清液間形成明顯的界面，隨時間逐漸下降稱之。

4. 壓密沉降（compression settling）：懸浮顆粒濃度極高，並因顆粒重量向下壓縮，將孔隙水排出，使單位體積內的固體物濃度提高稱之。

5.2.1 單顆粒重力沉降理論

在沉降過程中假設每一個單顆粒大小、形狀和密度都保持不變，顆粒在沉降過程中受到重力，浮力和流體黏滯性造成的牽引力（drag force）作用，當三者作用力合力為零時，顆粒呈等速度下降，此速度又稱為終端速度（terminal velocity）或臨界沉澱速度（critical settling velocity）。依牛頓定律，三力的關係如下：

$$F_g - F_b = F_D$$

$$(\rho_s - \rho) g V = C_D A_C \rho \left(\frac{V_S^2}{2} \right) \tag{5.1}$$

由此求出單顆粒之終端沉降速度

$$V_s = \left[\frac{4}{3} \frac{g}{C_D} (S_s - 1) d \right]^{1/2} \tag{5.2}$$

V_s：顆粒沉降速度（m/s）。

S_s：顆粒比重（$= \rho s / \rho$）。

d：顆粒直徑（m）。

C_D：牛頓牽引係數，為雷諾數 Re 之函數。

牽引係數 C_D 非固定常數，會受到水流的流況及顆粒形狀影響。無因次參數雷諾數 Reynolds number（Re）大小可做為水流狀態變化的指標：(1) 層流

（laminar flow），$Re < 1$；(2) 過渡區（transition flow），$Re = 1$～500；(3) 紊流區（turbulent flow），$Re > 1,000$，是以根據各區域的牽引係數和雷諾數的關係（圖 5.2），可整理出不同懸浮顆粒粒徑之沉降速度的關係如下：

Newton formula for course sand 粗砂（$\phi > 1.0$ mm），粗顆粒，重力沉降速度快，與水黏滯關係小：

$$V_s = \left[\frac{4}{3}\frac{g}{C_D}(S_s - 1)d\right]^{1/2} \rightarrow V_s = (3.2g(S_s - 1)d)^{1/2} \tag{5.3}$$

紊流區 $Re = 500 \sim 10^5$，$C_D = 0.44$。

Stoke's formula for fine sand 細砂（$\phi < 0.01$ mm），細顆粒：

$$V_s = \frac{1}{18}g(S_s - 1)\frac{d^2}{\nu} \tag{5.4}$$

層流區 $Re < 0.5 \sim 1.0$，$C_D = \frac{24}{Re}$。

Allen's formula for 粒徑 ϕ 介於以上兩者之間：

$$V_s = (\frac{4}{225}\frac{g^2(S_s - 1)^2}{\mu})^{1/3} d = 165.5d / s \cong 9.94d \cong 10d \tag{5.5}$$

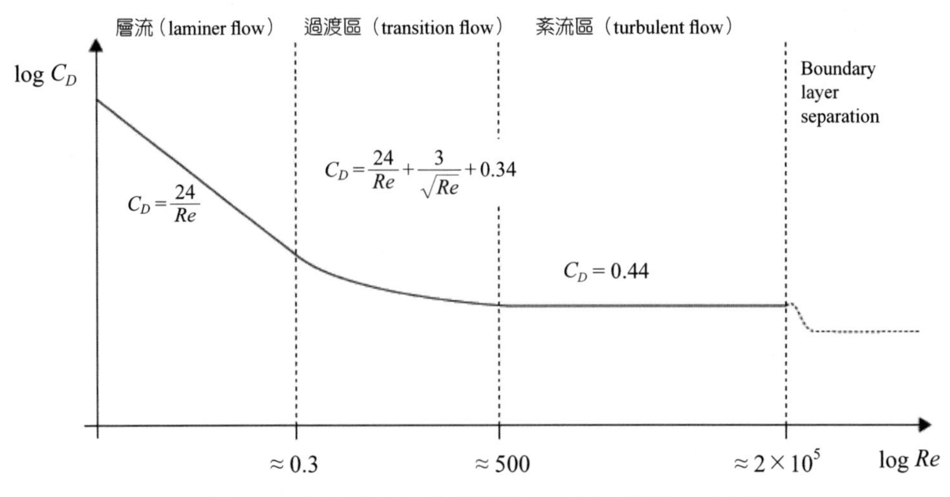

圖 5.2　不同流況下牽引係數 C_D 和雷諾數 Re 關係

過渡區 $Re = 1\sim500$，$C_D = \dfrac{24}{Re} + \dfrac{3}{\sqrt{Re}} + 0.34$。

在水處理中許多細顆粒沉降遵循 Stokes 公式，沉砂池以粗顆粒為主，則採用 Newton 式。

5.3 理想沉澱池

Camp 在 1946 年提出理想沉澱池的理論，是基於以下基本假設：

1. 理想沉澱池分為四個區域：(1) 進流區、(2) 出流區、(3) 沉澱區及 (4) 污泥區。

2. 進入沉澱池及流出沉澱池的水流是均勻且水平等速流動的。

3. 在進流區的每個斷面上顆粒 SS 的濃度呈均勻分布，其水平分速等於水流的水平流速，並以垂直沉降速度下沉。

4. 當顆粒沉到水底污泥區就不再浮起而被去除。當顆粒進入出流區即代表流出沉澱池。

圖 5.3 顯示在理想沉澱池中顆粒的沉降路徑，為顆粒的沉降速度 V_s 與水流的水平流速 V 的向量和。理想沉澱池的水力停留時間為

$$t = H/V_o \Rightarrow V_o = H/t \tag{5.6}$$

水力停留時間 t 為池內體積除以流量，

$t = V/Q = (L \times W \times H)/Q$ 代入式 5.6 得到：

$$V_o = \frac{H \times Q}{(L \times W \times H)} = \frac{Q}{L \times H} = \frac{Q}{A} \tag{5.7}$$

V_o 為沉澱池的溢流率或稱為表面負荷（surface loading or overflow rate, $m^3/m^2 \cdot d$），相當於顆粒的終端沉降速度 V_s。如圖 5.3，Particle 2 的沉降速度 V_{s2} 相當於 V_o 時，會在沉澱區內去除。當顆粒沉降速度 V_s 小於 V_o 時，經 t 時間後就會隨水流出沉澱池，如 Particle 1。然而如果進入沉澱池的高度低於 H，如

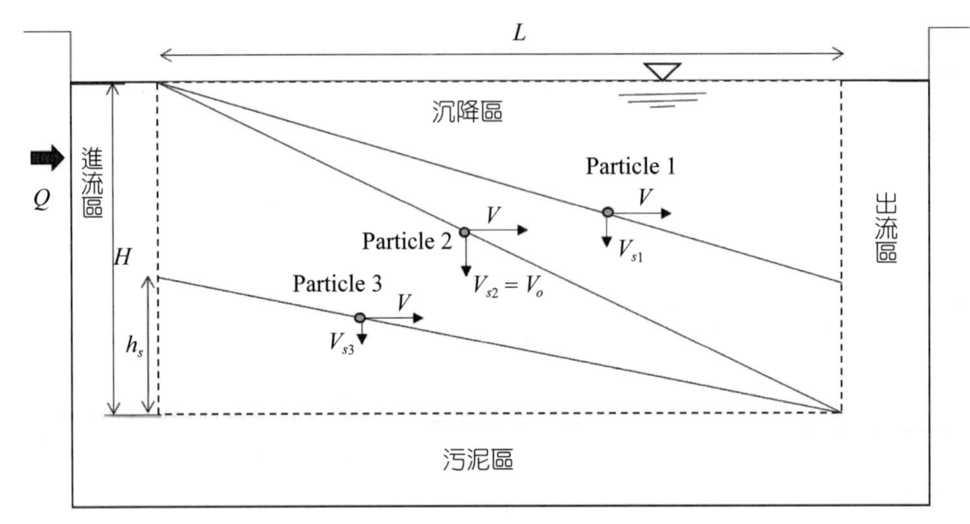

圖 5.3 理想沉澱池形態

Particle 3，也會在池內沉降至污泥區，其去除率為 $R = hs/H = (hs/t)/(H/t) = V_{s3}/V_o$。因此，單顆粒的去除與溢流率有關。若已知沉澱池進流水的粒徑分布，則可以估計其總去除率 R：

$$R = \left(1 - C_O\right) + \int_0^{C_O} \frac{V_S}{V_O} dC = (1 - C_O) + \frac{1}{V_O} \int_0^{C_O} V_S dC \tag{5.8}$$

C_o：沉降速度 $V_s < V_o$ 顆粒占有的百分率。

$1 - C_o$：沉降速度 $V_s > V_o$ 顆粒占有的百分率。

V_o：溢流率。

V_s：單顆粒之沉降速度。

在實際沉澱池中，含有各種不同大小之懸浮固體顆粒，欲設計所需沉降速率，可在實驗室中利用分批式沉降管柱進行沉降實驗求得。

原水濁度小於 500 NTU 水質，多以水力負荷參數設計沉澱池，沉澱池表面負荷率 $V_o = Q/A$。理論上顆粒沉降至池底去除條件為 $V_s > V_o$。若 Q 一定，池面積大，V_o 值變小，相對可去除之顆粒就越細，也提高了沉澱效果。反之若 V_o 高，許多細顆粒不能沉降，沉澱效率就會較差。

理想沉澱池的沉澱效率與池面積 A 有關，與池深 H 無關，即與池的體積

V 無關。沉澱池的效率可以下式表示：

$$E = \frac{V_S}{V_o} = \frac{V_S}{\frac{Q}{A}} \tag{5.9}$$

綜合上述討論，優良的沉澱池條件應包括：

1. 能盡量使水中所有大小顆粒在合理時間內沉降池底去除。實務上達成百分百去除不易，仍會有少量微細顆粒沉降速度 V_s 甚低，且易受物理因素干擾（如密度流、溫差對流、污流浮動）隨水流出，正常沉澱池出水濁度限值為 2～5 NTU。

2. 設計參數除表面負荷率 V_o 外，池內水深 H 應有 3～5 m 以穩定水流降低水平流速；停留時間應有 1～4 hrs，視沉澱池型式（固液分離方式）而定。

3. 原水濁度 > 1,000 NTU，池面固體負荷（solid loading）漸會造成水力負荷干擾，原水濁度 > 3,000 NTU，池面固體負荷對顆粒沉降速度 V_s 影響反而較 V_o 重要。

4. 原水中可能有部分細顆粒，仍不能於沉澱池完全沉降，故須再過濾除去，該殘餘濁度（沉澱池出水濁度）宜限於 4 NTU 以下（美國目標為 < 2 NTU），若不能達到此標準，則須確認沉澱池功能或膠凝池是否異常。

5. 上流式設計的沉澱池因無水平流速干擾，理論上只要 $V_s > V_o$ 之顆粒皆能沉降，故設計之 V_o 可較水平流沉澱池高 2～3 倍。

5.4 沉澱池設計應考慮要素

在實際沉澱池，含鋁膠羽（alum floc）的沉澱形態未必是單顆粒沉澱，一般分為三大類，如圖 5.4 所示：

第 I 型沉澱：單顆粒沉降（如圖中 B 區），同理想沉澱池描述。

第 II 型沉澱：膠凝沉澱，水中懸浮固體在沉降過程，細顆粒會有部分自然凝聚現象（naturally agglomerate），而使沉降速度加快。添加化學混凝劑更能加強顆粒凝聚，增進沉澱效果。

第 III 型沉澱：沉澱池底部固體濃度逐漸增高，顆粒與顆粒間交集顯著增加，單顆粒沉降明顯受到阻力而減緩，又稱為阻滯沉降（hindered settling)（圖中的 C 區）當懸浮顆粒傾向成層團塊沉降，此時管柱上方會有澄清界面（圖中的 A 區），下方濃縮污泥則緩慢向底層移動，逐步壓密污泥層（圖中的 D 區）。如後面章節談到的污泥濃縮池，即屬於第 III 型沉澱。

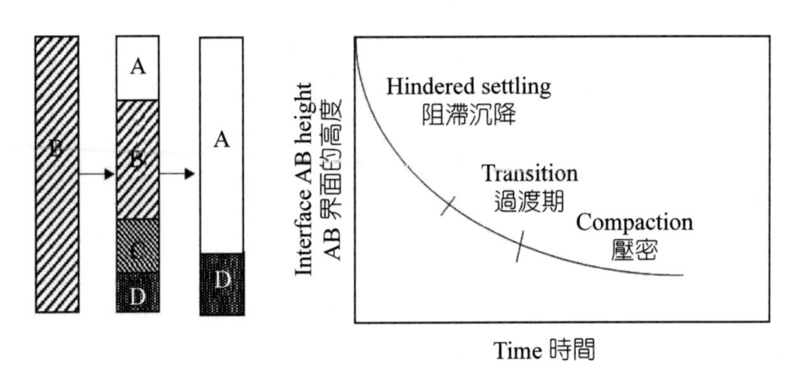

A：上澄液區、B：單顆粒沉降區、C：阻滯沉降區、D：壓密區

圖 5.4　含鋁膠羽的沉澱形態

資料來源：Kawamura (2000), Fig 3.2.5-6。

理論的表面溢流率 V_o 越低，表示可去除之粒徑越細，然而入流水的顆粒比重、粒徑分布和水溫等仍是影響表面溢流率之變因，在設計表面溢流率時必須審慎考慮：

1. 不同形態顆粒的比重與粒徑影響

表 5.1 為不同形態顆粒（比重、粒徑）在水溫 10℃時，理論沉降速率 V_s 及對應沉澱池溢流率 V_o 值。鋁膠羽（Alum floc ϕ 1～4 mm，比重 1.001～1.002）對應之沉降速度 V_s 為 0.2～0.9 mm/s（17.3～77.7 m/day），假如沉澱池水深 3.0 m，膠羽沉至池底需時 t = 4.2～0.9 hrs；相較於黏土顆粒（0.01 mm clay，比重 2.65）對應沉降速度 V_s = 0.15 mm/s，採不加藥沉澱池底時間 $t = 3.0/(0.15 \times 3{,}600 \times 10^{-3}) = 5.6$ hrs。故顆粒的比重與粒徑都是決定溢流率要素。細膠羽沉降受粗膠羽的掃除效應，會使 V_s 加快，非呈直線，而是沿合力方向沉降，故沉澱池設計 L 要長，V 宜小。

表 5.1 不同顆粒（比重、粒徑）水溫 10°C時理論沉降速率對應沉澱池溢流率

顆粒種類	比重	粒徑		沉降速率		沉澱池溢流率	
type of particle	specific gravity	paricle size		settling rate		surface loading	
		篩網目	mm	mm/s	fpm	m/h	gpm/ft^2
砂 sand	2.65	18	1	100	19.7	360	144
砂 sand	2.65	20	0.85	73	14.3	263	105
砂 sand	2.65	30	0.6	62	12.2	223	89
砂 sand	2.65	40	0.4	42	8.2	151	60
坋土 silt	2.65	70	0.2	21	4.1	76	30
坋土 silt	2.65	100	0.15	15	3	54	22
坋土 silt	2.65	140	0.1	8	1.6	29	12
坋質黏土 silt and clay	2.65	200	0.08	6	1.2	22	9
坋質黏土 silt and clay	2.65	230	0.06	3.8	0.75	14	5.6
坋質黏土 silt and clay	2.65	400	0.04	2.1	0.41	7.5	3
黏土 clay	2.65	-	0.02	0.62	0.12	2.3	0.9
黏土 clay	2.65	-	0.01	0.154	0.03	0.54	0.2
含鋁膠羽 alum floc	1.001	-	1～4	0.2～0.9	0.04～0.18	0.71～3.3	0.3～1.3
石灰膠羽 lime floc	1.002	-	1～3	0.4～1.2	0.08～0.23	1.5～4.3	0.6～1.7

2. 水溫影響

當水溫 >10℃，黏滯係數 μ 或 v 減小，促使 V_s 加快，有利於顆粒沉澱。

3. 沉澱池效率與池深關係

理論上雖然沉澱池效率與池深 H 關係性低，但實務上為避免底泥沖刷上揚及流速干擾，水深至少須有 3～4 m，水力停留時間 2.5～4 hrs（一般沉澱池），且水平流沉澱池之平均水平流速 $V < 0.4$ m/min（美標準是 0.6 m/min，視膠羽強度而決定）。

4. 加藥量與濁度關係

兩者無正比關係，高濁度原水因水中懸浮顆粒多，在混凝過程易因網除效

應凝集成較大較粗膠羽，反而比低濁度時易於沉澱，使殘留濁度降低，因此混凝加藥量未必會直線增加。

綜合上述討論，好的沉澱池應滿足以下目標：

1. 能盡量使水中所有大小顆粒在合理時間內沉降池底去除。實務上達成100% 去除不易，仍會有少量微細顆粒沉降速度 V_s 甚低，且易受物理因素干擾（如密度流、溫差對流、污流浮動）隨水流出，正常沉澱池出水濁度限值為2～5 NTU。建議設計目標限於 4 NTU 以下（美國目標為 < 2 NTU），若不能達到此標準，則須檢核沉澱池或膠凝池功能是否異常。

2. 除表面負荷率 V_o 外，池內水深 H 設計應有 3～5 m，以穩定水流降低水平流速；停留時間應有 1～4 hrs，視沉澱池型式（固液分離方式）而定。

3. 原水濁度 > 1,000 NTU，池面固體負荷（solid loading）漸會造成水力負荷干擾，原水濁度 > 3,000 NTU，考慮池面固體負荷對顆粒沉降速度 V_s 影響反而較 V_o 重要。

5.5 沉澱池種類和型式

沉澱池應考量要點包括：用地大小、地形、處理水量、操作與維修方便、原水水質變化、濁度高低、處理可靠性、與其他單元配合性，排泥方式等。

依去除懸浮顆粒粗細能力及使用目的不同，沉澱池可概分為三類：

1. 沉砂池或稱預沉池（grit chamber）：去除 0.1 mm 以上粗砂礫。

2. 不加藥普通沉澱池：去除 0.02～0.2 mm 泥砂細或自然接觸凝聚的粗顆粒，僅利用重力沉降去除，需要池體大，沉澱時間長。

3. 加藥混凝沉澱池：去除 0.05 mm 以下至膠體的細微顆粒或淤泥，當重力沉降無法有效去除時，加入混凝劑混凝形成較粗顆粒及膠羽加速沉降，使沉澱效率高，淨水處理大多採加藥沉澱。

沉澱池功能受原水水質的變異及膠羽特性影響很大，膠羽形成受混凝藥劑種類與膠凝程序的影響；對低濁度（5～50 NTU）且年變化不大之原水，就不建議設沉澱池，可考慮採用溶解空氣浮除法（DAF）替代沉澱池（Kawamuwa, 2000）。

加藥混凝沉澱池可再分為幾種型式：

(1)水平流式（horizontal clarifier），分為四種（圖 5.5）：

(a) 矩形池。

(b) 圓形池（原水由中央整流筒下方向周邊擴散）。

(c) 斜底版（使懸浮顆粒提早觸底）。

(d) 多層式底版（降低溢流率 V_o，減少用地）。

(2)向上流式（upflow clarifier）：

原水混凝後經由池底部（錐形、圓錐形）約池深 1/3 處流入，擴散向上流，使膠羽藉由重力與水分離下沉入池底，澄清水則於池面收集之。

(3)特殊沉澱池或稱高效率沉澱池（high efficiency clarifier）：

用地省，造價較低，池內構造較複雜，操作需要技術。

(a) 傾斜管（板）式沉澱池（inclined tube (or plate) clarifier）。

(b) 污泥氈式沉澱池（sludge blanket reactor-clarifier）。

(c) 固體（污泥）接觸式沉澱池（solid contact reactor-clarifier）。

上述 (b) 和 (c) 兩種特殊類型是將膠凝及沉澱功能置於一體，(a) 傾斜管式仍須先經快混膠凝後，再進入沉澱池。

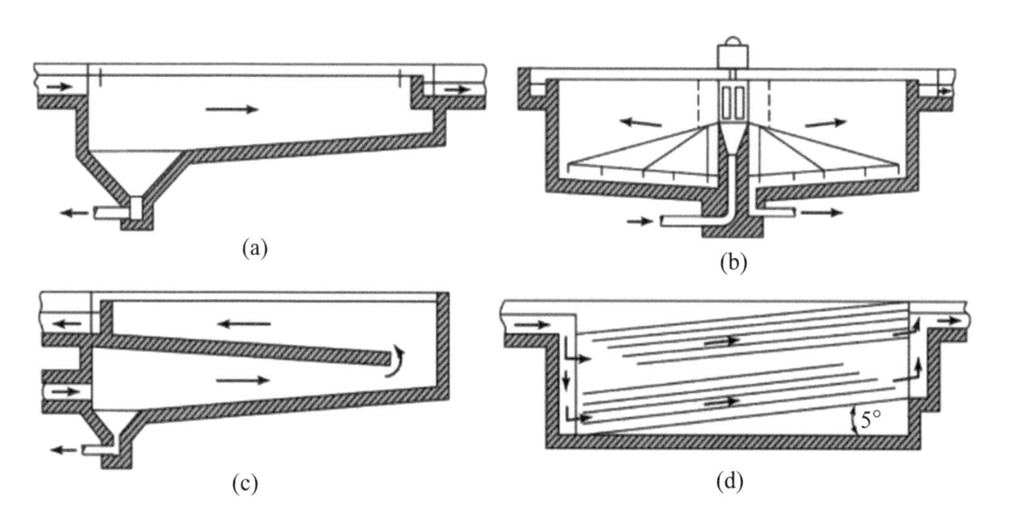

(a) 矩形池、(b) 圓形池、(c) 斜底版、(d) 多層式底版

圖 5.5 水平流沉澱池型式

參考資料：Wang et al., 2015。

◇5.5.1 沉砂池

為防止粗砂損壞後端泵浦（抽水機）或阻塞進水管路，取自河川原水多會在進水場前先導送至沉砂池，將大於 0.10 mm 以上粗砂礫先行沉澱。沉砂池應盡量接近取水口及在抽水站之前，採矩形水平流式設計，建議池數至少大於 2，利於歲修時清空一池另一池仍可正常操作。池內粗砂的沉降速率如式 5.3，$V_s = (3.2g(S_s - 1)d)^{1/2}$；沉砂池的設計參數準則請參考表 5.2。

表 5.2 沉砂池設計參數準則

參數
· 水力停留時間：10～20 mins · 溢流率：200～400 m/day · 池長寬比 L/W：4～8 · 池長深比 L/H：6 · 池深：3～4.5 m · 平均水平流速：5 cm/s · 池底坡度：縱向 1/100、橫向 1/50 · 進出口應設置制水閥，底部應設置排砂漏斗及排砂管，人工排砂或機械排砂

◇5.5.2 加藥矩形沉澱池

1980 年前傳統水處理採用之主要沉澱方式，設計要點列於表 5.3。沉澱池構造如圖 5.6 所示，包括沉澱池主體（RC 構造）、進水端、整流牆、出水端集水槽、底部機械刮泥及排泥設備等。沉澱池數至少大於 2，進水端設置制水閥及分流設備使水流均勻流入後端沉澱池，如圖 5.7，在進水端及中段均可設整流牆，防止發生短流、水溫或濁度變化引起的密度流。出水端設有集水槽及出流堰，如圖 5.8。堰包括矩型堰、三角堰、集水孔等多種型式，堰的設計不僅控制池內水面的高程，而且對池內水流的均勻分布影響極大。堰負荷約 200～250 m^3/m · day，假使負荷過大可加設集水支渠，減輕堰負荷，如圖 5.8。堰－水槽設計必須有足夠深度應付尖峰流量，依據堰形態，流量與出水高的關係式為：

表 5.3 加藥矩形沉澱池參數設計準則

沉澱池	參數
沉澱池主體	‧表面負荷（溢流率）V_o：20～30 m^3/m^2‧day ‧池長寬比 $L/W > 3$～4（美國 4～6，$Re < 18{,}000$） ‧池深 H：3～5 m，或 $L/H > 15$ ‧水力停留時間 HRT：3～4 hrs ‧平均水平流速 V：0.3～1.1 m/min； 若膠羽粗重，$V = 0.6$ m/min（美國） ‧$Re < 20{,}000$ ‧$Fr > 10^{-5}$
整流牆 ‧防止短流、水溫、濁度變化引起之密度流	‧設於進出（橫向）水端及池中段 ‧開孔面積 a：2～3% WH（池斷面積） ‧水頭損失 $\sum$h（head loss）≧ 1～2 cm
集水槽 ‧三角堰、矩型堰、集水孔等多種型式	‧堰負荷率：200～250 m^3/m‧day， ‧集水區溢流率：< 90 m^3/m^2‧day ‧集水槽應布置於後段 1/4～1/3 L 處，不宜集中在後段
排泥方式	‧人工停水清泥（原水濁度 < 50 NTU） ‧機械連續刮泥（原水濁度 < 500 NTU）
機械刮泥及排泥設備	‧池底坡度：人工清泥 1/300、機械刮泥 1/600 ‧集泥坑（sludge hopper）容量：建議為 95% 高濁度時產生之濕污泥量之 1/24（即每小時排泥乙次，可視濁度變化調整），深度 > 2.0 m ‧排泥管：利用池內水位差採虹吸式，管中流速 > 1.50 m/s，排出口須為自由流，不能自由流時應設抽泥井及抽泥泵 ‧刮泥機行走速度：0.3～0.9 m/min（去），1.5～3 m/min（回）

資料來源：Kawamura (2000)、MWH (2005)。

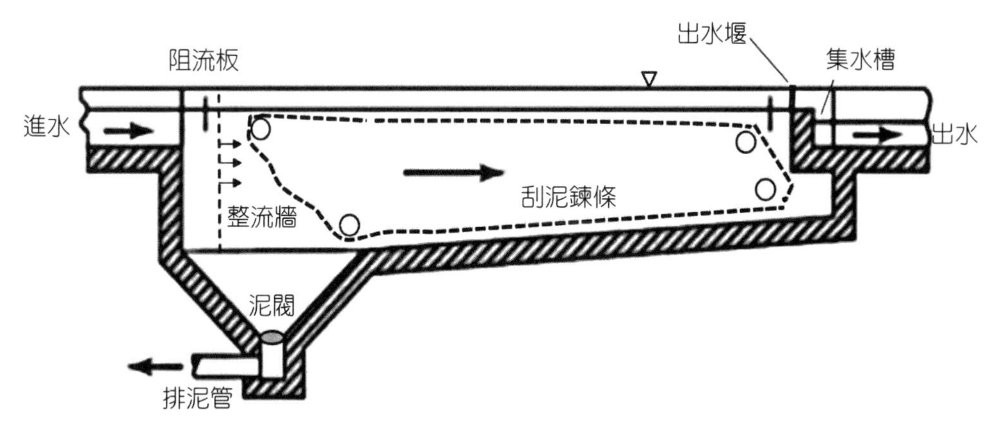

圖 5.6 加藥矩形沉澱池構造

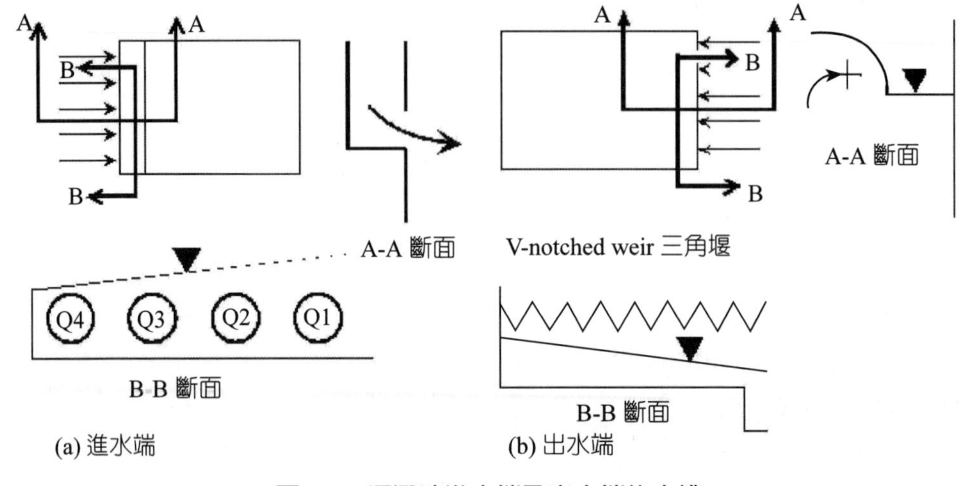

圖 5.7　沉澱池進水端及出水端集水槽

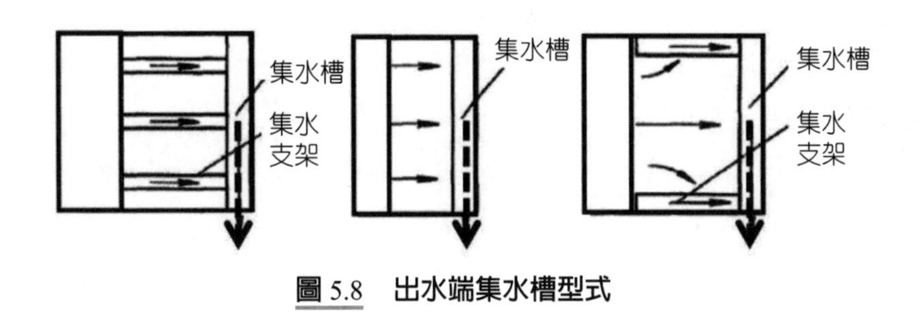

圖 5.8　出水端集水槽型式

1. 矩型堰（sharp-crested rectangular weir）

$$Q = 1.84Lh^{1.5} \tag{5.10}$$

2. 90° 三角堰（v-notched weir）

$$Q = 0.55Lh^{2.5} \tag{5.11}$$

3. 集水孔（orfice）（如圖 5.7）

$$Q = Ca\sqrt{2gh} \quad \text{或是} \quad h = \frac{1}{2g}\left(\frac{Q}{Ca}\right)^2 \tag{5.12}$$

Q：流量（m^3/s），L：堰長（m），C：流量係數（0.6），a：集水孔面積（m^2），h：出水高（m）。

及時排出沉澱池底的污泥是使沉澱池正常出水的重要措施。沉降污泥由人工或刮泥機連續刮除至進水端下方集泥坑（sludge hopper），再經由排泥管（或抽泥泵）間歇排出。沉澱池目前多採用機械排泥，池底略帶坡度以便重力收集。集泥坑通常為倒錐形，斜邊角 60° 左右，底部約 0.5 m×0.5 m，深 2 m 以上。其作用為：(1) 消除污泥堆入坑內及排泥閥開或關時可能引起之擾動；(2) 將平時（低濁度）之稀污泥再濃縮，俾排出較高濃度之污泥。含泥砂量多之地面水源為防止坑底污泥硬化，於集泥坑底應裝壓力沖水管備用。每座集泥坑應單獨設置排泥管，採虹吸差壓排泥（必要時可強制及加速排泥）。排泥管徑配合集泥坑容積及管中流速高於 1.5 m/s 估算，但最小管徑 150 mm。

沉澱池必須考慮池內流況及顆粒沉降性，故應以無因次參數：雷諾數 Reynolds number（Re）和福祿數 Froude number（Fr）範圍進行確核：

$$Re = \frac{VR}{\nu} < 20{,}000 \tag{5.13}$$

$$Fr = \frac{V^2}{gR} > 10^{-5}$$

在沉澱池進水端增設縱向隔牆或擋流板，可有助減少 Re 及增加 Fr。

5.5.3 圓形沉澱池

相較於平流式矩形沉澱池，圓形沉澱池占地面積小但深度大，池底為錐形，施工相對較困難。依進水型式可分為 (a) 中央進水及周邊集水（Center feed and peripheral collection）和 (b) 周邊輻流進水及周邊集水（Peripheral feed and peripheral collection）兩類。如圖 5.9 (a)，設在沉澱池中心的進水管自上而下排入池中，進水的出口下設傘形擋板，使水在池中均勻分布，然後緩慢上升，懸浮物在重力作用下沉降入池底錐形污泥斗（sump）中，澄清水從池面周緣的溢流堰排出，底部設有機械刮泥系統。這種型式成本較低，污泥容易收集，缺點是池內易發生短流現象，對突然的高濁度負荷不易處理。圖 5.9 (b) 是周邊輻流進水型式，原水自池周邊進水，導入固定深度的孔口流入池內，向上及池周緩慢循環流動（recirculation）。懸浮物在流動中沉降，並沿池底坡度經機械刮泥進入污泥斗排泥，澄清水則從池周溢流到出水渠予以收集。此類型對於高濁度負荷原水的沉降效果不錯，但也必須注意池內發生短流及局部密度流問題。輻流進水沉澱池直徑可以較大約 20～30 m，中心深度為 2.5～5.0 m，周邊深度約為 1.5～3.0 m。

短流現象討論：

進入沉澱池的水流，在池中停留的時間通常並不相同，一部分水的停留時間小於設計停留時間，很快流出池外；另一部分則停留時間大於設計停留時間，這種停留時間不相同的現象稱為「短流」。

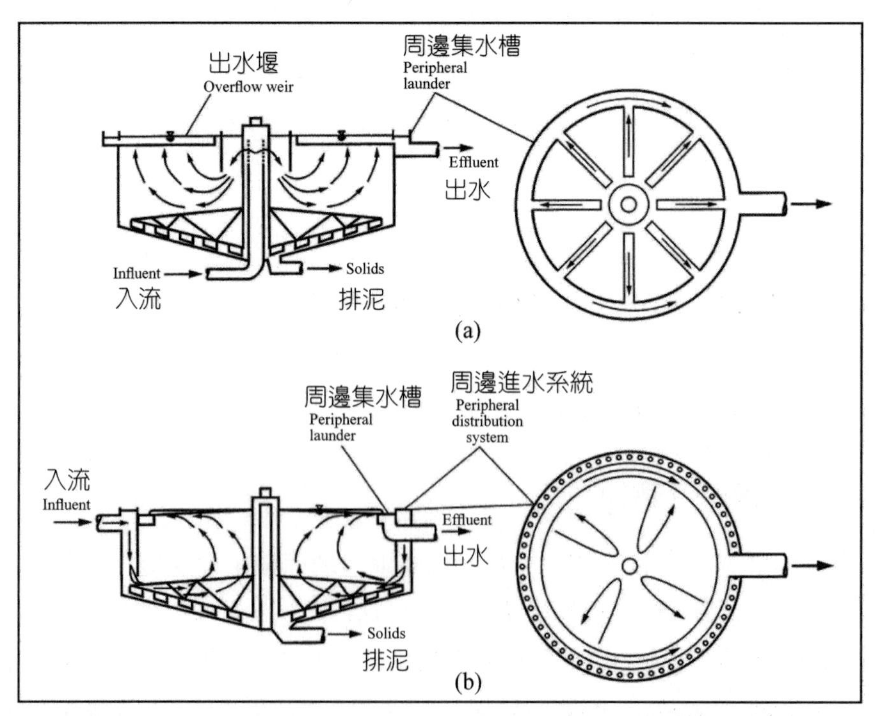

圖 5.9　圓形沉澱池進水型式：(a) 中央進水；(b) 周邊輻流進水

形成短流現象原因很多：

1. 進入沉澱池的流速過高。
2. 出水堰的單位堰長流量過大。
3. 沉澱池進水區和出水區距離過近。
4. 沉澱池水面受風速影響。
5. 池水受到陽光照射引起水溫的變化。
6. 進水和池內水區的密度差。
7. 沉澱池內既設的柱體、導流壁板和刮泥設施鋼架等，造成局部區域短流。

短流使一部分水的停留時間縮短，得不到充分沉澱，會降低沉澱效率；另一部分水的停留時間可能很長，甚至出現水流停滯不動的死水區，也會減少沉澱池的有效容積。因此短流是影響沉澱池出水水質的重要原因，也是池內設計極重要的考慮因子。

5.5.4 傾斜管（板）沉澱池

由多層底版理念發展，在沉澱池內安裝密集可拆裝之塑膠管（或板）組，使原水向上流入管內，藉由塑膠管龐大投影面積降低表面負荷（溢流率）V_o，縮短懸浮顆粒的沉降距離，使顆粒加快觸板集結成污泥而重力滑動至池底，提高沉澱效率和處理水量，減少土地面積及降低建設成本。此類型可以安裝在矩形或圓形沉澱池，或是與其他高效率沉澱池結合。水流方向可以是向上流、水平流及向下流等幾種型式。圖 5.10 為傾斜管沉澱池（inclined tube clarifier）示意圖，在矩形或圓形沉澱池內先設置鋼架，上方架設傾斜管組，型式常為向上流向（60 度），傾斜管截面有圓形、正方形、長方形或六角形等各種型式（如圖 5.11），管徑約 50 mm，厚度約 1 mm 以下，材質有聚丙烯（PP）或 ABS 樹脂（丙烯腈—丁二烯—苯乙烯共聚物板）等，壽命約 2～3 年。因為是複合構架結構，所以重量既輕又強，可承受 500 kg 以上重量。傾斜管組上方水面每 1～2 m 設集水支槽一道；距池底騰空至少 1.5 m 設置刮泥機，提升排泥能力；距出水端至少 1.5 m，避免水流分布不均。傾斜管在水面下約 1 m，可不受表面風力影響。管內的整流效果好，比較不受短流或渦流影響，原水在管內成為層流能得到接近理想的沉澱效果。雷諾數 Re 在 2,000 以下屬於層流，而

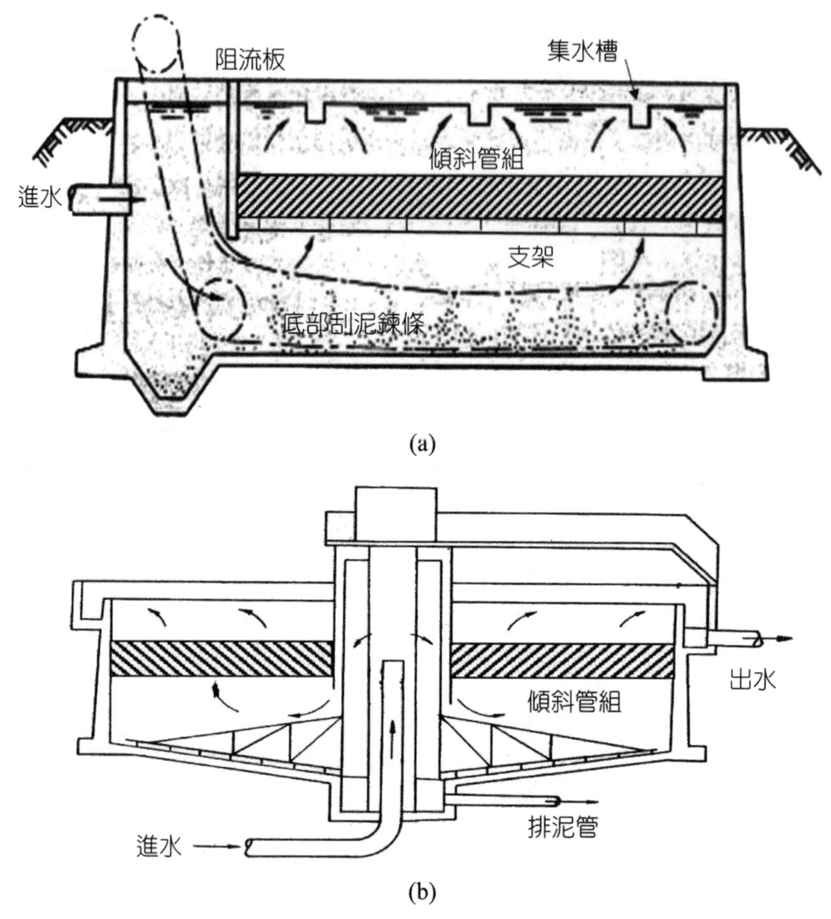

圖 5.10 (a) **矩形及** (b) **圓形傾斜管沉澱池構造示意圖**

傾斜管的雷諾數 *Re* 很低，約為 30～100。此類型自 1990 年以後已廣泛於台灣使用，例如直潭、鯉魚潭和龍潭等淨水場。表 5.4 為水平流矩形沉澱池內設傾斜管（horizontal-flow rectangular tanks with tube settlers）設計要點，進水端整流牆至傾斜管組宜有池長 1/4～1/3 L 之整流段。在高濁度時，泥砂及粗膠羽先沉降於整流段，細膠羽再由傾斜管予以捕集。

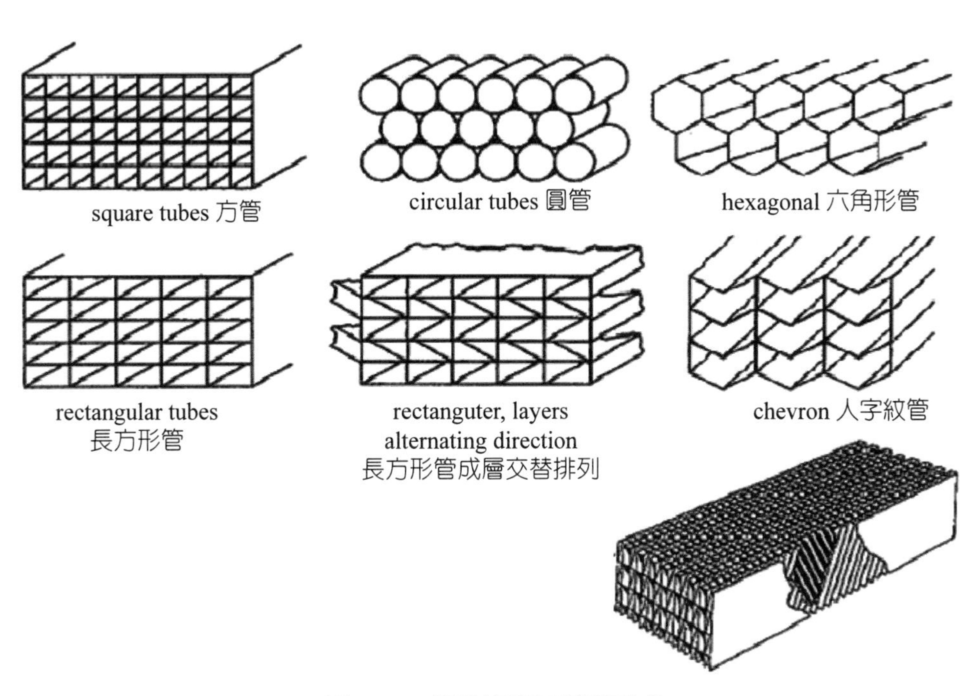

圖 5.11　傾斜管單元截面型式

表 5.4　水平流矩形沉澱池內設傾斜管設計要點

參數
・池數：2 ・池深：3～5 m ・水力停留時間 HRT：>1.5 hrs ・傾斜管組斜長 0.6～1.0 m ・管內水流方向：向上流向（60 度） ・管內水力停留時間：6～10 min ・管內（斜上）流速：0.08～0.1 m/min，max 0.15 m/min ・管組下最大水平流速：< 0.7 m/min ・傾斜管表面溢流率：5～8.8 m/h ・傾斜管組相對於全池的投影面積 a/A：< 75% ・池內平均水平流速：0.05～0.13 m/min ・池長寬比 L/W：2～3 ・堰負荷率：3.75～15 m^3/m・h ・Re <100、Fr > 10^{-5}

資料來源：Kawamura (2000)、MWH(2005)。

若河川水出現高濁度（> 1,000 NTU），所設計的傾斜管相對於全池投影面積 a/A 宜更低，水力停留時間 HRT 宜大於 1.5 hrs，即增長管前整流區，發揮二次沉澱作用，池長寬比 L/W ratio 要達到 3，以加大刮泥機寬度，增加刮泥能力（刮泥量正比於刮板寬度）。雖然傾斜管（板）沉澱池有高效率和減少用地面積優點，但因板管易結垢及長生物膜與浮渣，故管材壽命低，必須更新並增加維修工作量。

一、傾斜管沉澱理論和投影面積

當處理水流量與顆粒沉澱速度一定時，沉澱效率與沉澱池面積成正比，與池深和池的容積無關，亦即沉澱面積越大，沉澱率越高。在沉澱池中加設傾斜管，可增加沉澱面積，同時使顆粒沉降距離大為縮短，假設原本深度 H 的沉澱池，水面顆粒需經深度 H 的距離沉降，若在池中設置隔板，只需沉降 h 距離，故可縮短 h/H 倍的沉澱時問。換句話說就是增加沉降面積，增加 H/h 倍的沉澱池，提高 H/h 倍的能力。傾斜管組鋪設在沉澱池內時其投影在池底的面積，有二種推導求法：

方法 1：圖 5.12 (a) 所示，傾斜管單元的長 L，管間距 d，傾斜角 θ，原水由下往上流入管中，管中水流速度 V_o，懸浮顆粒沉降速度 V_s，經過管中深度為 H 的距離需要時間為 t，傾斜管單元水平投影在沉澱池底的面積為 A：

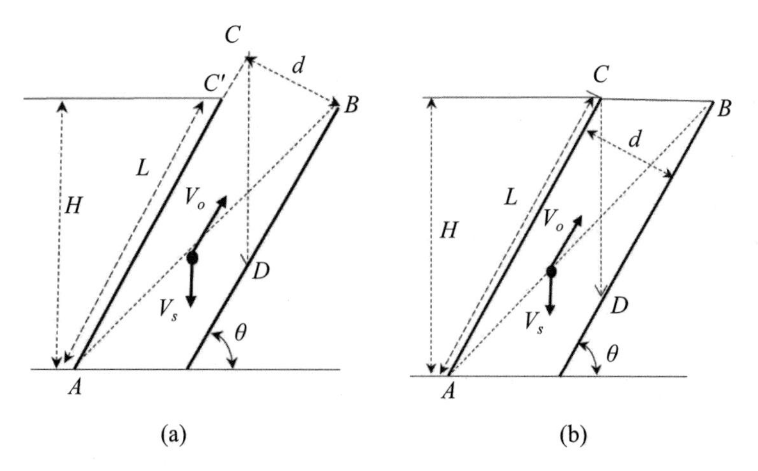

圖 5.12　傾斜管單元管內流速、沉降速度與管長及管徑的幾何關係

$$\overline{AC} = L + \overline{CC'} = \frac{H}{\sin\theta} + \frac{d}{\tan\theta} = V_o \times t$$

$$\overline{CD} = \frac{d}{\cos\theta} = V_s \times t$$

$$V_s = \frac{\overline{CD}}{t} = V_o \times \frac{\overline{CD}}{\overline{AC}} = V_s = V_o \times \frac{(d/\cos\theta)\sin\theta}{H + d\cos^2\theta}$$

因為管中流速 $V_o = \dfrac{Q}{A\sin\theta}$

$$V_s = \frac{Q}{A\sin\theta} \times \frac{(d/\cos\theta)\sin\theta}{H + d\cos^2\theta} = \frac{Q}{A} \times \frac{d}{H\cos\theta + d\cos^2\theta}$$

因此投影面積 A 可根據式 5.12 求出。

$$A == \frac{Q}{V_s} \times \frac{d}{H\cos\theta + d\cos^2\theta} \qquad (5.14)$$

方法 2：如圖 5.12 (b) 所示，傾斜管單元的長 L（$= AC$），管間距為 d，傾斜角為 θ，原水由下往上流入管中，管中水流速度為 V_o，懸浮顆粒沉降速度為 V_s，經過管中深度為 H 距離所需要的時間為 t，傾斜管單元水平投影在沉澱池底的面積為 A：

$$\overline{AC} = L = \frac{H}{\sin\theta} = V_o \times t$$

$$\overline{CD} = \frac{d}{\cos\theta} = V_s \times t$$

$$V_s = V_o \times \frac{d\sin\theta}{H\cos\theta} = \frac{Q}{A}\frac{d}{H\cos\theta}$$

$$A = \frac{Q}{V_s}\frac{d}{H\cos\theta} \qquad (5.15)$$

上述兩種方法求得的沉降速度 V_s 和水平投影在面積 A，式 5.12 和式 5.13 有所差別是在於兩個圖選取的 C 點位置有些差距。

例題 5.1

假設沉澱池進水量 $Q = 1.0\ m^3/s$，$V_o = 20\ m^3/m^2 \cdot day$，管內沉降距離 $H = 0.52\ m$，傾斜管長度 $L = 0.6\ m$，傾斜管孔徑 $= 0.05\ m$，傾斜角 θ 為 60 度，管內懸浮顆粒的沉降速度為 $2.3148 \times 10^{-4}\ m/s$，試求傾斜管面積 A。

答：

式 5.12：

$$A = \frac{Q}{V_s} \times \frac{d}{H\cos\theta + d\cos^2\theta}$$

$$= \frac{1.0}{2.3148 \times 10^{-4}} \times \frac{0.05}{0.52 \times 0.5 + 0.05 \times 0.25} = 792.70\ m^2$$

式 5.13：

$$A = \frac{Q}{V_s}\frac{d}{H\cos\theta} = \frac{1.0}{2.3148 \times 10^{-4}} \times \frac{0.05}{0.52 \times 0.5} = 830.8\ m^2$$

然而實際舖設面積應再加 10% 之無效面積（含前後不完整部分、兩側與池牆間之空隙及支持樑架之阻擋面積等）。

確核管中流速：

$$V_o = \frac{Q}{A\sin\theta} = \frac{1.0 \times 60}{792.70 \times 1.1 \times \sin 60^\circ} = 0.08\ m/min$$

介於 0.08～0.1 m/min，ok！

$Re < 50$，$Fr > 10^{-5}$，流經管中時間 $t > 6$ mins，ok！

5.5.5 污泥接觸式沉澱池

污泥接觸式反應沉澱池（solids contact reactor clarifier）屬於高效率沉澱池的一種，集加藥、污泥接觸混合、快混、膠凝、沉澱及排泥於同一個池體內，故可減少用地面積並節省 10～30% 的加藥費用。它的設計原理係利用原本在沉澱池內先沉降之新鮮污泥，將一部分迴流與原水充分接觸（攪拌或迴流），提高水中混凝所需的晶種（nuclei）濃度，增加膠羽接觸絮凝作用，讓膠羽增大堅實。如此，將有助固液分離作用及節省加藥量。

國外已發展許多商用型式，台灣目前使用的是 EMICO 公司（已併入英國 OVIVO 公司）研發的 Solid contact Reactor 單元，早期主要用在石灰蘇打（lime-soda）軟化，後來亦用於濁度、色度及藻類沉降去除。圖 5.13 為 EMICO 公司污泥接觸式反應沉澱池 Type HRB（Bridge Mounted）的示意圖，原水以集中加藥或個別注藥於進水管，在中央筒內設有大直徑的低速渦輪機進行機械攪拌，同時產生吸引力使底部迴流污泥（固體濃度為原入流水的 6～15 倍，迴流水量約 4～8 倍 Q）上升，與進入錐型罩內的原水產生接觸，形成更多及更大的膠羽。含高濃度膠羽水上升至水面澄清後排出，重力分離之膠羽則流回底部中央再度迴流。底部設有懸浮固體連續監測儀，當底部污泥濃度過高時則自動排泥（連續監控 SS 濃度 > 1～3%，視處理水狀況而異）。表 5.5 列出污泥接觸式反應沉澱池的參數及其設計準則。

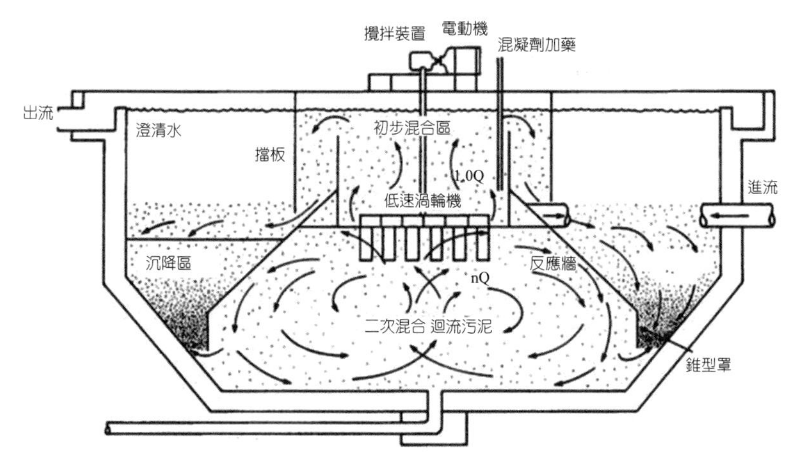

圖 5.13　污泥接觸式反應沉澱池示意圖

資料來源：OVIVO 公司產品型錄，http://www.ovivowater.com/。

國內使用污泥接觸式反應沉澱池的淨水場頗多，雖然具有經濟、用地小及節省加藥量等優點，使用成果不甚穩定。推測可能與設計表面溢流率 V_o 過大，混凝時間不足，及污泥區濃度控制狀況有關。此類型池底排泥比較容易，過去石門水庫發生高濁度時（>5,000 NTU），場內一般加藥沉澱池及污泥氈式沉澱池早已無法操作，但污泥接觸式反應沉澱池仍能出水 1/2～1/3 Q，顯示其在高濁度負荷的操作彈性較大。

表 5.5　污泥接觸式反應沉澱池參數及其設計準則

參數
・池體構造：鋼筋混凝土 RC 或鋼結構 steel structure ・尺寸：圓形，直徑 10～60 m，池邊深度（SWD）4～6.5 m ・池深：4～6.5 m ・表面溢流率：50～75 m^3/m^2・day ・水力停留時間 HRT：1.5 hrs 　快混及膠凝：30 min 　沉降：60 min ・堰負荷率：175～350 m^3/m・d ・向上水流速：< 10 m/min ・污泥迴流率 sludge recircute rate：4～8 Q ・其他：含池內動力設備、低速渦輪機、底部機械刮泥機、電動排泥閥、進出水濁度計等渦輪機 Turbine 進水量計算： 　$Q = 2.75\ D^3N$（含迴流污泥量＋處理水量，單位 GPM） 　$P = 0.465 \times 10^{-7} N^3 D^5$（馬力，Break HP） 　D: Turbine diameter (ft) 　N: Rotation speed (rpm), Tip Velocity ≦ 6.5 ft/s (or 2.0 m/s)

資料來源：ASCE and AWWA(1998)、EMICO(1990)、MWH(2005)。

國內使用污泥接觸式反應沉澱池的淨水場頗多，雖然具有經濟、用地小及節省加藥量等優點，使用成果不甚穩定。推測可能與設計表面溢流率 V_o 過大，混凝時間不足，及污泥區濃度控制狀況有關。此類型池底排泥比較容易，過去石門水庫發生高濁度時（>5,000 NTU），場內一般加藥沉澱池及污泥氈式沉澱池早已無法操作，但污泥接觸式反應沉澱池仍能出水 1/2～1/3 Q，顯示其在高濁度負荷的操作彈性較大。

◇5.5.6　污泥氈式沉澱池

污泥氈式沉澱池（sludge blanket reactor-clarifier）又被稱為泥渣懸浮型沉澱池，可分為懸浮型和脈衝型兩類。在台灣淨水場有英國平底式（PC1 flat bottom clarifier）及法國脈動式（degremont pulsator）兩種類型的污泥氈式沉澱池。其適用於處理較低濁度（<300 NTU）的原水，或因膠體引起的濁度（colloids causing turbidity），最大處理濁度為 1,000 NTU，但不易處理突然發生變化的高濁度原水。

圖 5.14 為脈衝式的污泥氈沉澱池（pulsed sludge blanket clarifier including flocculation）示意圖，矩形及平底 RC 池結構，在底部鋪設均勻進水管，管層

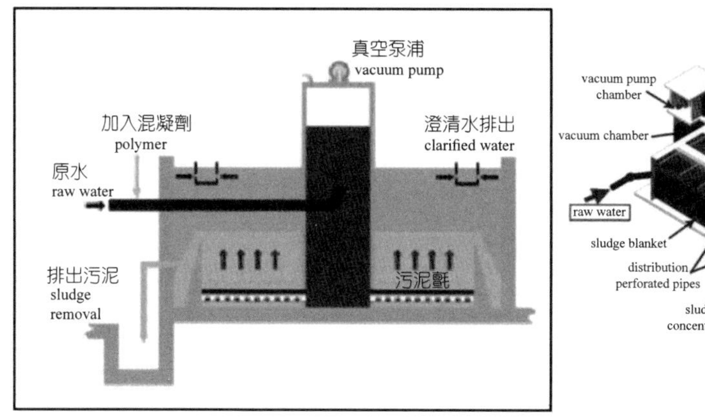

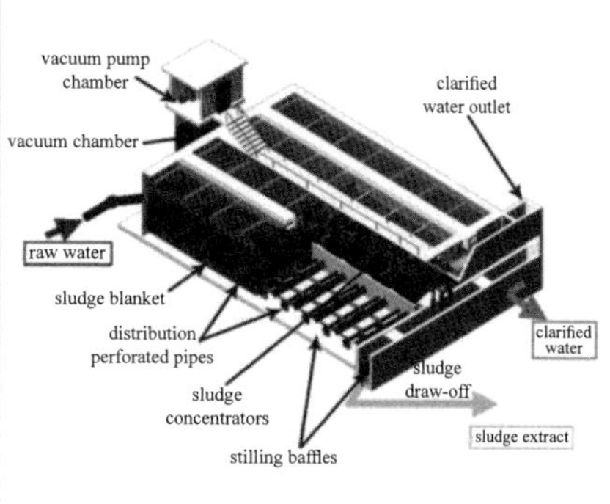

圖 5.14　脈動式污泥氈沉澱池

資料來源：摘自法國 SUEZ's degremont 公司產品型錄，https://www.suezwaterhandbook.com/degremont-R-technologies/drinking-water-production/clarification-settling/sludge-blanket-clarification-Pulsator-R。

上方依次為泥層、固液分離區及水面集水槽。其各部位的厚度依序為 0.5～1.0 m、1.5～2.0 m、1.5～2.0 m，全池深是 4.5～5.0 m。因為池底刻意維持 1～1.5 m 厚的污泥氈（sludge blanket），其內懸浮固濃度為 0.5～2.0% SS，當原水經加藥快混（或注藥於進水管內）形成細膠羽，受到上部真空泵浦（vacuum pump）產生水力脈動，由池中央進水筒規則上下脈衝，將加藥原水壓擠入分水管。含膠羽的原水均勻分布向上穿過污泥氈時，細膠羽因吸附過濾及截留作用將凝聚成粗膠羽，膠羽停留在污泥層成為污泥氈一部分，過多污泥也會自然溢入集泥筒自動排出，或溢入排泥槽定時排出。固液分離後的澄清水流至水面集水槽匯集排出。高濁度及含粗重泥砂的原水會造成污泥層硬化和阻塞，假設場內採用此類型沉澱池，原水必須先經過初沉池將粗重泥砂先予去除方能進入。高濁度過後，應停水維修清理淤泥。

污泥氈由累積膠羽形成，污泥層面設溢流排泥錐或槽，控制污泥層於一定厚度，污泥氈層 SS 濃度保持在 0.5～2.0%，其大小視膠羽分離後水面澄清品質（要求濁度 < 3～4 NTU）予以調整。污泥氈式沉澱池的設計參數池面溢流率（上升速率）為 2～3 m/hr，水力停留時間建議 > 1.5 hrs。如果污泥氈式沉澱池內設傾斜管或板，池面溢流率（上升速率）可增加至 2～12 m/hr，提高處理效率。

高效率型的污泥氈式沉澱池適合處理低濁度原水，可降低動力和用地面積，澄清效果良好，但操作良好的必要條件須包括：

(1)池底分水均勻無積泥阻塞，水流垂直向上。

(2)污泥氈 SS 密度均勻，濃度適中。

(3)污泥層面過多之污泥能順利排出 。

由於污泥氈式及污泥接觸反應式沉澱池的操作維修技術性高，污泥氈式對國內含高濃度泥砂原水較不能適應（未設初沉池），容易造成排泥不順，污泥層結硬，必須時常觀察出水狀況進行維修及排泥調整。

5.6 高濁度原水的沉澱池處理能力檢討

沉澱池操作管理的基本要求是保證各項設備安全完好，及時調控各項操作控制參數，保證出水水質可達到規定指標。沉澱池的主要設計參數為水力表面溢流率，當原水濁度高於 1,000 NTU 以上時，池內之固體量負荷率（solid loading, Kg-SS/m^2 · day）也會干擾沉澱功能，其影響程度隨濁度增加升高。根據前人研究，原水經混凝後進入沉澱池內之固體濃度達 3,000 mg/L 以上，池內固體負荷率對沉澱效率之影響將比水力溢流率更重要（Sanks, 1978）。因此淨水場處理原水濁度高於 3,000 NTU 時，既使沉澱池排泥能力足夠，出水濁度也會升高，而影響快濾池操作。

國外有關高濁度原水處理經驗並不多，主要是因為國外淨水場取用地面水濁度較低，少有台灣近年來因暴雨或颱風引起土石流，原水濁度暴增之數千或上萬 NTU 情形。國外中大型淨水場（日處理量 > 50,000 CMD）或基於水量調節穩定之理由，原水多設有大型湖泊或水庫調節，使平時原水濁度保持在 10～50 NTU 之間。在降雨季節，既使集水區逕流水混濁，但經湖泊水庫蓄水稀釋調節後，流至取水口濁度也大幅降低了。一般而言，原水濁度上升至 200～300 NTU 已被認為屬於高濁度，但目前世界各國並無統一界定標準。

國外有關淨水技術之書刊報導，鮮有提到原水高濁度處理問題。美國著名自來水處理公司 James M. Montgomery 資深高級顧問 Kawamura 氏在其 2000 年出版之《*Integrated design and operation of water treatment facilities*》提到，完整的傳統淨水處理程序，可處理原水濁度最高為 3,000 NTU，若原水濁度常出現高於 1,000 NTU 時，則建議設置初沉池，降低高濁度對淨水設備之衝擊，確保淨水場優良之出水品質。

台灣目前現有沉澱池型式有普通矩形沉澱池（人工清泥）、矩形沉澱池（機械刮泥）、傾斜管式沉澱池、污泥氈式沉澱池，及固體接觸反應沉澱池等類型。人工清泥之矩型沉澱池的池體大約可適用 2,000～3,000 mg/L（混凝後）之固體負荷。無刮泥機沉澱池之清泥頻率與處理水量、原水濁度高低及變化有關，以台北長興淨水場沉澱池清泥經驗，一年約清泥八次，並因季節雨量有所調整：河川原水濁度低且穩定，約 2～3 月清泥一次，6～10 月常有颱風暴雨，原水濁度升高，沉澱池清洗頻率最高可增加至每周一次。

對於採機械排泥之其他型式沉澱池，也僅可承受濁度約 500 NTU 原水，若短時間可允許處理至 1,000 NTU 以上原水，但過後當排泥不徹底時，皆應停池（放空）採用人工沖洗方式清泥才能再度操作。機械排泥的沉澱池平時要加強排泥設備的維護管理，一旦機械排泥設備發生故障，應及時修理，以避免池底積泥過度，影響出水水質。

濁度對淨水場造成影響包括大量泥砂進入混凝沉澱池體內，除導致水中機械磨損，導水管渠阻塞，最大問題是沉澱池內污泥大幅增加，常因排放不及而嚴重干擾固液分離機能，使淨水場不得不減量處理，甚至停止操作。顯然地，池內固體負荷率對沉澱效率的影響已比表面溢流率更為重要。2006 年 2 月石門水庫底部放流口排放淤泥造成鳶山堰的濁度飆升到 40,000 NTU，曾嚴重影響板新淨水場的淨水功能與供水量。事後檢討國內沉澱池不能適應高濁度的主因就是「排泥能力不足」，導致池內積泥影響出水品質。

排泥能力受制於刮泥機處理能力及污泥斗（sludge hopper）大小。國內目前多使用鏈條式及往復推進式的刮泥機（日本近年廣用鋼索式）。這幾類刮泥機的操作能量和特性並不相同，請參考第十二章第 12.2 節高濁度對沉澱池衝擊探討內文。分析過去在設計時，工程師並未認真探究刮泥（推泥）能量，以致若干淨水場會面臨高濁度時刮泥不及問題。因此水場主管單位應加強對刮泥機型式和處理能力的研究，找出調整方案，例如更新刮泥機，增加刮泥速度，調整排泥頻率等，也必須視不同的沉澱池類型分開考慮，在不影響既有土木結構下改善既有沉澱池的類型，增設預沉池降低濁度及調整加藥方式等等，以妥善解決問題。

淨水處理例題

1. 請推估直徑 0.05 mm，比重（specific gravity）為 2.65，在 20℃水中的單顆粒沉降速率。

答：

d = 0.05 mm，S_s = 2.65，Allen's formula for 粒徑 0.01～1.0 mm 之間：

$$V_s = (\frac{4}{225}\frac{g^2(S_s-1)^2}{\mu})^{1/3}d = (\frac{4}{225}\frac{9.81^2(2.65-1)^2}{1.002\times10^{-3}})^{1/3}\times5\times10^{-5}$$
$$= 8.34\times10^{-4}\ \text{m/s}$$

2. 有一水平流沉澱池，其設計溢流率為 20 m³/m²．day，若有四種大小不同的顆粒，其分布分別占顆粒總數的 40%、30%、20%、10%，而此四種顆粒的沉降速度分別各為 0.10 mm/s、0.20 mm/s、0.40 mm/s、1.00 mm/s，試問此四種顆粒在理想沉澱池中，其預期的去除率各為多少？又該沉澱池對顆粒的總去除率可達到多少 %？

答：

溢流率 V_o = 20 m³/m²．day = 0.23 mm/s，理論上顆粒沉降至池底去除條件為 $V_s > V_o$，去除比例 $E = \frac{V_S}{V_o}$，for 0.10 mm，E = 0.43×0.4 = 0.17

沉降速度 mm/s	分布占顆粒總數比	去除比例	去除率（去除占顆粒總數比）	出流水占顆粒總數比
0.10	40%	0.43	0.17	0.23
0.20	30%	0.87	0.26	0.04
0.40	20%	1	0.2	0
1.00	10%	1	0.1	0
合計	100%		0.73	0.27

沉澱池對顆粒的總去除率為 0.73（73%）。

3. 請設計一座日處理量為 18,900 m³/day 沉澱池，表面溢流率 30 m³/m²．day，水力停留時間 4 hrs，堰負荷率 250 m³/m．day，池長寬比 L/W = 4。

答：

茲設計兩池，$Q = 18,900/2 = 9,450\ m^3/day$，$DT = 4\ hrs$

池體積 $V = Q \times DT = (9,450/24) \times 4 = 1,575\ m^3$

溢流率 $30\ m^3/m^2 \cdot day = 9,450/A$，$A = 315\ m^2$

$L/W = 4$ $A = L \times W = 4W^2 = 315$，$W = 8.87$（取 9 m），$L = 36\ m$ 代入體積計算得到水深 H

$H = 1,575/(9 \times 36) = 4.86$（取 5 m）

堰長 = Q / 堰負荷率 = $9,450/250 = 37.8$（取 38 m）

設計矩形沉澱池明細：

尺寸 36 m(L)×9 m(W)×5 m(H) 共兩池，堰長 38 m（可做兩排堰，雙向出水）

4. 在沉澱池加裝傾斜管，最大日處理量 Q 為 $1.1\ m^3/s$，鋁膠羽沉降速度 $V_s = 3.6\ m/hr$，水溫 15℃，請設計沉澱池加裝傾斜管單元水平投影面積 A 及整池的面積。令傾斜管長度 $L = 0.6\ m$，傾斜管孔徑 = 0.05 m，傾斜角 θ 為 60 度，為雙向流（countercurrent flow）。

答：

$Q = 1.1\ m^3/s$，$V_s = 3.6\ m/hr = 0.001\ m/s$

根據式 5.12 求 A：

$$A = \frac{Q}{V_s} \times \frac{d}{H\cos\theta + d\cos^2\theta} = \frac{1.1}{0.001} \times \frac{0.05}{0.6\cos 60^\circ + 0.05\cos^2 60^\circ}$$

$$= 176\ m^2$$

$$V_o = \frac{Q}{A\sin\theta} = \frac{1.1}{176 \times \sin 60^\circ} = 0.0071\ m/s$$

通常傾斜管組相對於全池的投影面積 a/A 小於等於 75%，以保留 25% 空間用於沉降膠羽及做為進水端整流牆用途。

全池面積 = 176/0.75 = 234.7（約 235 m^2）

5. 有一座矩形沉澱池，尺寸為 60 m(L)×20 m(W)×3 m(H)，處理水量為 $25,000\ m^3/day$，請估算水力停留時間和溢流率。

答：

水力停留時間 $t = V/Q = ((20 \times 60 \times 3)/25,000) \times 24 = 3.46\ hrs$

溢流率 $V_o = \dfrac{Q}{A} = 25{,}000/(20\times60) = 20.83$ m/day

（確認表 5.3，介於 20～30 m^3/m^2 · day，ok！）

6. 請設計矩形沉澱池，處理含鋁膠羽（alum floc）原水，最大日處理量 172,800 m^3/day，含鋁膠羽之沉降速度 V_s 為 0.5 mm/s（見表 5.1 範圍），預期出水濁度為 2 NTU。

答：

鋁膠羽沉降速度 V_s = 0.5 mm/s = 1.8 m/hr，故溢流率應略大於沉降速度，假設為 2.0 m/hr，故沉澱池的面積 $A = Q/V_0$ = 172,800/24/2 = 3,600 m^2

假設有兩池，每一池寬為 18 m，池長 L = 3,600/2/18 = 100 m，L/W = 100/18 = 5.5

根據表 5.3 設計準則，池深 H = 3～5 m，設計本池池深為 4 m，

水力停留時間 $t = V/Q = \dfrac{(100\times18\times4)\times2}{(172{,}800/24)} = 14{,}400/7{,}200 = 2$ hrs

最大日處理量為平均日處理量的 1.5 倍，平均日處理量時的水力停留時間 $t = 2\times1.5 = 3$ hrs

檢核設計尺寸：L/W = 100/18 = 5.5 > 4，ok！，L/H = 100/4 = 25 > 15，ok！

平均水平流速 $V = Q/A$ = (172,800/2/24/60)/(18×4) = 0.83 m/min < (0.3～1.1 m/min) ok！

檢核流況：$Re < 20{,}000$　$Fr > 10^{-5}$

Reynolds number：$Re = \dfrac{VR}{v}$

流速 V = 0.83 m/min = 1.39×10^{-2} m/s

濕周 R = (4×18)/((2×4) + 18) = 2.77 m

黏滯係數 $v = 1.01\times10^{-6}$ m^2/s (20℃)

$Re = \dfrac{VR}{v} = \dfrac{1.39\times10^{-2}\times2.77}{1.01\times10^{-6}} = 38{,}121 > 20{,}000$ 超過範圍，流況不穩定

$Fr < 10^{-5}$ 超過範圍

考慮在寬度 18 m 沉澱池中加裝兩道距離 6 m 的隔板牆（buffer wall），降低濕周長度

$R = a/P = (4\times6)/((2\times4)+6) = 1.71$ m

$$Re = \frac{VR}{v} = \frac{1.39\times10^{-2}\times1.71}{1.01\times10^{-6}} = 23{,}533$$ 略大於 20,000

$$Fr = \frac{(1.39\times10^{-2})^2}{9.81\times1.71} = 1.15\times10^{-5} > 10^{-5}$$，ok！

設計矩形沉澱池明細：

尺寸 100 m(L)×18 m(W)×4 m(H) 共兩池
池寬 18 m 中設有兩道縱向的隔板牆
水力停留時間 2 hrs
表面負荷溢流率 2.0 m/hr
平均水平流速 0.83 m/min

7. 同第 6 題條件，在沉澱池加裝傾斜管時，請設計沉澱池尺寸和規格。

答：

同上題，假設有兩池，令傾斜管長度 L = 0.6 m，傾斜管孔徑 =0.05 m，傾斜角 θ 為 60 度，在沉澱池內加裝傾斜管單元水平投影在沉澱池底的面積 A 可根據式 5.12 求出：

$$A = \frac{Q}{V_s}\times\frac{d}{H\cos\theta + d\cos^2\theta} = \frac{Q}{V_s}\times\frac{0.05}{0.6\cos60^\circ + 0.05\cos^2 60^\circ} = \frac{Q}{V_s}\times0.16$$

每一池的流量 Q = 172,800/2/86,400 = 1 m^3/s

含鋁膠羽之沉降速度 V_s 為 0.5 mm/s（假設安全係數 2），V_s = 0.00025 m/s

面積 A = (1/0.00025)×0.16 = 640 m^2，因為池寬為 18 m，安裝傾斜管單元長度 L

L = 640/18 = 35.55...，取整數 35 m，因此實際埋設面積 = 18×35 = 630 m^2

檢核設計參數和流況：

(1) 表面負荷溢流率 $\frac{Q}{A} = \frac{1\times3{,}600}{630} = 5.7$ m/h（介於表 5.4 設計範圍 5～8.8 m/h 之間，ok！）

(2) 管內（斜上）流速：$V_o = \dfrac{Q}{A\sin\theta} = \dfrac{1\times 60}{630\times \sin 60^\circ} = 0.11$ m/min（= 0.0018 m/s）

(3) 水力停留時間：$t = 0.6/0.11 = 5.5$ min

(4) 水力半徑 $R = a/P = (0.05)^2/(4\times 0.05) = 0.0125$ m

$Re = \dfrac{VR}{v} = \dfrac{0.0018\times 0.0125}{1.01\times 10^{-6}} = 22.27 < 100$（表 5.4 設計範圍），ok！

$Fr = \dfrac{(0.0018)^2}{9.81\times 0.0125} = 2.64\times 10^{-5} > 10^{-5}$（表 5.4 設計範圍），ok！

通常傾斜管組相對於全池的投影面積 a/A 小於等於 75%，以保留 25% 空間用於沉降膠羽及做為進水端整流牆用途。所以全池的長度 $L_1 = 35/0.75 = 46.67$（約 46 m），池深仍為 4 m。

設計矩形沉澱池明細：

尺寸 46 m(L)×18 m(W)×4 m(H) 共兩池
池中安裝傾斜管單元長度 35 m，傾斜管長度 $L = 0.6$ m，傾斜管孔徑 =0.05 m，傾斜角 $\theta = 60°$
池寬 18 m 中設有一道縱向的隔板牆
表面負荷溢流率 5.7 m/hr
水力停留時間 5.5 min

8. 請計算在 10×10^6 L 水中含有 (a)10 mg/L 懸浮固體 SS 和 (b)1,000 mg/L 懸浮固體 SS，溶液中懸浮固體物的密度和溶液總質量。假設固體 SS 密度為 2.5 g/mL，水的密度為 0.99823 mg/L。

固體 SS 體積 V_{ss} = mass of solids (g)/density (g/mL)

水體積 V_{water} = 1,000 mL − V_{soilds} (mL)

水中懸浮固體物濃度 $\rho_{solution} = \dfrac{V_{solids}\times \rho_{solids} + V_{water}\times \rho_{water}}{V_{solids} + V_{water}}$

答：

For (a) 在 10×10^6 L 水中含有 10 mg/L 懸浮固體 SS

V_{ss} = mass of solids (g)/density (g/mL) = 0.01/2.5 = 0.004 mL

V_{water} = 1,000 mL − V_{soilds}(mL) = 1,000 − 0.004 = 999.996 mL

水中懸浮固體物密度

$$\rho_{solution} = \frac{V_{solids} \times \rho_{solids} + V_{water} \times \rho_{water}}{V_{solids} + V_{water}}$$

$$= \frac{0.004 \times 2.5 + 999.996 \times 0.99823}{0.004 + 999.996} = 998.236 \text{ g/L}$$

溶液總質量 mass of solution = $998.236 \times 10 \times 10^6 = 998.236 \times 10^7$g

For (b) 懸浮固體濃度 1,000 mg/L

$V_{ss} = 1/2.5 = 0.4$ mL

$V_{water} = 1{,}000 - 0.4 = 999.6$ mL

水中懸浮固體物密度

$$\rho_{solution} = \frac{V_{solids} \times \rho_{solids} + V_{water} \times \rho_{water}}{V_{solids} + V_{water}}$$

$$= \frac{0.4 \times 2.5 + 999.6 \times 0.99823}{0.4 + 999.6} = 998.831 \text{ g/L}$$

溶液總質量 mass of solution = $998.831 \times 10 \times 10^6 = 998.831 \times 10^7$g

上述兩者質量差 = 5,950 kg

Chapter 6

淨水單元——過濾

6.1　概論
6.2　過濾池的設計概念
6.3　慢濾
6.4　快濾
6.5　快濾池設計及操控型式

6.1 概論

過濾是一種需間歇性操作的淨水程序，當濾床因阻塞導致水頭損失或過濾速率減緩時，可藉由反沖洗回復濾池的過濾功能。過濾池置於沉澱池後，負責濾除水中殘留之濁度和懸浮物，濾過水再經消毒成為自來水，一般要求過濾後的出水濁度要低於 0.5 NTU（95% 時間）。依照過濾速度分類，過濾可分為慢濾（slow sand filtration）與快濾（rapid filtration）兩種，這裡所討論的主要是深層過濾（deep-bed filters），和表面過濾（surface filters）或稱膜過濾（membrane filtration）不同。

過濾水質的濃度變化是深度和時間的函數。依照過濾速度分類為「快速」或「緩慢」，但再進一步區別，慢砂過濾有非常顯著的生物活性，而快速過濾以物理去除為主要機制。慢濾法源於 1829 年的英國，迄今濾池構造型式並無大改變，原水取自低濁度山泉、湖泊及地下水，在今日歐洲及英國仍被廣泛使用。快濾法始於美國（1900 年左右），故又稱為美式濾池。其擴大了取水源（包含較高濁度的河川地面水），但濾前要加藥沉澱，降低濁度。1950 年起為提高過濾池生產力及過濾效率，陸續發展出加入無煙煤和細砂的雙層濾料過濾（dual media filter）、加入石榴石的三層濾料（triple media）或多層混合濾料，以及深層砂濾（deep bed coarse sand media）等各式濾床，因此操作控制條件也變化較多。設計時須視當地環境及因素謹慎評估，再決定合適濾池單元及過濾設備型式。台灣地區因為地狹人稠，土地昂貴，故許多淨水場在擴建時，常將早期慢濾池改為快濾池，因為在同一出水量下，後者所需土地面積只有前者 1/10 或更低；因此台灣大型之淨水場，多已採用快濾程序。

6.2 過濾池的設計概念

過濾池設計主要的考慮因素與決定項目應包括：

1. 現地狀況及設計規範：現地地形空間及場址大小，未來擴增需求。
2. 原水水質水量及出水質和水量：濁度（平時和最大及最小值）。

3. 過濾前處理方式（加藥種類、膠羽性質、濾料濾膜生成；加藥順序與加藥點）。

4. 處理型式和流程：濾池型式、池數、每池尺寸及排列方式。

5. 濾速和濾床控制：決定濾速、濾程、濾床總面積、濾床型式和濾料選用（厚度、有效粒徑（ES）、均勻係數（UC）、比重）。

6. 濾床水頭損失預估。

7. 進水渠道及管線配置。

8. 反沖洗系統：反洗頻率及操作方式、反沖洗水、空氣之流速及用量計算。

9. 採用濾水器型式及附屬設備。

10. 反沖洗廢水排水槽的數量、配置及容量。

11. 出水控制方式：控制堰高度、出水渠道安排。

12. 操控方式：自動、半自動、手動控制。

13. 濾池操控系統：決定監測儀器種類與數量、各控制閥大小與型式，例如濾料防流失、反洗水濁度監測計及壓力計等。

14. 廢水池：廢水池容量、SS 沉降效能、澄清液自動回收（避免濁度或污泥循環）。

6.3 慢濾

6.3.1 水處理條件

慢濾適用於較不受污染，常年濁度低於 10 NTU 之天然水源。若雨天濁度高至 20～30 NTU 時，在慢濾前需設不加藥自然沉澱池或粗濾池預處理。若水源是地下水，常以氣曝加慢濾方式去除鐵、錳。慢濾的濾速約 3～10 m/day，視原水濁度高低而定，因占地大，不適用於大水量及高濁度處理而漸沒落。

6.3.2 慢濾除污機制

慢濾池除污機制包含砂面上物理性的機械篩除及攔截，有機、無機物及泥砂細粒自然形成的生物膜氧化或硝化作用。慢濾池經過幾個星期的熟化過程（ripening phase），稠密的微生物會在濾池上層生長，大部分顆粒及膠羽去除都發生在這一層，分解有機物並吸付細菌及雜質，砂面上的水層也存在微生物行光合作用，產生氧氣可以將水中鐵錳氧化為不溶物予以沉澱去除。一段時間後當水頭損失達到控制點（cutoff point），濾池上層含濾膜部分的濾砂就被刮除廢棄。但微生物生長已延伸到被去除層的下方，故濾池效果並未減弱。這個循環過程持續進行，直到最小深度的材質仍留在濾池中。因此慢濾在某些情況下處理成果反而優於快濾。

1980 年 USEPA 要求加強飲水中微量有機物之去除，式微之慢濾池再度受到重視。英國泰晤士河流域淨水場（Thames river water treatment），向來採慢濾法處理。近 10～20 年來為提升對微量有機物及臭度之去除，遂將濾料以三明治法更新，在砂層間夾入 20 cm 厚之顆粒狀活性碳（GAC）處理，慢濾砂厚度 60～90 cm。

6.3.3 慢濾池設計

慢濾池多為長方形 RC 構造，池面積較大，約 200 m^2，池數至少兩池以上。慢濾池適應原水水質及其設計參數準則請參見表 6.1。圖 6.1 為慢砂濾池單元示意圖，操作水頭高度（濾池上的水深）需大於 1.0 m，濾床厚度約 0.9～1.5 m，鋪設粗礫石和細濾砂。細濾砂層厚度約 75 cm，濾砂直徑 0.3～0.45 mm；粗礫石層約 30～45 cm。過濾後的水質經由池底的集水系統收集，每一濾池都設有調節井，內設流量調節裝置、過濾水頭損失及濾速指示計、制水閥及排水管等。進水處設有制水閥控制入流速度約 50 cm/s。當慢濾池水頭損失超過 1.2 m 即應終止過濾，進行刮砂。通常每 20～30 日刮砂一次，刮下的砂用人工或機械清洗再利用。美國慢濾池砂層厚約 18～35 in（46～89 cm），刮砂至 46 cm 時要補砂。砂面上水深需約 1.8～2.0 m，稱為「source water storage」，如此可減少清水池容量。

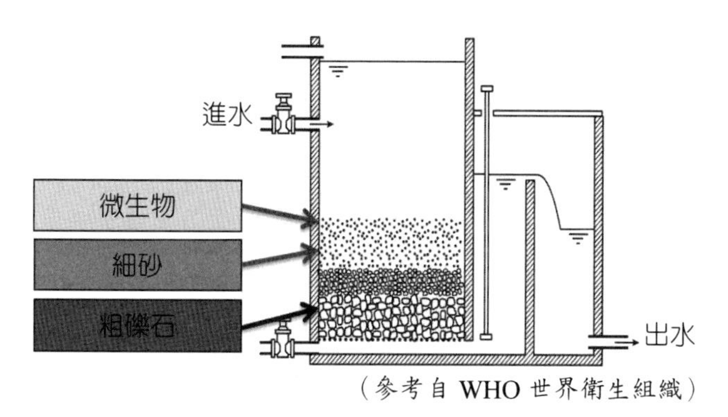

圖 6.1 慢砂濾池單元

6.4 快濾

6.4.1 快濾操作

濁度較高的原水，先經混凝沉澱去除部分濁度後，處理水再流經濾料層，使殘餘膠羽被截流或吸附在濾料中。由於沉澱池已將懸浮固體幾近 100% 沉降，沉澱後出水濁度約可降至 3～5 NTU，減輕過濾池負荷。

表 6.1 慢濾池參數設計準則

參數	範圍
濾率（filtration rate）	2～5 m/day（一般） 8 m/day（操作良好）
濾砂有效直徑（media diameter）	0.3～0.45 mm
濾砂均勻係數（uniform coeff）	2～3
濾床厚度（bed depth）	0.9～1.5 m
操作水頭高度（required head）	0.9～1.5 m
有效水深（effective depth）	> 3 m
濾程（run length）	1～6 month
熟化時間（ripening period）	幾天
前處理（pretreatment）	不需要
最大容許原水濁度	10～50 NTU
再生方法	人工表面刮除或機械表面水洗

資料來源：MWH(2005)、Kawamura (2000)。

單位面積通過砂床的水量稱為濾速（m^3/m^2‧day 或 m/day），快濾池的濾速約為 120 m/day，是慢濾池的數十倍。高負載率（loading rate）會造成更快速的水頭損失，隨著快濾進行，氣體和雜質進入濾層停留或吸附會減少過濾斷面積，濾層中通過的水流，因濾層內的阻力會產生流入端與流出端的壓力差（水頭差）稱為水頭損失或過濾阻力。當濾層水頭損失逐漸加大，可能使原本阻留在濾層或附著其上的雜質脫落，隨水流貫穿而影響出流水質。所以在過濾一段時間後（稱為濾程），必須以高壓水反向沖洗（backwash）濾床，透過介質表面的水剪力產生沖刷以及顆粒間互相磨擦來沖刷清洗濾材，使回復濾材機能。

當反沖洗結束，濾料穩定下來，較大顆粒多會沉澱在濾池底部。孔隙空間與濾料大小有關，濾料會形成一個反向分級的篩，故快濾池的濾層組成和級配是很重要的設計因子。

6.4.2 快濾的除污機制

快濾池除污主要包括運送和附著兩個機制，圖 6.2 為顆粒通過濾料的運送途徑：

1. 運送機制（transport mechanism）
   (1) 篩除（straining）：發生於濾料表層，大於濾料孔隙之顆粒（膠羽）被篩除，使其無法隨流線前進。部分小顆粒也可能因機會接觸，同時被除去。
   (2) 攔截（interception）：發生於顆粒隨流線穿經濾料空隙時，當距離小於 1/2 粒徑時可被截留（如圖 6.2 A 點）。
   (3) 碰撞擊聚（impaction）：較重之顆粒因脫離流線擊聚於濾粒表面而除去。
   (4) 沉澱（sedimentation）：濾料層內之空隙形成無數表面積很大之沉澱區，使顆粒沉降於濾床內（如圖 6.2 B 點）。
   (5) 擴散（diffusion）：水分子熱能使水中顆粒因布朗運動接觸到濾料表面而被吸著（如圖 6.2 C 點）。
   (6) 水力作用（hydrodynamic）：流線穿過濾料層為層流，當層流產生之剪力失去平衡時，水中顆粒脫離流線進入濾料表面。

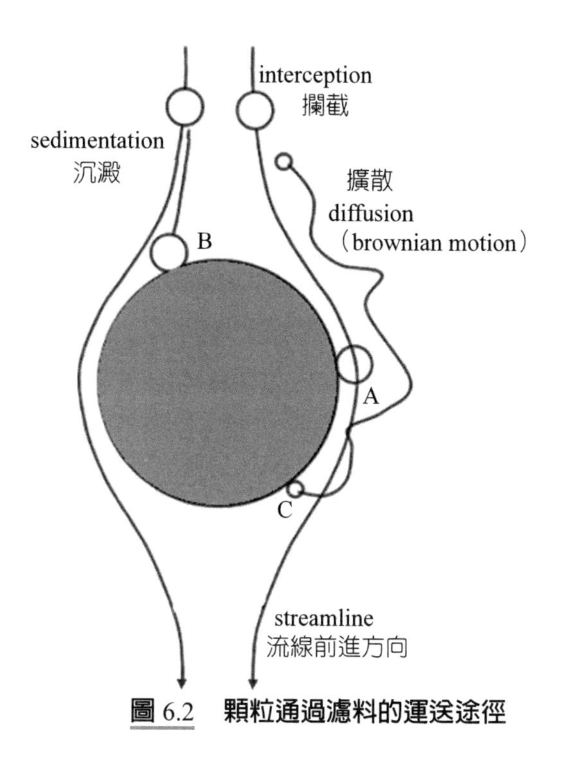

圖 6.2 **顆粒通過濾料的運送途徑**

(7) 動力膠凝（dynamic flocculation）：流線產生之坡度差（*G* 值），使水中顆粒再膠凝，形成較大之顆粒而被截留。

(8) 生物成長（microorganism growth）：濾料孔隙生長之生物膜（原水無預氯時），使孔隙變小，增進篩除截留能力及具生物氧化功能。

2. 附著機制（attachment mechanism）

(1) 電雙層交互作用（electro double layer interaction）：顆粒表面之帶電荷與濾料表面之電荷相反時，產生相吸附著。

(2) 凡得瓦力（van der waals force）：濾料表面近距離內之凡得瓦力將細顆粒吸入附著於濾料。

(3) 水合作用（hydration）：濾料表面與水分子形成 H 鍵結合，將水中顆粒帶入濾料層。

(4) 互吸作用（interaction）：濾料表面有溶解性電解質存在時，與顆粒表面形成鍵環產生附著。

Mc Dowell-Boyer（1985）將除污機制簡化為三類：表面濾除、濾床截留絆除及物化吸附作用。濾料所提供的顆粒表面積越大，對水中懸浮物的附著力越強。日本學者 Kawamura（2000）推測，當濾料孔隙約為 15% D_{10}，濾除顆粒大小約為 5% D_{10}，也就是說 D_{10} = 0.6 mm（600 μm），則濾料的濾除能力為 30 μm，經截留絆除、沉澱及物化作用後，快濾料層可望去除小至 10～20 μm 的顆粒。

快濾最佳除污能力為 10 μm 大小的懸浮物質，出水濁度與顆粒數量呈正比但非線性比例關係。快濾池的物理篩除及攔截作用可去除 30～40 μm 以上較大顆粒，粒徑 30 μm 以下主要靠物化機制去除。但有些藻類、細菌、病毒、梨形鞭毛蟲（Giardia lamblia）（5～15 μm）和隱孢子蟲（4～7 μm）等形體非常小（<10 μm），這些微生物會藏匿於懸浮顆粒中不易去除。為加強快濾功能，美國淨水場常會在濾除前添加 20～30 ppb polymer 快濾輔助劑（filter aid）。倘若有少部分雜質無法濾除，仍需要後端消毒處理。

表 6.2　快濾池除污主要機制

(1) 運送機制（transport mechanism）	
．篩除（straining） ．碰撞擊聚（impaction） ．攔截（interception） ．沉澱（sedimentation） ．擴散（diffusion）	．水力作用（hydrodynamics） ．動力膠凝（dynamic flocculation） ．生物生長（microorganism growth）
(2) 附著機制（attachment mechanism）	
．電雙層交互作用（electro double layer interaction） ．凡得瓦力（van der waals force） ．水合作用（hydration） ．互吸作用（interaction）	

6.4.3　快濾池組成和設計

1. 快濾池型式

(1) 按驅動力分：重力和壓力直接過濾。

(2) 依流向分：向下流、向上流及雙向流。

(3) 依濾料層分：單一傳統砂濾、雙層濾料、三層濾料（圖 6.3）或混合型濾料等不同濾料分層填充濾床方法，可改善單層濾料容易阻塞、水頭損失大及濾程短的缺點。

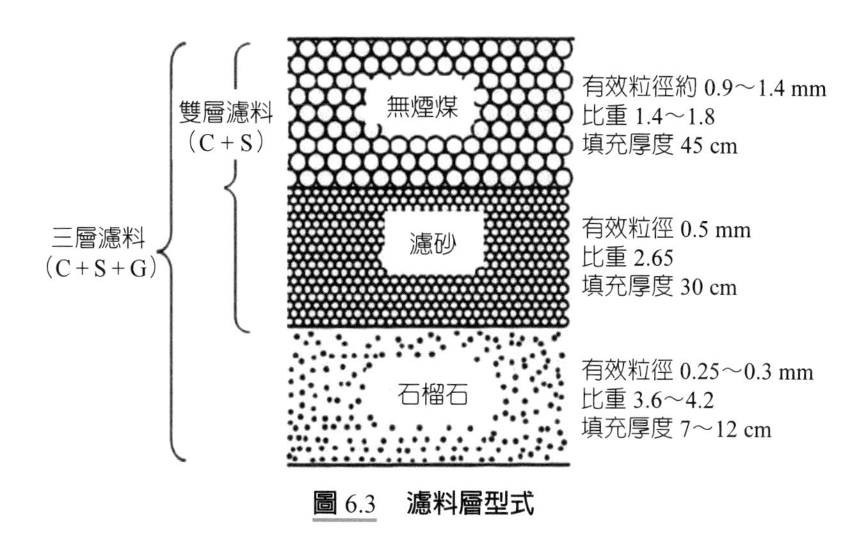

圖 6.3　濾料層型式

圖 6.4 為典型重力水流快濾池組成示意圖，包含進水、濾床、底部粗濾石及集水系統。濾池內有由無煙煤、濾砂、礫石等層層堆成的濾床，濾床上有成排的渠道，可使進水和緩的往下流，經由濾床砂層阻隔過濾出清潔乾淨的水。由於過濾層使用一段時間後會累積雜質降低過濾效果，須進行「反沖洗砂」，利用強力水壓將乾淨的水從濾池底部向上沖洗濾料，清除濾層中的雜質。故底部設有集水渠和洗砂排水渠，附屬設備包括水管廊配管、操控閥門、儀表控制、反沖洗及表面沖洗設備、制水閥、流量調節設備及壓力指示計等。

一般水場的過濾單元多採用重力式的快砂濾法，以定壓或定濾的方式決定反沖洗時機。過濾單元移除顆粒的機制主要發生在濾床內，又稱為深床過濾，以物理性篩除方式去除較濾料孔隙大的顆粒，並藉由傳送（transport mechanism）及吸著（attachment）去除較小顆粒。濾床由多種濾材組成，例如：三層濾料（C + S + G），上層填充無煙煤（anthracite，有效粒徑約 0.9～1.4 mm，比重 1.4～1.8，填充厚度 45 cm），中層為細砂（sand，有效粒徑 0.5 mm，比重 2.65，填充厚度 30 cm），下層為石榴石（garnet，有效粒徑 0.25～0.3 mm，比重 3.6～4.2，填充厚度 7～12 cm）。此種濾料粒徑從上而下由粗而細，稱為逆級配多層濾料（reverse-graded multi-media）。由表面層先濾去較粗之懸浮固體物，而後隨濾層孔隙率減少，去除大小不同固體物，全部濾層均可發揮效用。反沖洗後，因各層濾料比重不同，仍可維持原來層次。

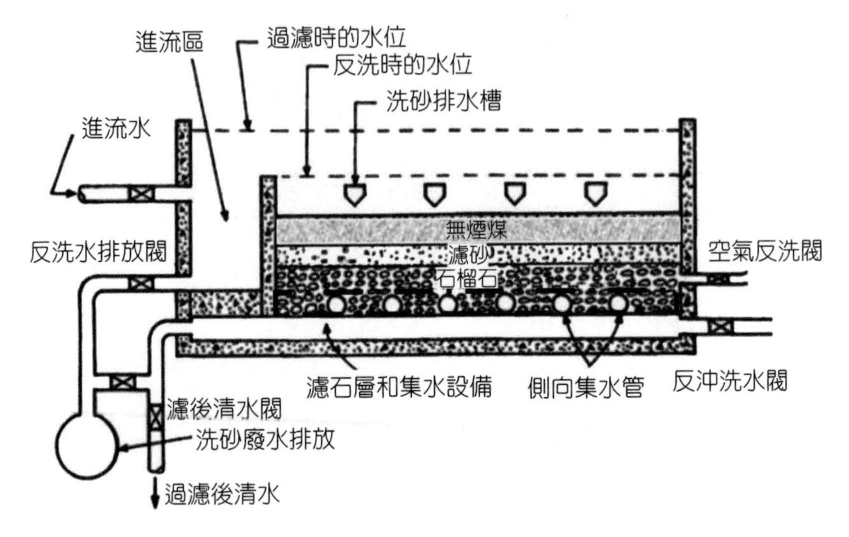

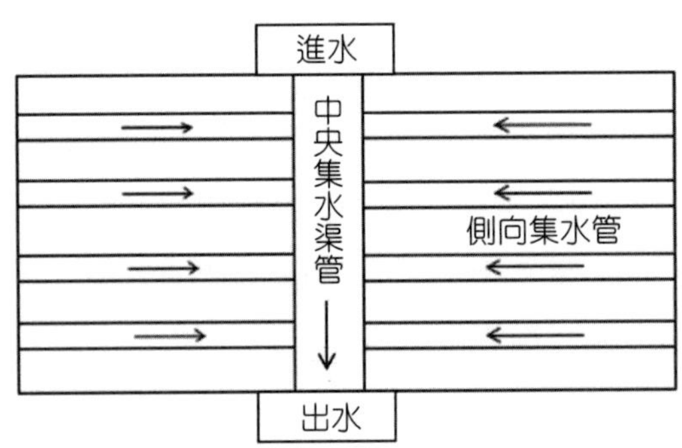

圖 6.4 典型重力流式快濾池

2. 設計原則和重要的因子

(1) 過濾效率 N：

$$N = \frac{Tv}{T_0 v_0} \tag{6.1}$$

平均有效濾程為 T 小時，濾速單位為 v m/hr，T_0 和 v_0 為設計值。Tv 乘積表示過濾池單位面積一次有效過濾水量。N 值越大表示生產效率越高。

(2) 貫穿時間：過濾經過一段時間後，出水濁度或損失水頭逐漸上升達到設計限度的時間。

(3) 濾料厚度和濾料有效粒徑的比值（bed depth/ media effective size）（d_{10} 或 d_e），L/d_e。

(4) 濾速：單位面積通過濾床的水量（m^3/m^2 · day 或 m/day）。

(5) 池內有效過濾水頭。

(6) 前處理效率及穩定度。

(7) 濾池構造，包括良好的集水及洗砂設備。

表 6.3　快濾池型式、濾速及濾料組成

濾料	濾池型式	粒徑及組成	建議濾速
細砂	慢濾池	D_{10}：0.25～0.35 mm UC：2～3 厚度：1～2 m 比重：≧ 2.65	3～6 m/d
中砂	傳統快濾池	D_{10}：0.45～0.65 mm UC：1.4～1.7 厚度：0.6～0.75 m 比重：≧ 2.65	120～180 m/d
粗砂	高速快濾池 深層濾床	D_{10}：0.8～2.0 mm UC：1.3～1.5 厚度：0.8～2.0 m 比重：≧ 2.65	180～360 m/d 常採空氣＋清水反洗
雙層濾料 （C＋S）	高速快濾池	無煙煤 D_{10}：0.9～1.4 mm UC：1.4～1.7 厚度：0.45 m 比重：≧ 1.5 石英砂 D_{10}：0.45～0.6 mm UC：1.4～1.7 厚度：0.3 m	180～360 m/d $\frac{d_c}{d_s}=\left(\frac{2.65-1}{S_c-1}\right)^{2/3}$ $S_c=1.55$（國外煤比重） $d_c \fallingdotseq 2.0\ d_s$ $\rho_w=1$
三層濾料 （C＋S＋G）	高速快濾池	無煙煤、濾砂同上 柘榴石（garnet） D_{10}：0.25～0.3 mm UC：1.2～1.5 厚度：0.07～0.10 m 比重：≧ 4.0	240～480 m/d
炭質活性碳	除微生物、THM、有機物、臭味之快濾池	D_{10}：0.5～1.0 mm UC：1.5～2.0 厚度：1.8～3.6 m 比重：≧ 1.35～1.37	240～360 m/d 空床接觸時間 （ECBT）15～30 min 於一般快速濾池後

(8) 良好的反沖洗操作技術，避免濾床受擾動、濾速急烈變化，避免泥球及負壓產生。

以下將先說明過濾水力學理論及重要參數的設計準則。

一、過濾水力學

1856 年學者達西（Henry Darcy）提出在液體通過均勻顆粒的穩定層流（laminar flow）介質時，流速與壓力梯度呈線性相關：

$$Q = KA\frac{\Delta h}{L} = KAI \qquad (6.2)$$

Q 是體積流量，A 是橫截面積，$\Delta h / L = I$ 是壓力梯度或稱水力坡降，Δh 是水頭損失，L 是通過的濾床厚度，K 是濾床的滲透係數，其值取決於多孔介質的尺度和液體的粘滯度，$K = k/\mu$（k 是介質本身的內在滲透係數（intrinsic permeability），μ 為流體的黏滯係數），也有人發展以下關係：

$$K = c(0.7 + 0.03t)d_e^{\,2} \qquad (6.3)$$

c：多孔隙介質的相關係數（for most sizes, $c = 124$）。

t：水溫（℃）。

d_e：多孔隙介質的有效粒徑（cm）。

將第 6.2 式重新整理可得濾率（或稱濾速）v 與水力坡降關係：

$$v = K\frac{\Delta h}{L} = KI \qquad (6.4)$$

濾率高低是影響過濾成果因素之一，達西定律並沒有考慮孔隙率影響，但濾材空隙和濾材形狀的確會影響流速和水頭損失，因此前人曾透過模擬孔隙內毛細管流實驗，推導出以下關係式（Kozeny equation）：

$$\frac{\Delta h}{L} = k\frac{\mu}{\rho}\cdot\frac{v}{g}\cdot\frac{(1-\varepsilon)^2}{\varepsilon^3}\left(\frac{A}{V}\right)^2 \qquad (6.5)$$

ε 代表濾材的孔隙率，k 代表介質本身的比滲透係數（約為 5.0），V 是濾料顆粒總體積，A 是橫截面積。對圓形顆粒來說，ψ 是濾料球的形狀因數或稱扁平率（sphericity factor），代表顆粒為圓球體的表面積和實際顆粒真正表面積的比值。當顆粒幾乎是圓形時，$\psi = 1$；若顆粒越扁平或尖銳，$\psi < 1$，其內形成的孔隙 ε 就越大。在設計濾床時我們需要較大的孔隙空間來增加單位面積的過濾通量，所以濾材形狀應選擇不太圓滑的。扁平率 $\psi = 0.8$（細砂）～0.7（無煙煤）；濾料孔隙率 $\varepsilon = 0.42$（細砂）～0.50（無煙煤）。

若將濾砂粒徑和形狀納入水頭損失函數，$A/V = 6/\psi d$，重新整理式 6.5 可得到下式，Carman-Kozeny 公式：

$$\frac{\Delta h}{L} = k\frac{\mu}{\rho}\cdot\frac{v}{g}\cdot\frac{(1-\varepsilon)^2}{\varepsilon^3}\left(\frac{6}{\psi d}\right)^2 \tag{6.6}$$

當濾料粒徑 d 與孔隙率 ε 越小或濾床深度 L 越大，水頭損失越大。

二、濾料和濾床厚度

快濾池常用濾料包括濾砂（sand）、石榴石（garnet）、無煙煤（anthracite）、鈦鐵礦（ilmenite）和顆粒狀活性碳（GAC），表 6.3 列出濾料基本性質，包括比重、有效粒徑和均勻係數及孔隙率等，以及濾床型式。無煙煤孔隙率大也比較輕，通常置於濾床頂部，石榴石和鈦鐵礦砂比較重，多置於濾料層底部。某些濾料層中會夾帶顆粒狀活性碳（GAC），以提高吸附微量有機物的能力。上一章節提到，濾床的孔隙率與濾料大小和形狀有關，使濾料上下層形成一個分級的篩。濾料的粒徑組成可以經由篩分析實驗取得，以粒徑分布曲線表示，如圖 6.5。d_{10} 代表通過百分比為 10% 時，其所相應之土粒直徑，又稱為「有效粒徑 d_e」。d_{60} 代表通過百分比為 60% 時，其所相對應之土粒直徑。均勻係數（uniform coefficient, UC）代表顆粒分布的均勻程度：

$$UC = \frac{d_{60}}{d_{10}} \tag{6.7}$$

表 6.3 濾料 UC 值多介於 1～2 間，代表屬於均勻分布組成。

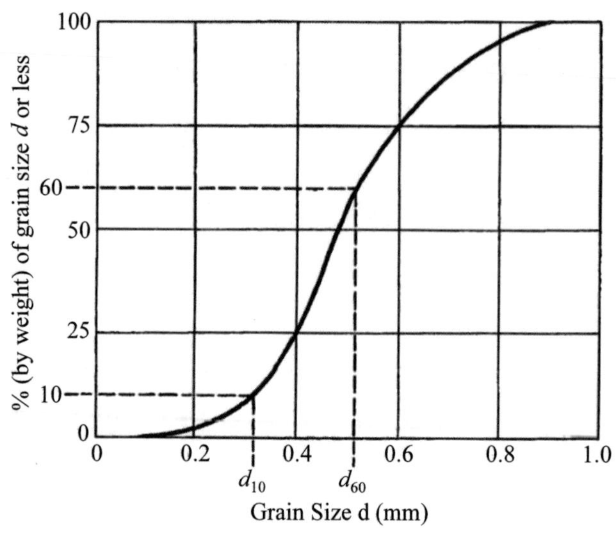

圖 6.5　粒徑分布曲線

已有許多研究指出：濾料厚度與濾料的有效粒徑 d_e 比值（L/d ratio），可代表濾料提供表面積大小，是快濾池過濾效能的關鍵因素，或可用以評估濾池濾料級配的合理性或優越性：

$$E = \frac{C_e}{C_O} e^{-nL/d} \tag{6.8}$$

上式兩邊取 log 得到下式

$$\frac{L}{d} = \frac{2.3}{n} \log \frac{C_O}{C_e} \tag{6.9}$$

其中 $n = 0.005$，C_o 為進水懸浮物質之顆粒數，C_e 為過濾水殘留懸浮物質之顆粒數。假如期望過濾效率為 99.9%，則根據式 6.7 計算的 L/d 值：

$$\frac{L}{d} = \frac{2.3}{0.005} \log \frac{1}{1 - 99.9\%} = 1,380$$

假如過濾效率降為 99%，計算 L/d 值為 920。故增加濾料 L/d 值（即表面積更大），快濾效率越高。從技術面視之，L/d 值是越大越好。但綜合經濟考量，工程設計應使 L/d 值可滿足提供最低量值的濾料表面積並能達到預期過濾出水水質來設計。是以選用優良的顆粒級配與合宜的濾層厚度方是保證過濾效果的關鍵，L/d 值選擇也受到工程師的日益重視。

設計經驗要求每平方公尺濾池，所有濾料之總表面積 $\sum a$ 應大於 2,800 m^2，或為 3,000 m^2：

$$Particle\ count(N) = \frac{(1-\varepsilon)\times L\times 1.0\ \text{m}^2}{\pi\cdot d\cdot\psi^3/6} \tag{6.10}$$

$$\sum a = N\cdot\pi\cdot d\cdot\psi^2 = \pi\cdot d\cdot\psi^2\frac{(1-\varepsilon)\cdot L}{(\frac{\pi\cdot d\cdot\psi^3}{6})} = \frac{6(1-\varepsilon)}{\psi}\cdot\frac{L}{d} \tag{6.11}$$

d：平均粒徑（約為 1.5 d_e）。

ψ：扁平率（sphericity）$\psi = 0.8(\text{sand})\sim 0.7(\text{coal})$。

ε：濾料孔隙率，$\varepsilon = 0.42(\text{sand})\sim 0.50(\text{coal})$。

例題 1

細砂濾床，若細濾砂有效粒徑 d_e = 0.05 cm，ε = 0.42，ψ = 0.8，$\sum a$ = 3,000 m^2 時，請計算濾床最小厚度。

答：

將已知參數值代入式 6.9，求出 L/d = 690；L/d_e = 1,035，d_e = 0.05 cm，

故設計濾料最小厚度 L_{min} = 1,035×0.05 cm = 52 cm（設計取整數 60 cm）。

早期傳統快濾池使用單層濾料：較細濾砂（d_e = 0.45～0.5 mm），雖能增加物理篩除能力，但濾床容易阻塞，濾程較短且生產力不高（生產力 = 濾程時間×濾速），故後來發展出雙層濾料：無煙煤加濾砂（C + S），及三層濾料：

無煙煤加濾砂加石榴石（C + S + G）。濾料選用之新趨勢是採粗粒徑的深層濾床，提供較大之濾料表面積及滿意的過濾效果。Kawamura（2000）根據 200 個模型廠實驗結果提出不同濾料厚度與有效粒徑比值之設計準則如下：

$$L/d_e \geq \begin{cases} 1{,}000 & \text{單一濾料或雙層濾料}（L/d_e = L_s/d_s + L_c/d_c） \\ 1{,}250 & \text{三層濾料（無煙煤、細砂和石榴石）} \\ 1{,}250 \sim 1{,}500 & \text{較粗的單一濾砂層}（d_e = 1.2 \sim 1.4\text{mm}） \\ 1{,}500 \sim 2{,}000 & \text{更粗的單一濾砂層}（d_e = 1.5 \sim 2.0\text{mm}） \end{cases}$$

依工程經驗：

雙層濾料的濾床厚度 $\Sigma L = 75$ cm，$L_c = 45$ cm，$L_s = 30$ cm。

三層濾料厚度，多一層石榴石，$L_g = 7 \sim 12$ cm，故總厚度 $\Sigma L = 80 \sim 85$ cm。

台北直潭淨水場使用單一濾砂 $d_e = 1.0$ mm，$L = 1.4$ m，$L/d_e = 1{,}400$，介於 Kawamura（2000）建議合理範圍內。我們仍應注意濾料均勻係數 $UC = 1.5 \pm 0.1$，濾料最大粒徑不應大於 2.0 mm，過粗或過細的粒徑均不適用。

三、濾速

濾速高低是影響過濾成果因素之一，早期快濾池濾率採 120 m/day。日本水道協會至今仍訂 120 m/day 為設計原則。濾速能否提高，須視原水水質、前處理、濾床構造及水質安全性及濾池生產力（工程經濟面）而定。台北水質較好，300 m/day 濾速可行。台灣自來水公司訂 200 m/day 為設計原則，對一般原水大致可行，但對部分受污染或優養地面水源，採用 AWB 型快濾池或直接過濾，及地下水以氣曝加快濾處理等狀況，200 m/day 設計濾速可能過高，容易造成濾床堵塞。在良好前處理條件下，Kawamura 建議各型快濾池之適當濾速如表 6.3，範圍約 120～360 m/day。如果採直接過濾法處理時，因原水水質非絕對不變，設計濾率也應保守為宜。

四、池內有效過濾水頭

快濾池可利用的靜水頭（available static head）與快濾池出水控制堰的水頭差，減去濾料自身、集水系統、濾出水渠道與管件及濾率控制閥等所造成的水頭損失，稱為最終水頭損失（terminal head loss）或池內有效過濾水頭（head available for driving force），一般約為 2.0～2.5 m。

清潔的快濾池水位高程差一般為 0.3～0.6 m，視濾料規格與操作濾率而定。出水控制方式為控制堰高度及出水渠道的安排等。隨著濾程進行，水頭損失會增加約 1.5～2.0 m，這是污物逐漸停留及阻塞濾床造成。監測快濾池水頭損失上升的速度，是快濾池操作的重要指標，可以了解到達快濾池之前的處理是否適當，快濾池是否發生表面阻塞或濾料層空氣阻塞現象。例如：添加過量混凝劑，造成快濾池水頭損失加劇；沉澱池膠羽顆粒沉澱效能不佳使出水濁度升高；濾料層發生空氣阻塞（air binding）造成濾料內部負水頭。當水頭損失達快濾池最高操作水頭的 90～95%，即啟動反洗。水頭損失一般以量測濾料底部與濾料上方的壓差（kPa 或 mm H_2O）表示。

五、反沖洗操作

1. 濾床的膨脹

濾程結束後需用清水或併用空氣反向沖洗（backwash），將濾床內截留積存污物沖洗排出，方能重新過濾（見圖 6.6）。操作時先要把快濾池與沉澱池相連的入水口關閉，讓快濾池裡的水流光，之後再將洗沖水塔的清水由下往上加壓逆向通過快濾池攪動砂層，讓濾砂與濾石間附著的雜質和泥質被沖出，一直到沖出水恢復澄清才停止。反沖洗需要的水量約為過濾水量的 2%，洗砂程序平均約 10～15 mins。由於反沖洗會使濾料膨漲而擾動砂層，濾床的膨脹（filter bed expansion）和孔隙率（bed porosity）有關：

$$\varepsilon = \frac{V_V}{V_T} = \frac{V_T - V_M}{V_T} \tag{6.12}$$

ε：濾床孔隙率，$\varepsilon = 0.42(\text{sand}) \sim 0.50(\text{coal})$。

V_V：濾床內的空隙占有體積（m^3）。

V_T：濾床總體積（m^3）。

V_M：濾料本身的體積（m^3）。

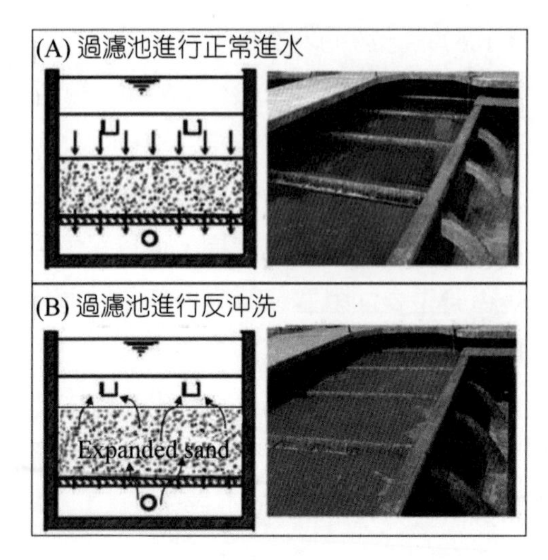

圖 6.6　過濾池正常過濾及反沖洗操作

濾床膨脹率：

$$\frac{l_e}{l} = \frac{1-\varepsilon}{1-\varepsilon_e} \tag{6.13}$$

l：固定濾床深度（m）。

l_e：膨脹後濾床深度（m）。

ε：固定濾床孔隙率。

ε_e：膨脹後濾床孔隙率。

進行反沖洗，多層濾料因比重不同，除接觸面有少許混合外，上下層間應不會混亂。然而為防止輕質濾料過分膨脹流失，應考慮粒徑粗細與密度之關係式，假設水密度 $\rho_w = 1$，Alen's law：

$$u_t = 0.22\left(\frac{\rho_s - \rho}{\rho} g\right)^{2/3} \frac{d}{(\frac{\mu}{\rho})^{1/3}} \tag{6.14}$$

$$\rightarrow \frac{d_C}{d_S} = \left(\frac{\rho_S - 1}{\rho_C - 1}\right)^{2/3} \tag{6.15}$$

u_t：顆粒沉降速度。

ρ_s：濾砂比重。

ρ_c：無煙煤（或其他濾料）之比重。

d_c：無煙煤（或其他濾料）之有效粒徑。

d_s：濾砂之有效粒徑。

$\rho_w = 1$。

假設：$d_s = 0.5$ mm，$\rho_s = 2.65$，$\rho_c = 1.5$，$\rho_{garnet} = 4.0$。

對應之粒徑關係：$d_c = 1.10$ mm，$d_g = 0.33$ mm。

實務上，假如濾砂有效粒徑為 0.5 mm，無煙煤粒徑（為兩倍濾砂有效粒徑）= 1.10 mm，石榴石粒徑 = 0.25～0.3 mm，此粒徑配比將不致發生輕質濾料過分膨脹流失問題。

反沖洗期間濾料層的水頭損失：

$$\frac{h_L}{l_e} = (\rho_m - 1)(1 - \varepsilon_e) \tag{6.16}$$

h_L：水頭損失（m）。

ρ_m：濾料比重。

l_e：濾料厚度（m）。

ε_e：膨脹後濾床孔隙率。

2. 反沖洗時機

正常操作下，反洗時機到達時間是根據兩個監測指標決定（圖 6.7）：

(a) 最大水頭損失（max usable head）：2～2.5 m（Kawamura 認為 1.8 m 最佳）。

(b) 最大允許濁度（max permissible turbidity）：0.5～1.0 NTU。

只要上述 (a) 或 (b) 項其中之一先達到，例如水頭損失達最高操作水頭的 90～95%，或者過濾後濁度升高至最大允許濃度 90～95%。對於出流水水質檢測大多利用線上濁度連續偵測儀進行監控，包括：濁度計（0.01～10 NTU）和粒徑分析儀（含顆粒數目及粒徑分布百分比，最小可偵測至 0.3 μm）。隨著濁度變化趨勢圖可掌握反沖洗停止的時間，反洗水濁度監測儀是設置在離濾料上表層 45 cm 處或水深 30～60 cm 處。

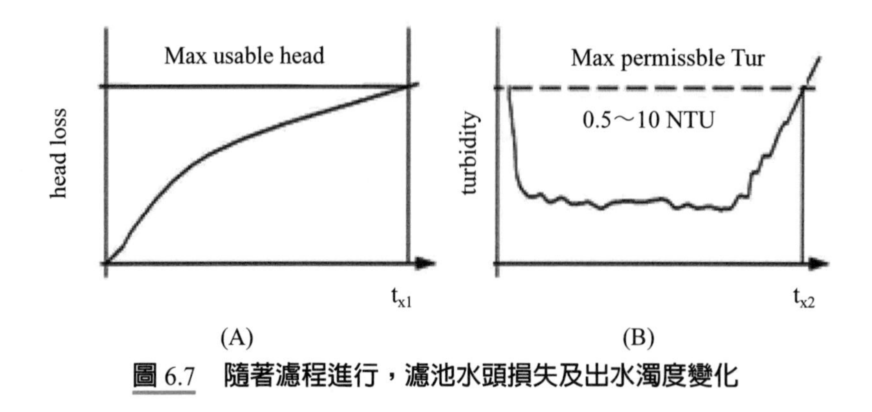

圖 6.7　隨著濾程進行，濾池水頭損失及出水濁度變化

合理的濾程範圍（t_x）是 24 至 48 hrs，若濾程時間小於 24 hrs，表示濾池負荷過大，可能原因包括：濾前處理不完善、進水有含藻、洗砂不完全及無煙煤破碎等。濾程時間也不宜大於 48 hrs，太長易造成砂面積垢（泥球）或濾床內溶氧下降。如圖 6.7，如果 $t_{x1} >> t_{x2}$ 也不好，表示過濾前處理不佳或濾床不良。最好的過濾操作是「達到最大水頭損失時間」（t_{x1}）小於「達到最大濁度所需時間」（t_{x2}），$t_{x1} < t_{x2}$。

3. 濾池反沖洗方式

(1)清水反洗（用於小系統、除氧化鐵錳，單層砂濾料時）。

(2)清水表洗併用反洗（圖 6.8 (1)）。

(3)清水併空氣反洗（圖 6.8 (2)）。

(1)清水表洗（surface wash）

濾程結束前濾床表面開始有積垢，尤其是雙（三）層濾料，無煙煤層空隙大，容易聚集含膠羽的泥塊。故應先進行表面沖洗，增進反沖洗之洗淨度。表面沖洗的設備有旋轉臂式及固定噴嘴式兩種：

(a)旋轉臂式表面清洗（rotating-arm surface wash）：其構造在砂面約 5 cm 上，每分鐘能旋轉 7 至 10 次之水平水管，並在水管側面及末端設噴嘴。沖洗量 $Q = 70～100\ CMD/m^2$，壓力 $P = 5～6\ kg/cm^2$，效果最好。

(b)固定噴嘴式表面清洗（fixed-jet surface wash）：固定式垂直管或是固定式水平管，沖洗量 $Q = 200～300\ CMD/m^2$，$P \geqq 1.0\ kg/cm^2$，每支噴射範圍約直徑 60 cm ϕ。

(c) 表洗併空氣沖洗（air scouring）：表洗前先以高壓空氣沖刷，由下向上沖刷數分鐘，再進行表洗。

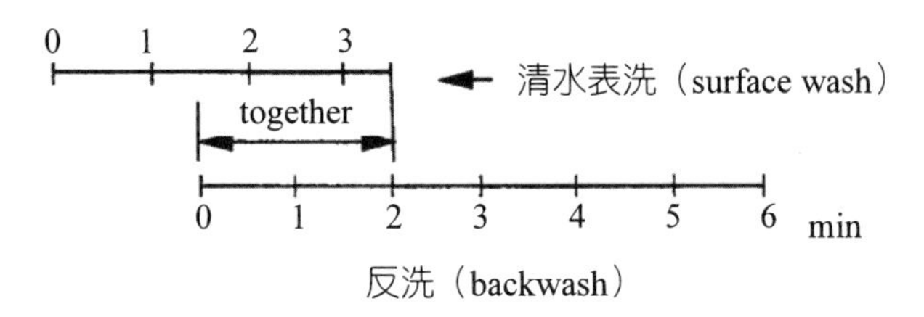

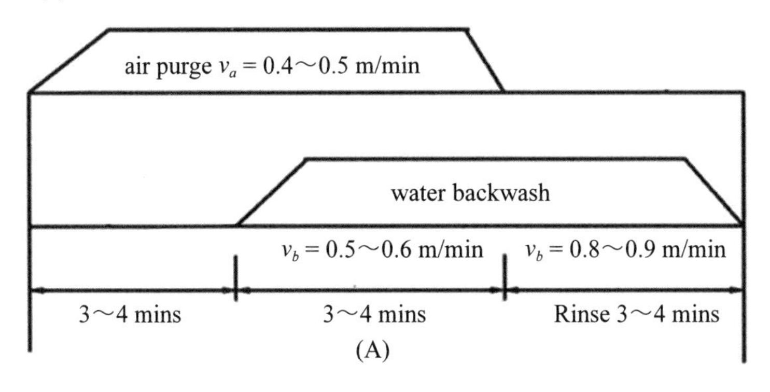

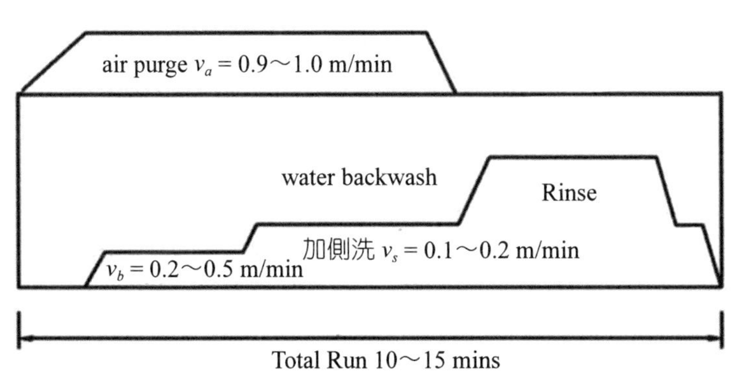

圖 6.8　濾池反沖洗方式：(2-A) 美國水場雙層濾料；(2-B) 法國深層砂濾床

(2)清水反洗（backwash）

反沖洗砂率（backwash water flow rate, v_b）和濾料粒徑及水溫有關。Kawamura（2000）建議以下的關係式：

$$v_s = 0.1v_s \quad (6.17)$$

v_s：20℃平均粒徑之終端速度。

參考本書第五章，第 5.2 節沉澱理論，式 5.6，當粒徑介於 0.01～1.0 mm 之間時，終端速度 v_s 約等於 10 d。因此重新整理得到：

$$v_s = 0.1\ v_s = (0.1) \times (10\ d_{60}) = d_{60} \quad (6.18)$$

假設：

$d_{10} = 0.5$ mm，$d_{60} = 0.75$ mm。

backwash rate $v_b = 0.75$ m/min。

如果現場水溫較高，反洗率需修正黏滯係數 μ。台灣使用的反洗率範圍約 0.8～1.0 m/min。美國水協會（AWWA）建議清水表洗＋清水反洗砂程序（如圖 6.8 (1) 所示）：

(a) 當水降低至濾料表層上 10 cm 時。

(b) 先以表面沖洗 2～3 mins，再同時用反洗水 1/2 Q 水洗 5～6 mins。

(c) 停表洗，用 1.0 Q 反沖洗 1～5 mins。

(d) 總沖洗時間為 10 mins。

(e) 當反洗水之濁度降低至 10～15 NTU 時，即可終止反洗。

(3)清水併空氣反洗

為節省反沖洗水量，先以高壓空氣清洗表面積垢再輔以反沖洗。總沖洗時間約為 10～15 mins，如圖 6.8 (2) 所示。

A. 美國水場雙層濾料作法：

池內水位降至砂面上 10 cm 時，先高壓空氣氣洗（purge）3～4 mins（v_a = 0.4～0.5 m/min），合併加入反沖洗水（v_b = 0.5～0.6 m/min）3～4 mins，最後再以清水（v_b = 0.8～0.9 m/min）潤飾（rinse）3～4 mins。雙層濾料層約產生 30～40% 膨脹率，目的在加速漂浮之污物被沖出，非增加沖刷力。洗淨後可回復無煙煤在上、濾砂在下之分離界面。

B. 法國 Degremont 公司在深層砂濾床（coarse sand, $d_s \geqq 1.0$ mm）作法：池內水位降至洗砂槽頂時，先以較大流量的高壓空氣清洗（v_a = 0.9～1.0 m/min），再合併加入反沖洗水（v_b = 0.2～0.5 m/min），視濾床膨脹率調整流量。此法有加入側沖洗（v_s = 0.1～0.2 m/min），沖洗水來源是沉澱原水，但現地若設置洗砂支槽時，則免側洗。

法國用大空氣量及少水量反沖洗方式已能將濾床洗淨。但有人指出泥球仍難以用高壓空氣沖碎洗淨，所以控制泥球最好清洗程序是：表洗 + 高壓空氣 + 反洗，且沉澱水的濁度應降至 2～3 NTU，濾程小於 36 hrs。

4. 反沖洗操作應注意問題

反洗時機多由水頭損失、濁度貫穿或過濾一定時間來進行反洗判斷，最常控制方式是以過濾一定時間進行反洗，但由於每個淨水場前端混凝處理效果不甚相同，且快濾池操作方式亦不同，因此反洗次數不足或過於頻繁均會造成快濾操作時的問題，若反洗次數不足，會使過濾水質不佳，影響淨水場出水品質；反洗次數過於頻繁，會造成能源及水資源的浪費（黃志彬，2009）。

六、濾石層及集水設備

如圖 6.4，過濾池底部設置濾石層和集水設備（filter underdrain system）的功能包括支撐濾料防止漏失，使過濾出水均勻收集及在不會破壞介質情況下，均勻將反沖洗水分配至濾料層。濾石粒徑 d_s 為 3～60 mm，鋪設厚度 30～40 cm，依不同型式集水設備而定。

集水設備型式很多元（如圖 6.9 所示）：

1. 多孔版或多孔磚（perforated plate or tiles）

底部鋪設多孔版（或磚）結合陶瓷燒版，配合均勻鋪設的主渠和支渠收集濾出水。這類多孔管型式上需鋪有 40～50 cm 厚度，粗到細級配過的粗濾石層。商用如塑料楔型模組（LEOPOLD）（圖 6.9 (a)）。

2. 惠勒氏濾床（Wheeler Bottom）

以惠勒氏 RC 製預鑄濾版，固定於池底版支柱，於版上倒放呈倒金字塔型的五或十四個特製陶磁球（圖 6.9 (b)），透過適當的配置使流速均勻分布。陶瓷球的頂部仍須放置分級的礫石層約 30 cm 以支撐上面的過濾介質及分配反洗水。

3. 傳統濾水頭（nozzles）型式

將濾水頭安裝在支撐底版（PP 模版 +RC 場鑄版）的插槽（slot）上，或固定於底版上的集水管（圖 6.9 (c)）。濾水頭管徑應小於濾料尺寸（slot < d_{50}），其上需鋪 5～10 cm 厚度的粗濾石層，若為平口濾水頭則免鋪濾石層。

集水設備在濾層底部，平時修理維護不易，應選用經久耐用、耐壓及耐蝕等材質。

七、過濾操作障礙及干擾

1. 負水頭及空氣阻塞

當快濾池表層濾料被堵塞至一定程度時，更深濾料層內部的水頭損失會逐漸增加，當水頭損失增加到大於濾料層上方水深時，濾料層內部將產生真空現象，稱為「負水頭」（negative head）。如圖 6.10，快濾池內水頭損失曲線剖面，過濾後期靠近濾料層表面水頭損失超過某一界線，產生部分真空現象。水中溶解性氣體易因壓力變化使溶解度降低而逸出，這些水中的小氣泡積聚於濾料間空隙至一定程度時，遂造成空氣阻塞（air binding）。氣泡會阻礙水流經過濾床，並使沒有空氣阻塞的局部濾料層的濾速加速，而將原先附著污染物沖刷下來，使得濾出水濁度飆高。其次，當快濾池操作水頭（深度）不足，或是水中溶氧較高時也容易發生空氣阻塞現象。防止方法可經由過濾池之設計或改變操作方式予以避免。例如：設計較深的濾池（使操作水頭提高），濾出水渠安裝控制堰，或以減速過濾方式操作。

2. 泥球積聚

泥球（mud ball）是由殘餘膠羽、細泥和其他固體物結成球狀形成，其直徑可達 20～50 mm。比重比較小的泥球會累積在濾床上，比重比較大的則會穿過濾料進入孔隙內。如果濾料層有破裂形成裂縫，也會讓泥球進入砂層。透

(a) 塑料楔型模組（LEOPOLD）；(b) 惠勒氏濾床；(c) 傳統濾水頭

圖 6.9　濾池底部集水設備型式

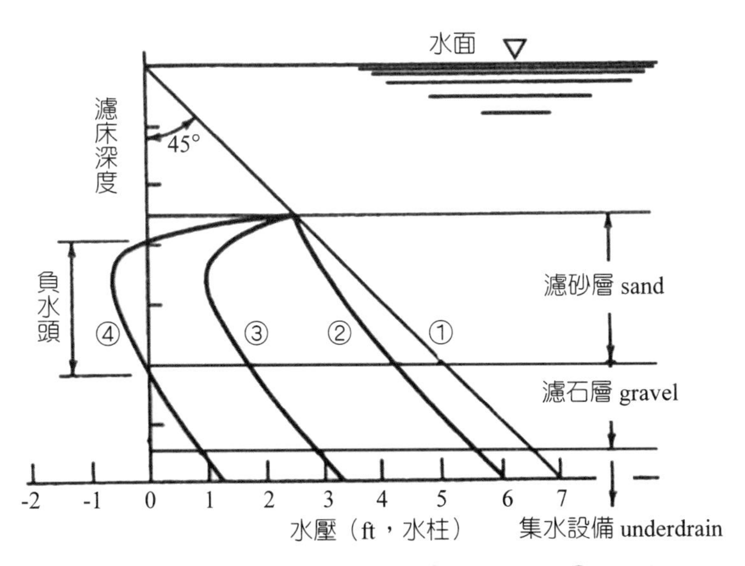

①靜水壓，未過濾；②過濾初期；③過濾中期；④過濾後期

圖 6.10　快濾池內水頭損失曲線剖面

過反沖洗可將這些泥球沖出，或配合表層高壓沖洗把這些附著的泥球打散。

3. 砂垢

如果原水有經過石灰軟化處理，過濾時水中碳酸鈣容易結晶析出並附著在濾料表層，稱為砂垢。處理方法是在石灰蘇打灰軟化處理後，加入二氧化碳予以再碳化（recarbonation）處理，減少碳酸鈣沉澱。

4. 噴砂及濾砂翻攪

如果濾床充填不均勻，造成濾料內孔隙率及濾床的滲透係數不均勻，反沖洗時容易造成某些阻力較小的通道流速過高，砂粒隨水流上衝形成噴砂或翻攪現象。

5. 漏砂

因操作不當造成噴砂及濾砂翻攪時，容易使濾砂掉入集水系統，造成濾料損失，稱為漏砂。

6. 濾料流失

反沖洗時若沖洗速度太大或併空氣清洗時壓力過大，可能造成濾料膨脹過多使溢出濾床，造成濾料流失。故應適時調整清洗速度。

6.5 快濾池設計及操控型式

重力式快濾池的設計規範準則請參見表 6.4。快濾池以長方形鋼筋混凝土構造為原則。池數應為兩池以上，並視需要設置備用池。其長度與寬度比為 2～4（整數），應考慮底部集水設備、表面洗砂排水槽、表面清洗設備等配置而決定。快濾池內濾料面以上之水深應在 1.0 m 以上，並保留約 30 cm 出水高度。洗砂排水槽的支槽（wash trough）長度應小於 6 m，約 3～4 m 較理想。

表 6.4 快濾池參數設計準則

參數	範圍
濾床型式	雙層濾料（C+S）
濾率（filtration rate）	180～360 m/day
濾床面積（m^2）	100～150 m^2
濾池長寬比	2～4
濾料層上層	無煙煤 d_e：0.9～1.4 mm UC：1.4～1.7 比重：≧ 1.5
濾料層下層	石英砂 d_e：0.45～0.6 mm UC：1.4～1.7 比重：≧ 2.65
濾床厚度（bed depth）	無煙煤：0.45 m 石英砂：0.3 m
操作水頭高度（required head）	2.5 m
有效水深（effective depth）	>3 m
濾程（run length）	24～48 hrs
反沖洗速率	約 0.8～1.0 m/min
反沖洗時間	約 10 mins
反沖洗水量	約為過濾水量的 2～4%

資料來源：Kawamura (2000)。

6.5.1 快濾池數目及配置

1. 快濾池數目

以最大日處理量 Q_{max}，估計適當池數 N：

$$N = 1.2\,Q^{0.5} \tag{6.19}$$

N：過濾池數目。

Q：最大日處理量（MGD）（1 MGD = 3,785 m^3/d）。

池數 $N \geqq 2$，最好為 4, 6…… 偶數

假設 $Q = 100{,}000$ CMD，$N \geqq 6$；$N = 1.2 \times (\frac{100{,}000}{3{,}800})^{0.5} = 6.15 \cong 6$。

$Q = 400{,}000$ CMD，$N \geqq 12$；$N = 1.2 \times (\frac{400{,}000}{3{,}800})^{0.5} = 12.31 \cong 12$。

每一濾池面積 $a = A/N$，A 為總面積，N 為過濾池數目。

每一濾池最大面積：美國 < 150 m^2，日本 100 m^2 左右為宜。

2. 濾池配置（圖 6.11 為快濾池常見配置示意圖）

(1) 依 Q、N 而定：$N \leqq 6$，濾池可在水管廊一側，單排配置。$N \geqq 6$ 常用雙排對稱，中間夾水管廊，濾前處理設備亦同。

(2) 依濾池面積 A 而定：$A \leqq 20$ m^2，進排水主槽置於一側；$A \geqq 30$ m^2，濾池可分兩側。

單排快濾池

雙排快濾池

圖 6.11　快濾池常見配置

6.5.2　快濾池操控型式

快濾池多採重力流方式，依控制與操作方法不同，分為下列六種：

1. 定速流快濾池（constant rate filtration）

隨著濾料層阻塞，快濾池進水量及池內水位不控制，而是在濾出水管裝設濾速控制器或電動閥與流量計連控調節，維持一定的濾速過濾。台灣早期興建之大型淨水場多採此型式。缺點是：操作時如池內水位低，易產生負壓。

2. 定速率定水頭快濾池（constant rate and constant head filtration，圖 6.12 (A)）

將濾池進水量以進水渠分水控制，過濾池內水位維持一定（ΔH < 0.1 m），過濾出水管裝電動閥，開度由池內水位連控保持一定。故濾料層上下游水位均保持一定，作用在濾料層的水頭差不變，稱為定水頭過濾。定水頭濾池設定水位與出水管高差為 H，則 H 恆等於操作水頭 H_1 加 H_2（過濾水頭損失與出水開度損失和），三者皆為定值，故濾速變化很小，水壓力穩定，過濾水質較佳。且因過濾初期濾速較低，可避免一般濾池剛過濾時（10～20 mins）出水濁度偏高之缺失。此型快濾池於 1980 年左右由法國 Degremont 公司引進（V 型濾池），台灣近年新建淨水場幾乎都採此型式。

3. 定速率變水頭快濾池（constant rate and variable head filter，圖 6.12 (B)）

濾池進水量由進水渠平均分水控制，出水管上無控制閥，但固定出水堰高度，保持固定濾速。濾池內水位由初濾時約在低水位 LWL，隨著過濾水頭損失增加逐漸上升至預定高水位 HWL（2.0 m 左右），完成濾程開始反洗。此型快濾池的每池可獨立操作，水池深度較深，可防止濾床內負壓和空氣阻塞發生。

4. 變速流快濾池（declining rate filtration）

控制最大濾率不超過 300 m/day 開始變速（減速）過濾，濾池進出水量不設流量控制設備，過濾初期濾床阻力小，濾速較快。隨著水頭損失逐漸增加，濾速變小，過濾池內水位上升至接近高水位 HWL 時（或水頭損失達 2～2.5 m），停止過濾進行反洗。據試驗每一濾程生產水量較定速流為多，但因初濾時濁度偏高，美國有些州並不鼓勵採用。台灣早期若干小淨水場無濾率控制設備，其實際操作接近此變速流型式。

5. 自動平衡式快濾池（綠葉式快濾池，green leaf filter）

綠葉式快濾池是群組式濾池，以一組濾池共用串通的清水池，濾池數至少分八池以上共同運轉。無洗砂設備與水管廊，所有濾池過濾水均進入共同清水渠（有多餘水才進清水渠），再由清水渠一端固定堰溢入清水池貯存。固定堰

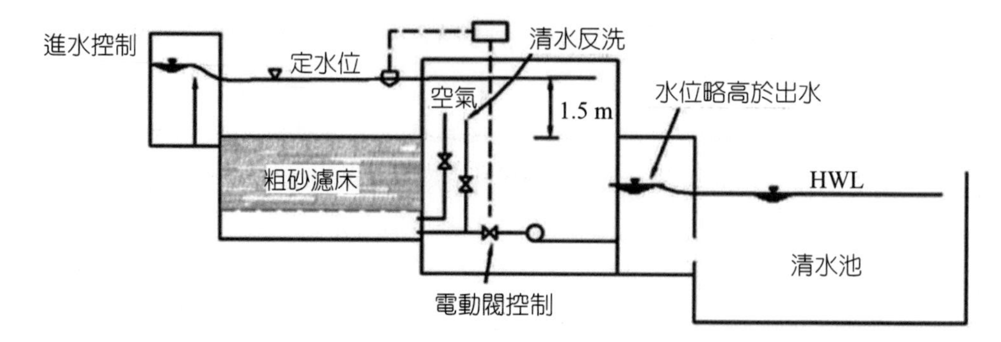

(A) 定水頭快濾池（constant head filtration）

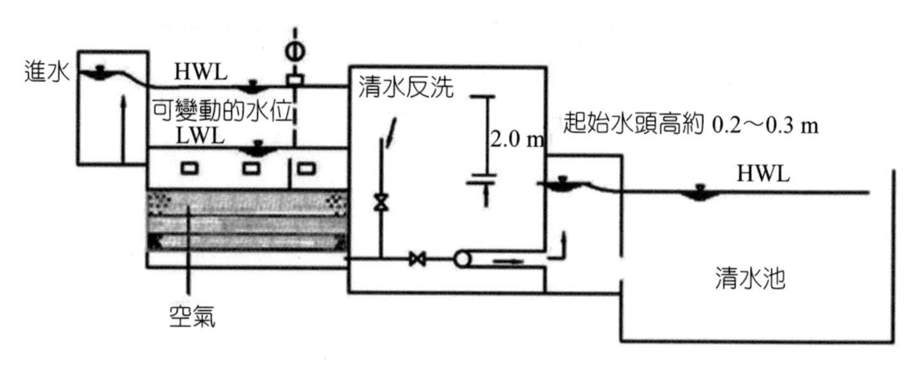

(B) 變速流快濾池（declining rate filtration）

圖 6.12　快濾池操控型式

高於濾池內洗砂槽 1.0～1.5 m（作為反沖洗水頭），當其中一池進行反洗時，綠葉式濾池便以虹吸作用，由其它七個濾池過濾水供應作為反沖洗水。過濾時池內水位變化同變速流快濾池，水位由低逐漸上升至高水位（可視為水頭損失）。由於過濾出水位甚高，濾床不會產生負壓，濾池全深 > 6.0 m。但此型濾池缺點為反洗係利用池間液位差為之，水位差過小可能造成反洗效果較不理想，濾料間泥球不易去除，使濾程持續縮短。台灣 1971～1980 年間興建許多綠葉式快濾池（明德、新竹、台北長興、山上），每池過濾出水口均加裝閘門以方便各池維修。

6. 自動反洗快濾池（automatic backwash filter）

ABW（automatic backwash）快濾池或稱哈丁式濾池（Hardinge filters），是屬於可自動反洗的淺床快濾池。快濾池分成進流區、過濾區及清水區，過濾區內部用不銹鋼（SUS）鈑隔成約 20 cm 寬度的許多條狀小濾池單元，或用 RC 鋼筋混凝土板隔成 60～90 cm 寬的小濾池。池頂設軌道行走操作台，台上置 PLC 可程式控制箱控制洗砂反洗泵、廢水泵及行走馬達，依池內水位信號自行過濾反洗。當反洗時車台緩走於過濾池上，反洗泵將清水自濾材下方送入，透過多孔板將濾材膨化，反洗廢水由反洗廢水收集罩收集，經泵浦送至廢水收集渠排出池外，每次只洗 1～2 單元，其他單元仍在過濾，故可利用過濾水直接反洗。

ABW 式濾池底使用透水版或塑膠濾水頭，濾料厚度 27.5～40 cm，允許過濾水頭損失僅 15～30 cm，故每日需反洗 4～6 次（標準值），濾池淺薄，全深僅 1.5～2.0 m。因具備自動過濾反洗，無複雜配管與控制系統且建造成本低廉之誘因，自 1974 年引入台灣（暖暖、龍潭）後，國內陸續在澄清湖、公園、東興、寶山、平鎮等淨水場有使用。但 ABW 型快濾池存在濾床淺薄（主要為機械篩除攔截）缺點，除污功能不如一般快濾池，且洗砂覆罩易磨損水密性差，反沖洗頻率頻繁及增加消耗水量。

7. 特殊型快濾池（萬噸級小場使用）

(1) 壓力式過濾桶（機）：濾床採濾水頭式，處理效果穩定但動力需求高。

(2) 無閥或單閥式過濾機：濾層薄，水質變化大不適用，差壓自動返沖洗，因反沖洗水頭小，濾砂易黏結。

此類型在台灣水公司小型淨水場與簡易自來水使用甚多。但快濾池除污機制僅能產生機械篩除功能，且洗砂效果多半欠佳，難期望有好的過濾水質，較適用於工業用水之處理。

台灣淨水場過濾池目前有設置標準型（單層砂濾、雙層或三層濾料）快濾池，綠葉式快濾池及特殊型哈丁式快濾池三類，依其反沖洗方式，分為全池暫時中斷過濾與反沖洗時僅小部分濾池中斷過濾（哈丁式快濾池）。上述三種過濾單元，哈丁式快濾池底部為多孔透水板，重量較傳統快濾池輕，不需支撐層（如礫石或砂礫層）或特別集水裝置（如濾嘴或磁球），有重量較輕、建造費較低、水流均勻度較佳等優點，但濾床深度僅為標準式快濾池的一半，可處理沉澱水以低濁度較佳。其次哈丁式快濾池允許水頭損失僅 15 cm，故反沖洗頻率也較傳統快濾池頻繁及增加消耗水量（黃志彬，2009），並不適合台灣缺水及高濁度水源條件狀況。

6.5.3 快濾池操作控制系統

快濾池是間歇性操作的淨水程序，良好的效能有賴透過現場連線的監測結果進行判斷，以監控系統達到警報、記錄、顯示、控制輸出等功能，及時進行過濾和反沖洗操作。濾池單元內監控項目包括：

1. 濾率、水量累計。
2. 濾程。
3. 過濾液濁度、反洗水濁度。
4. 液位（濾池、廢水池）、水頭損失。
5. 濾料膨脹率。
6. 反洗水／氣流量。
7. 控制閥（過濾水、反洗水／氣、初排）。

快濾池需要的感測器及控制設備相當多樣，許多淨水場目前都朝向可自動化監控系統配合電腦軟體及面板整合，即時顯示、記錄、警報及作動，確保過濾單元的正常操作。

淨水處理例題

1. 欲設計一雙層濾料濾床，上層為無煙煤，下層為石英砂，已知石英砂有效粒徑和比重分別為 0.60 mm 及 2.65，無煙煤比重 1.5，無煙煤厚度是總厚度的 2/3，請估計：

   (1) 無煙煤有效粒徑（其具有和石英砂相同之沉降速率）。

   (2) 無煙煤和石英砂的個別厚度。

   答：

   (1) 假設 $\rho_w = 1$，Alen's law：

   $$\frac{d_C}{d_S} = \left(\frac{\rho_S - 1}{\rho_C - 1}\right)^{2/3} \rightarrow \frac{d_C}{0.6} = \left(\frac{2.65-1}{1.5-1}\right)^{2/3} \rightarrow d_c = 1.33 \text{ mm}$$

   (2) 有效粒徑 $d_e = 0.6\times(1/3) + 1.33\times(2/3) = 1.087$ 依工程經驗，雙層濾料厚度與有效粒徑比值設計準則：

$L/d_e = 1{,}000$，$L = 1{,}000 \times 1.087 = 108$ cm（約 105 cm）

上層無煙煤和下層石英砂比例為 2/3 和 1/3：

$L_c = (2/3) \times 105 = 70$ cm，$L_s = (1/3) \times 105 = 35$ cm

2. 有一過濾砂床厚度 0.75 m，由直徑 0.5 mm 均勻尺寸的石英砂組成，比重為 2.64，形狀因子為 0.9，床的孔隙率為 0.45，請以每 1 $m^3/m^2 \cdot h$ 的增量繪製 2～7 $m^3/m^2 \cdot h$ 之間，過濾水頭損失與濾速間的關係，水溫 15℃。已知濾材的孔隙率 $\varepsilon = 0.45$，k = 介質本身的比滲透係數（約為 5.0），形狀因子 $\psi = 0.9$，水溫 15℃（$\dfrac{\mu}{\rho} = 1.1457 \times 10^{-6}\ m^2/s$）。

答：

代入 Carman-Kozeny 公式：$\dfrac{\Delta h}{L} = k\dfrac{\mu}{\rho} \cdot \dfrac{v}{g} \cdot \dfrac{(1-\varepsilon)^2}{\varepsilon^3}\left(\dfrac{6}{\psi d}\right)^2$

$$\frac{\Delta h}{0.75} = 5.0 \times 1.1457 \times 10^{-6} \cdot \frac{v}{9.8} \cdot \frac{(1-0.45)^2}{0.45^3}\left(\frac{6}{0.9 \times 0.5 \times 10^{-3}}\right)^2$$

$\Delta h = 0.0718683 \times v\ (m^3/m^2 \cdot h)$

繪製水頭損失和濾速的關係表：

水頭損失 Δh（m）	濾速 v（$m^3/m^2 \cdot h$）
01437	2
0.2156	3
0.2875	4
0.3593	5
0.4312	6
0.5031	7

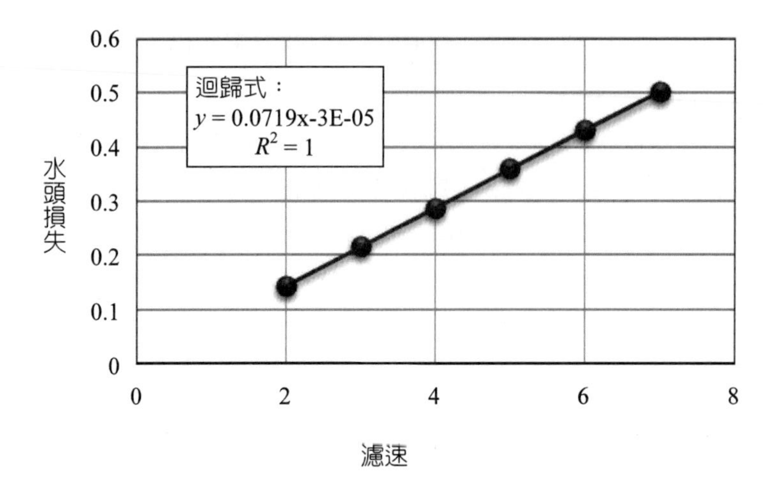

4. 續上題，當過濾床被反洗時，請計算反沖洗速度。

答：

反沖洗時機是根據兩個監測指標決定：

(1) 最大水頭損失（max usable head）：2～2.5 m。

(2) 最大允許濁度（max permissible turbidity）：0.5～1.0 NTU。

同上題，已知過濾水頭損失與濾速間的關係 $\Delta h = 0.0718683 \times v$（$m^3/m^2 \cdot h$），代入水頭損失為 2.5 m 時，$v = 37.78\ (m^3/m^2 \cdot h) = 834.86\ (m^3/m^2 \cdot day)$。

5. 請設計一日處理 100,000 CMD 水量的雙層濾料過濾單元，包括其反清洗系統。

(1)過濾池數目。

(2)雙層濾料層的尺寸和規格。

(3)反沖洗時的水頭損失。

(4)反沖洗率和每日總反沖洗水量。

答：

淨水場最大日處理量 $Q_{max} = 100{,}000$ CMD，設平均水溫 20℃（$\frac{\mu}{\rho} = 1.007 \times 10^{-6}\ m^2/s$）

(1) 快濾池數目

估計適當池數 N：$N = 1.2\ Q^{0.5}$

$N = 1.2 \times (\frac{100,000}{3,800})^{0.5} = 6.15 \cong 6$ (1 MGD = 3,785 m^3/d)

池數 $N \geqq 2$ 最好為偶數，故設計八座濾池，一池備用。將水管廊居中，濾池左右各四池對稱並列。

每一濾池的最大流量：Q = 100,000/7 = 596 m^3/hr = 0.17 m^3/s。參考表 6.4 快濾池參數設計準則，設濾率為 200 m/d（8.33 m/d），$A = Q/V$ = 596/8.33 = 71.5（約 72 m^2）。濾池長寬比 2:1 故 L:W = 12 m: 6 m 設計，每池 A = 72 m^2。

(2) 雙層濾料層的尺寸和規格

採用雙層濾料：上層無煙煤加下層濾砂（C + S），由粗至細的逆級配料，濾池整體深度為 3.5 m，茲參考表 6.3，提出下列設計明細：

分層	濾料	厚度	有效粒徑 d_e	比重	孔隙率 ε
上層	無煙煤	45 cm	1.0 mm	1.5	0.50
下層	石英砂	35 cm	0.5 mm	2.65	0.42

(3) 反沖洗期間濾料層的水頭損失

$$\frac{h_L}{l_e} = (\rho_m - 1)(1 - \varepsilon_e)$$

分層	濾料	厚度	孔隙率 ε	計算式	水頭損失
上層	無煙煤	40 cm	0.50	$h_L = 0.4 \times (1.5 - 1)(1 - 0.5)$	0.1 m
下層	石英砂	35 cm	0.42	$h_L = 0.35 \times (2.65 - 1)(1 - 0.42)$	0.277 m

$\Sigma h_L = 0.1 + 0.277 = 0.377$ m

(4) 反沖洗率和每日總反沖洗水量

反沖洗率（v_b）和濾料粒徑及水溫有關。Kawamura（2000）建議：

$$v_b = 0.1 v_s \quad (6.20)$$

v_s：20℃平均粒徑之終端速度。

假設：$d_{10} = 0.5$ mm，$d_{60} = 0.75$ mm，

backwash rate $v_b = 0.1\ v_s = 0.1 \times (10\ d_{60}) = d_{60}$，

$v_b = 0.75$ m/min，

採用併空氣反洗法，減少反洗水量，反洗時間延時為 6 mins，設平均濾程為 24 hrs，每日總反沖洗水量 Q_b：

$Q_b = (v_b \times t \times n \times A) \times 24/T_o = 0.75 \times 6 \times 7 \times 72 \times 24/24 = 2{,}268$ m^3/day

※ 洗砂支槽（water trough）長 < 6 m（= 3～4 m 較理想）。

Chapter 7

淨水單元——消毒與軟化處理

7.1 消毒目的及原理
7.2 消毒方法
7.3 消毒機制及影響消毒效果因素
7.4 化學消毒劑——氯
7.5 化學消毒劑——二氧化氯
7.6 化學消毒劑——結合餘氯
7.7 化學消毒劑——臭氧
7.8 物理性的紫外線消毒
7.9 軟化處理

7.1 消毒目的及原理

過濾後的濾出水在清水池前，會經過最後一道消毒（disinfection）程序，使供應清水不含有致病菌、病毒和致病微生物等，符合飲用水標準且安全衛生的自來水。同時，清水應保持適量餘氯，使消毒能力維持一段時間，防止自來水輸送管線內有病菌滋生。自來水水質標準管制自由有效餘氯量為 0.2～1.5 mg/L。在此應澄清「自來水消毒不是滅菌（sterilization）」，並不是所有細菌都能使人生病，能使人生病的細菌對藥劑的抵抗力往往比不使人生病的細菌更為脆弱，所以水經消毒首要在去除水中致病菌，使合於安全的要求。

消毒原理乃是利用物理或化學消毒方法，致使微生物的菌體機能受損，以致不能成長、繁殖、甚至死亡。在淨水程序使用消毒劑原理包括三大類：

1. 破壞菌體細胞壁或阻礙細胞壁合成。

2. 消毒劑穿過細胞膜，傷害細胞膜、結構或官能基（蛋白質、核酸、脂質）。

3. 以消毒劑作用於細胞內酵素，使其失去活性或降低活性。

殺菌效率和消毒劑濃度、接觸時間、溫度、水中酸鹼值等有關。常用的化學消毒劑包括 (1) 氯氣（chloride, $Cl_2(g)$，分為自由餘氯和結合餘氯）、(2) 次氯酸鹽（hypochlorite，如次氯酸鈣，次氯酸鈉）、(3) 二氧化氯（chlorine dioxide）、(4) 臭氧（ozone, O_3）。也有水場使用物理性的紫外線（UV light）進行消毒。

7.2 消毒方法

根據原水水質狀況，在淨水場可選擇不同的加藥位置進行消毒。如圖 7.1 所示，有幾種加藥方式：

1. 單純加氯法：適用於水質良好的水源，不需淨水處理，在配水系統前直接加氯消毒即可。

2. 前加氯法（又稱渾水加氯法）：當原水的有機物含量過多或是優養時，在原水分水井，進混凝池前先加氯方法，又稱為預氯（pre-chlorination）。原水

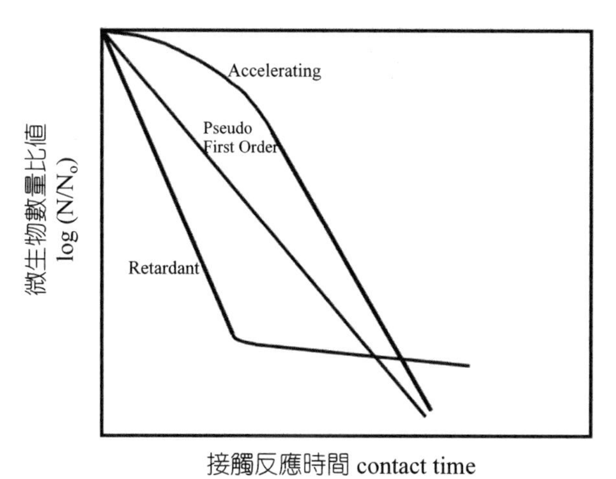

圖 7.1 消毒過程微生物數量隨著時間變化

加氯目的是控制藻類及微生物生長，氧化部分有機物，使其易於膠凝去除；同時可以氧化鐵與錳，使其沉澱及濾除。所以前加氯法可以延長過濾池濾程，以及預先控制水中臭與味等。

3. 後加氯法（清水加氯）：在過濾水後，清水池前的標準加氯程序，又稱為後氯（post-chlorination）。此目的在控制水質，確保水質安全。

4. 雙重加氯法：淨水處理同時運用前加氯和後氯法稱之。當原水污染程度較高時，藉由預氯可先去除一部分的有機物或微生物負荷，再由後氯添加足夠的餘氯量，確保水中的消毒效果。

5. 超量加氯法：如果原水突然受到嚴重污染，如水肥或工業廢水流進取水口時採用。以過量的加氯濃度在短時間內將臭味物質、有機物等完全氧化破壞，之後水中殘留的過量餘氯再以除氯劑如 $Na_2S_2O_3$、Na_2SO_3、$NaHSO_3$、SO_2 及活性碳等，減低氯濃度至適宜範圍的方法稱之。

6. 折點加氯法：當水中有機物成分主要為氨和氮化物，與氯完全反應後，隨著時間水中餘氯量會隨加氯量曲線呈現由谷底反轉的折線變化，也就是說：當加氯量增加，餘氯量也上升。經過折點後的加氯量遂可使自由餘氯保持穩定，此法的消毒效果最好，有助水質安全。

7. 再加氯法：如果配水系統很長，在幹管加壓站、蓄水池再適量加入氯以保持水中餘氯量的方法。

7.3 消毒機制及影響消毒效果因素

7.3.1 消毒機制

理想條件下，淨水消毒機制根據 1908 年 Chick 博士發展的擬一階反應模式（pseudo-first-order reaction）Chick's law：

$$\frac{dN}{dt} = -KN \tag{7.1}$$

dN/dt：微生物數量隨時間的變化率。
N：微生物數量。
K：反應速率常數（T^{-1}）。

將式 7.1 兩邊積分得到：

$$\ln\left(\frac{N}{N_0}\right) = -Kt \tag{7.2}$$

$$\rightarrow \ln(N) = \ln(N_0) - Kt$$

N_0 是初始微生物的數目，由式 7.2 推導可知，隨著時間變化，微生物數量的自然對數值 $\ln(N)$ 會隨著時間變化遞減，如圖 7.1 所示，中間直線為理想模擬的擬一階反應（pseudo first-order kinetics）模式，但事實觀察，微生物數量常出現遲滯（retardant curves）或混合的反應結果。隨著學理和實驗研究發現，必須將消毒劑濃度（C）納入反應機制（Chick-Watson law）：

$$\ln\left(\frac{N}{N_0}\right) = -KC^n t \tag{7.3}$$

N：微生物數量。
N_0：初始微生物的數目。
K：反應速率常數（T^{-1}）。
C：消毒劑濃度。

n：消毒劑之特性常數。

t：消毒劑接觸時間。

當上式 K、C、n 是常數時，呈一階反應（first-order kinetics）。

基於 Chick-Watson law，欲達成特定百分比殺菌量（inactivation）目的，消毒劑濃度與反應時間的乘積為一定值，可以代表消毒的程度，如下式表示：

$$C^n t = K \tag{7.4}$$

C：消毒劑濃度（mg/L）。

t：消毒劑接觸時間（min）。

n：消毒劑之特性常數。

K：常數。

上述為一經驗公式，n 值必須由實驗取得。若 $n = 1$ 代表消毒劑接觸時間和消毒劑濃度同等重要，故簡化式 7.4：$Ct = K$。表 7.1 為各種消毒劑在 5°C，pH 6～7 環境，對相關水中致病菌 99.5% 去除率的 Ct 值。若添加的消毒劑不只一種，則每一種消毒劑之 Ct 值都必須檢測。一般情況論，消毒接觸時間不宜少於 30 mins。採樣時，消毒接觸時間係指從自來水消毒加藥點至採樣點所流經時間（min），同時須在流量尖峰時刻量測消毒劑殘留濃度（residual disinfectant concentration），代表水樣消毒劑的濃度（mg/L）。

7.3.2 影響消毒效果因素

除了消毒劑濃度和反應時間，影響消毒效果因素還包括了微生物種類和形態，溫度，酸鹼值，和水中懸浮固體物濃度。

1. 微生物對消毒劑的抵抗能力不同，分別是：營養細菌 < 腸病毒 < 孢子形成細菌（spore-forming）< 原生動物。

2. 消毒劑與微生物細胞酵素反應控制常數 K 受到溫度的影響：溫度越高反應速率越快，理論殺菌率越好。反之溫度越低，殺菌率越低。

3. 水中酸鹼值（pH value）影響消毒劑解離物種的濃度，例如次氯酸（HOCl）解離成次氯酸根（OCl^-），因此 pH 值越高，次氯酸根（OCl^-）比例越高，但消毒效果較差。

4. 水中懸浮固體濃度影響：當懸浮固體物濃度較高時，提供了微生物遮蔽環境空間，也使消毒穿透能力降低。美國對清水濁度特別考慮了微生物風險，因為原生動物梨形鞭毛蟲（4～10 μm）和隱孢子蟲（2～4 μm）都非常小，微生物會藏匿於懸浮顆粒中，不易經由傳統的加氯氧化及膠凝程序去除，因此減少濁度（懸浮固體物濃度），也是消毒的重要指標之一。

7.4 化學消毒劑——氯

「氯化處理」（chlorination），又為「消毒」（disinfection）的同義詞。氯氣（液氯）是最廣泛使用的消毒劑，具有製備簡單、價格便宜、用量少、消毒效率高，且在充足加量下能產生餘氯，使消毒效果持續整個供水系統等等優點。氯在水中可以氧化鐵及錳離子，氧化或氯化產生異臭味的物質 Geosmin 及 2-MIB，以及阻止藻類及其他微生物生長。

氯氣加入水中，很快水解形成次氯酸 HOCl 及氫氯酸 HCl，

$$Cl_{2(g)} + H_2O \rightarrow HOCl + HCl \tag{7.5}$$

氫氯酸 HCl 是強酸，在水中隨即解離：

$$HCl \rightarrow H^+ + Cl^- \tag{7.6}$$

次氯酸 HOCl 是弱酸，分解成次氯酸離子：

$$HOCl \rightarrow H^+ + OCl^- \tag{7.7}$$

解離能力受到 pH 值影響。

HOCl 及 OCl^- 稱為自由有效餘氯（free available chlorine），但 HOCl 分子較易滲透細胞壁（一般表面帶負電），OCl^- 易受細胞壁表面負電排斥，故消毒效果 HOCl > OCl^-。

HOCl 及 OCl^- 分布百分比依水中 pH 值而定，pH 值越低，HOCl 占有百分率越大，消毒效果越佳。氯（Cl_2）、次氯酸（HOCl）及次氯酸鹽（OCl^-）皆具有消毒能力，合稱為自由餘氯（free chlorine residuals），其消毒能力為 HOCl > Cl_2 > OCl^-。但氯及次氯酸鹽因常先與其他物質發生側反應（side reaction），故加氯量常要超過需氯量，才能完成消毒作用。

原水中常含有氨氮（NH_3），次氯酸能很快與氨氮反應，形成一氯胺（monochloramine, NH_2Cl）、二氯胺（dichloramine, $NHCl_2$）和三氯胺（trichloramine, NCl_3）：

$$NH_3 + HOCl \rightarrow NH_2Cl + H_2O \quad (7.8)$$

$$NH_2Cl + HOCl \rightarrow NHCl_2 + H_2O \quad (7.9)$$

$$NHCl_2 + HOCl \rightarrow NCl_3 + H_2O \quad (7.10)$$

一氯胺及二氯胺同樣有消毒能力，稱為結合餘氯（combined chlorine residuals，不含三氯胺）。結合餘氯有穩定性，即使暴露空氣中，日光照射，亦不易散失。結合餘氯消毒力小於自由餘氯，總氯量等於自由餘氯和結合餘氯。當水中持續加氯，水中的氨會被完全反應：

$$2NH_3 + 3Cl_2 \rightarrow N_2 + 6H^+ + 6Cl^- \quad (7.11)$$

所加氯量剛好將氨完全反應掉，此反應點稱為加氯折點（break point），超過此折點繼續加氯時，水中氯會以自由餘氯存在，此種加氯方式稱為折點加氯（breakpoint chlorination），如圖 7.2 所示。

氯會與水中還原性無機物質 Fe^{2+}、Mn^{2+}、H_2S 及 NO^{2-} 等反應而消耗氯量。氯亦會與水中有機化合物反應，尤其是未飽和化合物，產生致癌物質三鹵甲烷（THM），稱為消毒副產物（DBPs）。為了確保從淨水場到用戶端自來水保持一定的餘氯量，必須詳細計算：加氯量 = 需氯量 + 餘氯量。

消毒副產物的產生，原水有機物含量是重要因素。水中有機物和氯或溴離子反應會形成三鹵甲烷（Total Tri-halomethanes, TTHMs），包括 $CHCl_3$（氯仿）、$CHBrCl_2$（一溴二氯甲烷）、$CHBr_2Cl$（二溴一氯甲烷）、$CHBr_3$（溴仿）等。

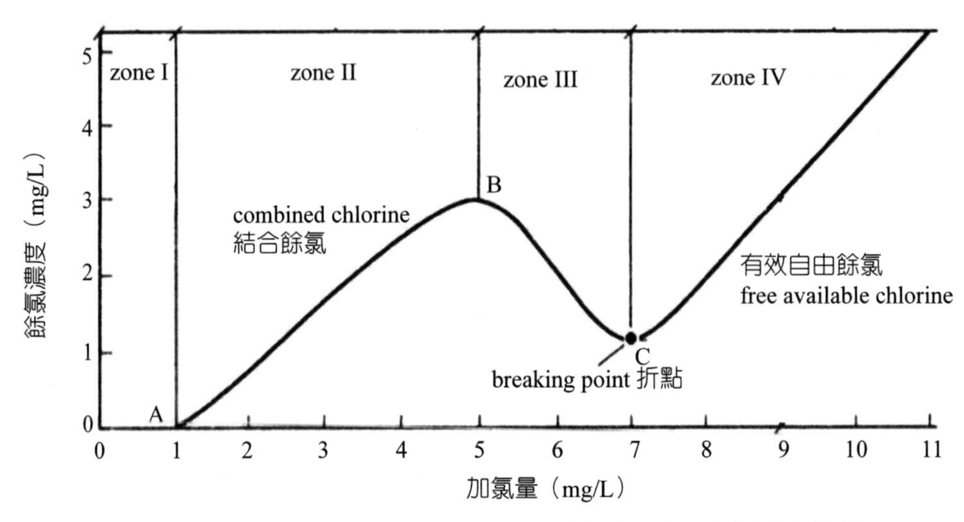

zone I：氯被氧化分解；zone II：與氨氮反應形成氯胺結合餘氯；
zone III：結合餘氯和有機物反應而降低；zone IV：自由餘氯生成

圖 7.2　加氯量與餘氯量關係、折點加氯發生時機

隨後又發現：消毒副產物鹵乙酸類（HAA5），也可能具有致癌性與致突變性，鹵乙酸類包括一氯乙酸（MCAA）、二氯乙酸（DCAA）、三氯乙酸（TCAA）、一溴乙酸（MBAA）、二溴乙酸（DBAA）等五項化合物。1970 年美國確認加氯消毒副產物的健康風險後，結合餘氯（一氯胺及二氯胺）及臭氧（O_3）等被認為是較安全的消毒劑。

7.4.1　加藥種類和加藥設備

1. 氯氣（液氯）

常溫常壓下以氣體形式存在的氯是黃綠色氣體，商業用是經壓縮的液氯鋼瓶，比重 1.56，每 kg 液氯約能氣化為 0.3 m^3 氣態氯，即氣態氯所占空間約為液態的 460 倍（以 0℃為準），但操作時必須先將氯溶於水中形成次氯酸。氯是大型淨水場最普遍使用的消毒劑，能對抗所有類型的微生物，具有相對簡單的維護操作及便宜成本等，其詳細優缺點如表 7.1 所列。

氯為具高毒性及腐蝕氣體，作業場所應備有物質安全資料表（MSDS），也需依照加氯消毒的標準作業程序及氯氣外洩緊急應變計畫，進行人員防護、火災爆炸預防及洩漏預控制等安全的定期維護演練。

2. 次氯酸鹽

除了氯氣（液氯），次氯酸鹽（hypochlorite，次氯酸鈣、次氯酸鈉）也會在水中解離形成次氯酸及次氯酸根離子，提供自由餘氯濃度。次氯酸鹽主要用作漂白劑或消毒劑，有殺菌及氧化能力。

(1)次氯酸鈣 $Ca(OCl)_2$

白色粉末，具有類似氯氣臭味，不易受潮，溶於水呈鹼性，有效含氯量約70%。次氯酸鈣 $Ca(OCl)_2$ 製備方法：氯氣通入氫氧化鈣溶液，高濃度時可結晶出 $Ca(ClO)_2 \cdot 2CaCl_2$，再予以精製。

$$2\ Ca(OH)_2 + 2\ Cl_2 \rightarrow Ca(ClO)_2 + CaCl_2 + 2\ H_2O \qquad (7.12)$$

(2)次氯酸鈉 NaOCl

常溫常壓下是淡黃色液體，俗稱漂白水。性質較不穩定，必須存放於特殊容器，濃度不高，應避光及低溫保存。製備方法：氯氣溶於氫氧化鈉溶液產生次氯酸鈉、氯化鈉及水：

$$Cl_2 + 2NaOH \rightarrow NaClO + NaCl + H_2O \qquad (7.13)$$

同液氯，消毒能力主要來自次氯酸濃度多寡，因此消毒能力也會受到水中 pH 值影響。雖然粉末狀的次氯酸鈣貯存空間比液體形式的次氯酸鈉要小，但液體次氯酸鈉比較容易處理及進料操作。次氯酸鈣粉末及次亞氯酸鈉之貯藏室，應設在乾燥陰涼處。

氯的加藥形態分為液態氯、氣態氯及次氯酸鹽（乾式次氯酸鈣及液態次氯酸鈉）等多種，以加氯氣和液態次氯酸鈉較常使用。加氯控制方式分為：

(1) 人工操作：由操作人員操作氯氣調節閥控制加氯率。

(2) 半自動控制：加氯管連接至送水幫浦，隨幫浦送水、停水自動加入固定量氯或停止。

(3) 全自動控制：加氯量和處理水量成正比率變化。

(4)主動檢測餘氯量及自動回饋控制：檢測裝置分析處理水中餘氯量，以此量轉換為電子信號傳送回控制裝置，經由控制裝置判讀信號與設定量信號，比較控制偏差，再由電腦指令操作修正偏差回饋氯氣調節閥控制加氯率。

依加藥注入方式不同，加氯機有乾式及濕式二種，皆利用添加液氯於水中：

a. 乾式加氯機：將氯氣減壓計量，氣化後之液氯直接加入所要處理水。因氯氣溶解度低，易於溢出水面散發，吸收不均勻又易腐蝕水池上部結構物，擴散污染空氣，故少被採用。

b. 濕式壓力型加氯機：使氣態氯先完全溶於水中不致發散，混合成為較濃氯水再注入處理水中。

c. 濕式真空式加氯機：為近年普遍被採用之加氯機。將壓力水快速通過水力噴射器（injector）及壓力控制室產生真空吸力，開啟減壓閥吸出氯瓶裡的氯氣，經計量後完全溶於水成濃氯水再注入處理水。若噴射器壓力下降時加氯機內真空壓力將變為正壓，即可自動停止加氯，不易漏氯。

加氯控制系統需有定量控制、流量比控制及餘氯量控制等方式，及因應水量、水質變化調整加氯量。加氯量可由加氯率與處理水量相乘求得：

$$V_w = (Q \times R)/1{,}000 \qquad (7.14)$$

V_w：加藥量（mg/h）。

Q：處理水量（m^3/h）。

R：加氯率（mg/L）。

次氯酸鈉加藥量（容積）

$$V_v = Q \times R \times (100/C) \times (1/D) \times 10 \qquad (7.15)$$

V_v：加藥量（l/h）。

C：有效氯濃度（%）。

D：濃度 C% 時，次氯酸鈉之比重（kg/L）。

綜合上述，加氯消毒設備設計要點：

(1) 估計需要氯量：消毒目的不同，加氯量與餘氯量亦不同，可由處理水量、接觸時間等因素求得需要氯量。

(2) 採用何種形態的氯：包含選擇時考慮處理目的，供給是否可靠、安全，需氯量大小，操作控制難易，初設費及操作費等。

(3) 單位流量加氯率（kg/day）：加氯設備容量應以最大處理水量及加氯率決定之，並應有備用設備。

(4) 選定適當加氯機及加氯機室：包括控制設備、加氯地點及注氯系統、加氯機室、氯貯藏室及其他安全措施等。氯貯藏室大小應能經常貯藏半月分以上之使用量。室內應有適當液氯筒固定設備，及吊車等搬運設備。加氯機內部及氯溶液管線應使用耐腐蝕材料。加氯機室內金屬應有耐酸處理。

7.5 化學消毒劑——二氧化氯

二氧化氯（chlorine dioxide, ClO_2）室溫下為黃綠色至橙色氣體，化學結構一個氯原子與兩個氧原子結合，屬於強氧化氣體，無味，穩定性強。二氧化氯生成反應：

$$NaClO_2 + Cl_2 \rightarrow 2ClO_2 + 2NaCl \qquad (7.16)$$

二氧化氯是氧化劑不是氯化劑，在水溶液中二氧化氯溶解度較高且較穩定，不發生水解，始終以分子態存在，因此不會和水中有機物質反應生成三氯甲烷等有毒的副產物。二氧化氯不與氨氮反應，殺菌效果亦不受 pH 值影響，因此有些淨水場已用二氧化氯取代氯氣。

早期二氧化氯被用於醫院、餐飲業及養殖業等控制臭味及環境消毒，因為二氧化氯藥效持久，約為氯的 10 倍，消毒率亦高於氯。實驗發現，相同劑量下，氯無法使隱孢子蟲（cryptosporidium）失去活性（inactivate），但二氧化氯可以。2～10 ppm 的二氧化氯水溶液在 2～10 mins 內就可殺死大腸桿菌、枯草桿菌、沙門式桿菌、蘇利菌、小兒麻痹病毒、腸病毒和 A 型肝炎病毒等。二氧化氯可以水溶液形態貯存，成本相對較高，同樣具有腐蝕性和吸入危害。

7.6 化學消毒劑——結合餘氯

原水常含有氨氮（NH_3），故加氯溶解形成的次氯酸能很快與氨氮反應，形成一氯胺（monochloramine, NH_2Cl）、二氯胺（dichloramine, $NHCl_2$）和三氯胺（trichloramine, NCl_3）（參見式 7.8～7.10）。一氯胺及二氯胺具有消毒能力，稱為結合餘氯（combined chlorine residuals），雖然消毒力不及自由餘氯，卻具有穩定性及持久性，且不會產生三氯甲烷副產物等優點。包括美國 USEPA 在內已陸續建議以結合餘氯取代氯氣消毒。

本法稱為氨化處理，在處理水中加入適量氯和氨氣（NH_3，氨在常溫常壓下為氣體，可加壓液化於鋼瓶貯存）或氨水（氫氧化銨）、氯化銨及硫酸銨粉末，在水中形成氯胺。氯胺形態及比例會受到加氯量及水中 pH 值影響，pH 值 8.5 以上時為一氯胺；pH 值在 8.5～4.5 之間，一氯胺與二氯胺共存；pH 值降至 4.5 以下時，產生三氯胺。氨極易溶於水，直接用氨氣鋼瓶的水場較多，同氯氣鋼瓶型式操作。也有些小型水場使用硫酸銨 $(NH_4)_2SO_4$ 粉末，因為加入水中後對 pH 值影響較小，較好調控。

有的淨水場同時使用自由餘氯加結合餘氯（雙重消毒法），因有氨化處理，加入氨劑能使清水中餘氯 80～90% 轉變為氯胺，達到水中既有自由餘氯亦有結合餘氯的持久消毒力。但混合氨劑時必須特別注意氯和氨劑量比例以及混合攪拌時間，避免發生折點加氯反應，剛好將氨完全反應掉，水中就沒有結合餘氯了。

7.7 化學消毒劑——臭氧

臭氧（Ozone, O_3）為氧（O_2）之同素異形體（allotropy），常溫下帶有草

腥味的淡藍色氣體，有極強氧化能力和消毒力。在水溶液中不安定，常溫常壓 pH 值為 7 時，半衰期為 20（20℃）～30 mins（15℃），能迅速分解為氧（O_2）和自由基氧原子（O），及氧化分解水中有機物、無機物、重金屬離子等。臭氧具有很強的氧化能力，其標準氧化還原電位為 2.07 V，僅次於氟，能殺死細菌、病毒等微生物，還能氧化多種有機物和無機物。臭氧可氧化分解細菌內部氧化葡萄糖所必需的葡萄糖氧化酶，也可以直接與細菌病毒發生作用，破壞其細胞壁核醣核酸，分解 DNA、RNA、蛋白質和多糖等大分子聚合物，使細菌物質代謝和繁殖過程遭到破壞，或畸變，進而導致細胞的溶解死亡。

臭氧的強氧化性來自分子中的氧原子，具有強烈的親電子或親質子性，有很高的氧化活性，臭氧在水中還能形成具強氧化作用的 HO·，不僅可以消毒殺菌，還可氧化分解水中有機污染物：

$$O_3 \rightarrow O + O_2 \text{，} O + H_2O \rightarrow 2HO\cdot \qquad (7.17)$$

直接反應：污染物 + O_3 →產物或中間物

間接反應：污染物 + HO· →產物或中間物

臭氧與有機物反應的難易程度，其氧化順序由高至低為：鏈烯烴 > 胺 > 酚 > 環芳烴 > 醇 > 醛 > 鏈烷烴。臭氧不僅具有消毒、滅菌、除臭、脫色等作用，且最終分解為氧氣和水，具有易分解和無殘留的優點。然而最近研究發現，溴酸鹽為臭氧消毒之副產物，因為臭氧消毒時很容易和水體自然存在的溴離子反應，形成對人體有害的溴酸鹽（BrO_3^-），經國際癌症研究所（IARC）歸類為 Group 2B（對人類懷疑為致癌）物質，故台灣環保署將溴酸鹽列為管制項目（標準為 0.01 mg/L）。其次，在處理有含錳的地下水時，也應注意過量使用臭氧可能產生粉紅色的過錳酸根（MnO_4^-），對人體有害。有助臭氧穩定化的水質條件為：低酸鹼值，高鹼度，低總溶解有機物（TOC）和低溫。

臭氧依目的不同，在淨水程序加藥點位置亦不同，可分為：

1. 前臭氧氧化（pre-ozonation）

在取水口後，進入快混膠凝池前加入，主要目的是氧化及去除水中鐵錳含量、氧化有機化物、去除色度臭味、抑制藻類生長及破壞藻類新陳代謝，及改變水中懸浮顆粒表面特性以提高混凝沉澱速率。

2. 後臭氧氧化（post-ozonation）

過濾後加入，氧化剩餘的有毒微量物質及去除可能殘留的殺蟲劑等。後臭氧一般會與活性碳床（GAC）串聯，活性碳床有吸附污染物及生物分解能力，因此稱為生物活性碳濾床（biological activated carbon, O_3 + GAC = BAC）。經臭氧氧化作用後，水中大分子有機物被裂解成較小分子有機物，其後藉由具有較大吸附表面積的活性碳濾床 BAC，不僅具有物理化學吸附，還有微生物分解去除能力。其次，臭氧程序也可延長 BAC 使用年限，降低活性碳再生的次數。

生物活性碳濾床同時可去除臭氧氧化過程產生的溴酸鹽，因為活性碳表面活性與溴酸鹽形成還原反應，遂將其還原成溴離子，減少消毒副產物生成。在歐洲國家已廣泛使用臭氧消毒，美國部分水場使用，台灣澄清湖淨水場已採用臭氧消毒：

高雄澄清湖淨水場：

原水 + 預臭氧 O_3
→膠凝 + 沉澱 + 結晶軟化 + 快濾 + 後臭氧（O_3 + GAC）+ 氯消毒

若暴露在高濃度臭氧（大於 0.1 ppm），會對人體的眼睛及呼吸道發生危險，故工作場所勞安衛生安全也須注意。

◇7.7.1 臭氧加藥及接觸槽設計要點

臭氧消毒能力可以 Chick-Watson law（式 7.4）表示，$Ct = K$。C 代表臭氧濃度（mg/L）；t 代表接觸時間（min）。兩者之積 Ct 值表示消毒過程的有效性。例如臭氧濃度為 0.4 mg/L，接觸時間為 4 mins 時的 Ct 值等於 1.6。

臭氧係以氧氣或乾燥空氣通過產生機製造而得，臭氧氣體再以管線注入臭氧接觸槽中。為了使臭氧在水中存留時間延長，增加氧化效率及節省成本，故設計一個臭氧反應接觸槽。臭氧反應接觸槽分為批次和連續流式兩種，前者是通入氣泡式臭氧於蒸餾去離子水（DI water）產生富含臭氧水，再加入處理水進行反應，此方法處理水量有限且吸收率較低。後者連續流式是將臭氧氣體以管線注入臭氧接觸槽中，透過氣液質傳（liquid-gas mass transfer）作用溶解於處理水中：

$$CO_3 = \frac{Q_g}{Q_l} \times (C_{g,in} - C_{g,out}) \tag{7.18}$$

Q_g：接觸槽內的臭氧氣體流量（L/min）。

Q_l：接觸槽內的處理水流量（L/min）。

$C_{g,in}$：接觸槽內的臭氧進流濃度（mg/L）。

$C_{g,out}$：接觸槽內的臭氧出流濃度（mg/L）。

當氣液相平衡時，遵循亨利定律，可計算出溶解的臭氧飽和濃度（CO_3, mg/L），此法的臭氧吸收效率較高，較適合應用在淨水處理。圖 7.3 為連續流式臭氧接觸槽示意圖。接觸槽內水深度約 4.6～6.0 m，內部分為數個反應室（chamber），分批注入臭氧氣體，使處理水進入接觸槽後連續迴流在反應室中與臭氧進行反應，提高吸收效率。臭氧的設計加入量 CO_3 約為 1～3 mg/L。

綜合上述四種化學消毒劑理論說明，在 pH = 6～9 時，四種消毒劑消毒效率的優先次序為：臭氧 > 二氧化氯 > 氯 > 氯胺；穩定性的優先次序為：氯胺 > 二氧化氯 > 氯 > 臭氧。四種消毒劑特性及優缺點整理於表 7.1 內。

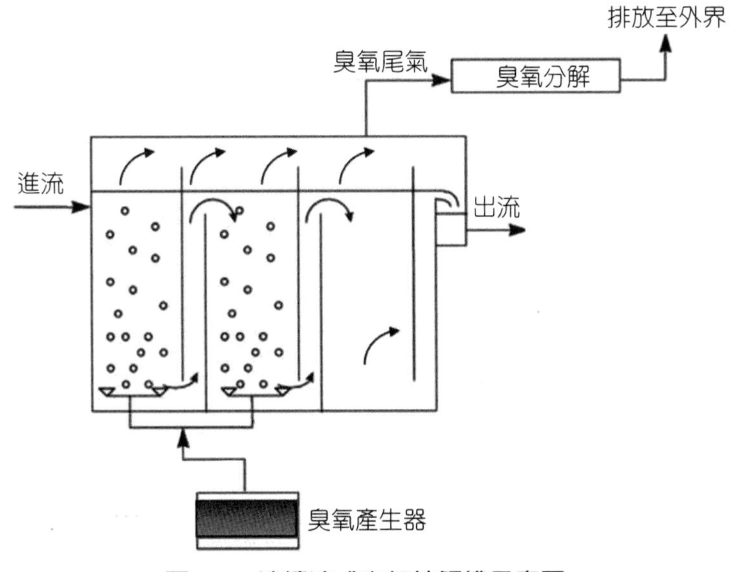

圖 7.3　連續流式臭氧接觸槽示意圖

表 7.1 常用消毒劑特性及優缺點

項目	自由餘氯 free chlorine	結合餘氯 combined chlorine	二氧化氯 chlorine dioxide	臭氧 ozone	紫外線 UV light
優點	強氧化劑。 最廣泛使用消毒劑。製備簡單、價格便宜、用量少、消毒效率高，在充足加量下能產生餘氯。 消毒效果持續整個供水系統。	具有穩定性及持久性，不會產生三氯甲烷副產物。	溶解度較高且較穩定，不發生水解，始終以分子態存在。不會和水中有機物質反應生成三氯甲烷等有毒的副產物。二氧化氯不與氨氮反應，殺菌效果亦不受 pH 值影響。	強氧化劑，可現地製造不須運送貯藏；短時間就分解放出氧氣，不發生消毒臭味，超量加入也不會危險；殺菌速度快效率高（比氯快 300～3,000 倍）。 水中停留時間較短。 操作適宜 pH 值及溫度範圍較大。	反應快且不會有消毒劑殘留及腐蝕，具廣泛殺菌力，使用方便。
缺點	有產生致癌物質三鹵甲烷（THMs）及鹵乙酸（HAAs）等消毒副產物（DBPs）風險，具高毒性及腐蝕氣體，有餘氯 Taste and odor 問題，易受水中酸鹼值影響。	消毒力不及自由餘氯，欲達相同消毒效果消毒接觸時間要較長；仍會有微量有機鹵化物生成。有氣味與味道影響。	可以水溶液形態貯存，成本相對較高，同樣具有腐蝕性和吸入危害。	成本高，半衰期短很快消失，可能再引起污染，必須於後端再加入適量自由餘氯。 需在現地製備，技術較複雜，加藥量不易控制。暴露高濃度臭氧（大於 0.1 ppm），會對人體的眼睛及呼吸道發生危險。	不會改善水的味道，氣味或透明度，也不會從水中去除生物，而是使它們失活（inactivation）。紫外線滅菌作用只在接受光照期間有效，當被處理水一離開消毒器就不具有殘餘消毒能力，容易遭受二次污染。 多用於小型處理場，UV 燈管需時常更換，增加處理成本。
消毒能力	優	佳	優	優	佳
常用加藥量（mg/L）	1～6	2～6	0.2～1.5	1～5	20～100 mJ/cm^2

7.8 物理性的紫外線消毒

紫外線波長約從 230～400 nm，分為三類，有長波 UVA（320～400 nm）、中長波 UVB（280～320 nm）及短波 UVC（230～280 nm）。太陽光輻射形成的紫外線進入地球時，紫外線 UVA 和 UVB 占絕多數比例，又不易被臭氧吸收，已有許多研究證實會對人體皮膚造成傷害。短波長 UVC 波長最短，傷害性最大，但滲透力最差，不易通過臭氧層，故進到地球表面比例是最少的。許多研究證實：用於最佳殺菌效果的紫外光（germicidal UV）波長範圍在 250～270 nm 之間，對有害人體的細菌、病毒、微生物有極大摧毀作用，如圖 7.4。故可利用人工紫外線消毒燈產生紫外線 UVC（254 nm），來破壞微生物細胞的 DNA（脫氧核糖核酸）或 RNA（核糖核酸）分子結構，使構成微生物體的蛋白質無法形成，從而改變 DNA，減低生物活性並阻礙繁殖，造成細胞死亡。

一般殺菌燈的燈管係採用石英玻璃製作，由低壓汞燈管（low-pressure mercury lamps）內部的汞離子區放電釋放出電磁輻射波。因為石英玻璃對紫外線各波段都有很高的透過率，達 80～90%，壽命超過 6,000 小時，是製作殺菌燈的最佳材料。物理性的紫外線消毒效果是由微生物接受的照射劑量決定，也

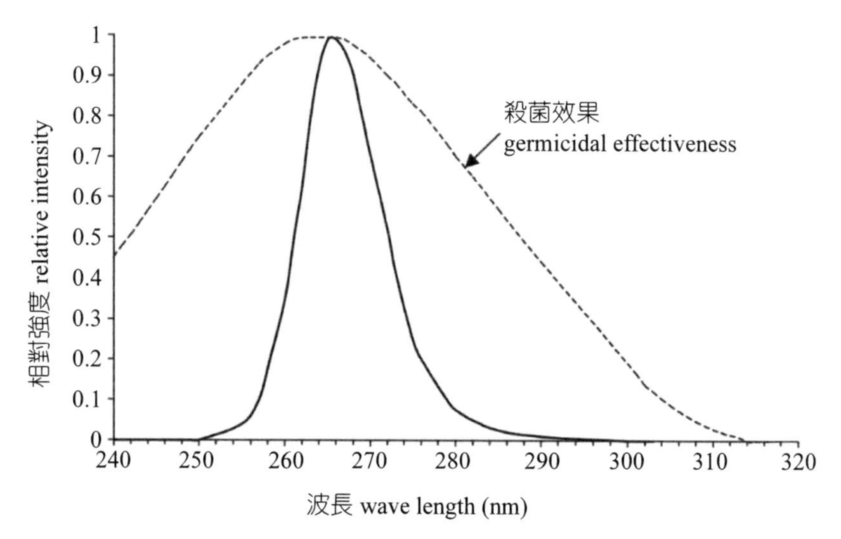

圖 7.4　UVC 265 nm 與大腸桿菌 *E.coli* 殺菌效果曲線相較

資料來源：參考維基百科「紫外線殺菌輻射」章節。

受到紫外線輸出能量、燈的類型、光強度、原水水質、設備的適當維護及使用時間等影響。高強度及能量的紫外線 UVC 殺菌效率可達 99～99.9%，滅菌時間只要幾秒鐘，相較化學性消毒法氯氣、臭氧消毒需數分鐘以上，反應快且不會有消毒劑殘留及腐蝕，具廣泛殺菌力，使用方便及價格低等優點。紫外線處理不會改善水的味道，氣味或透明度，也不會從水中去除掉生物，而是使它們失活（inactivation），但紫外線滅菌作用只在接受光照期間有效，當被處理水一離開消毒器就不具有殘餘消毒能力，容易遭受二次污染。因此經過紫外線消毒後建議還是可在水中添加適量餘氯。

必須注意的是，由於水中溶解的有機物質（例如天然有機物質），無機溶質（鐵、錳、亞硫酸鹽和亞硝酸鹽），和懸浮物質（顆粒或渾濁膠羽）均會吸收 UV 輻射或屏蔽微生物，而使紫外線消毒效率降低，因此在通過紫外線消毒裝置前的水質應預處理，表 7.2 為允許以紫外線消毒處理的進流水質標準。

每一種微生物都有其特定紫外線殺滅波長及死亡劑量標準，接受劑量是照射強度與照射時間的乘積：

$$K = I \cdot t \tag{7.19}$$

K：殺菌劑量（μW s/cm^2）。

I：照射強度（μW/cm^2）。

t：照射時間（s）。

從公式得知，高強度短時間與低強度長時間照射的殺菌效果是相同的，和化學藥劑消毒的劑量乘以時間的關係類似。表 7.3 為紫外線劑量對致病細菌、原生動物和病毒的 4 log（99.99%）減活率。很特別的，隱鞭孢子蟲和梨形鞭毛蟲對紫外線比致病細菌更為敏感；病毒比細菌對紫外線更具抵抗力；藻類及原生動物等所需要的消毒時間更長。

表 7.2 允許以紫外線消毒處理的進流水質

項目	範圍
濁度	5 NTU
懸浮固體物	< 10 mg/L
色度	None
鐵	< 0.3 mg/L
錳	< 0.05 mg/L
pH值	6.5～9.5

表 7.3 紫外線劑量對致病細菌、原生動物和病毒的 4 log（99.99%）減活率

病原體	紫外線劑量（mJ/cm^2）
隱孢子蟲	<10
梨形鞭毛蟲	<10
霍亂弧菌	2.9
傷寒沙門氏菌	8.2
志賀氏菌	8.2
A型肝炎病毒	30
脊髓灰質炎病毒1型	30
輪狀病毒SA11	36

7.9 軟化處理

7.9.1 硬水來源和現況

水中硬度（hardness）係由多價金屬離子存於水中引起，尤以鈣（Ca^{2+}）與鎂（Mg^{2+}）離子兩者為主要水中陽離子，其餘如 Fe^{2+}、Mn^{2+}、Sr^{2+}、Al^{3+} 等亦可能存在水中，但相對含量低忽略不計。含石灰岩地區及土壤表層較厚地區，大部分硬度是由於土壤中碳酸鹽的沉澱物引起，因此硬度通常以碳酸鈣的重量百萬分比（parts per million, ppm as $CaCO_3$）表示。淡水中鈣顯著多於鎂，這是因為地殼中鈣含量大於鎂。大多數水體鎂含量低於 40 mg/L 。天然水之鈣與鎂含量有一定比例關係，溶解性固體總量低於 500 mg/L 水中，鈣與鎂比值

範圍從 4 : 1 到 2 : 1。鈣、鎂形成難溶解的金屬化學物質，會使肥皂不易起泡沫，降低肥皂（RCOONa）的洗滌效果：

$$Ca^{2+}_{(aq)} + 2C_{17}H_{35}COO^{-}_{(aq)} \rightarrow Ca(C_{17}H_{35}COO)_{2(s)} \quad (7.20)$$

硬水會影響自來水口感，雖然硬水對人體無害，但若用於工業用水，可能在鍋爐、冷卻塔或其他處理水的設施中沉澱產生水垢，降低熱傳效率，甚至引起鍋爐爆炸。採用硬水軟化程序降低水硬度，可提高用水安全性。

表 2.5 為世界衛生組織（WHO）水質硬度分類。根據台灣自來水公司監測水質資訊，台灣地區自來水由北而南水質硬度漸增。北台灣地區鈣、鎂離子濃度維持在 80～160 mg/L 的中度硬水區；中部地區介於 160～300 mg/L（硬水）；台南地區約為 124～139 mg/L（硬水），高雄地區硬度約 136～223 mg/L（硬水～超硬水）。為了提升高雄自來水適飲性及硬度過高問題，高雄澄清湖淨水場採用結晶軟化法，鳳山淨水場是在處理水加入硫酸，使鈣與鎂析出。中華民國自來水標準硬度為 300 mg/L，工程和學界仍期望降低到 250 mg/L。鈣、鎂離子濃度也不能過低，水中鈣離子形成碳酸鈣（$CaCO_3$）沉澱在管材內壁可避免管線腐蝕，如果硬度不足，造成內襯水泥護膜變薄，可能加速管線腐蝕及用戶端設備損害。

硬度區分為碳酸鹽硬度和非碳酸鹽硬度：

1. 碳酸鹽硬度（carbonate hardness, CH），水中鈣、鎂離子和碳酸氫根（HCO_3^-）形成的碳酸鹽類，可以加熱方式產生碳酸沉澱去除，又稱為暫時硬度：

$$Ca(HCO_3)_{2(aq)} \rightarrow CaCO_{3(s)} \downarrow + CO_{2(g)} + H_2O_{(l)}$$

2. 非碳酸鹽硬度（non-carbonate hardness, NCH），水中鈣、鎂離子和碳酸根以外的陰離子硫酸根（SO_4^{2-}），氯離子（Cl^-），硝酸根（NO_3^-）形成金屬鹽類 $CaSO_4$、$MgSO_4$、$CaCl_2$ 或 $MgCl_2$ 等，無法以加熱法去除，又稱為永久硬度。

總硬度（total hardness, TH）為碳酸鹽硬度和非碳酸鹽硬度總和：

$$TH = CH + NCH$$

由於水的總鹼度（total alkalinity, Alk）是量度其中和酸的能力，天然水中的鹼度大部分是由弱酸鹽類組成，尤其是碳酸氫根：

$$\text{total Alk} = (OH^-) + (HCO_3^{2-}) + (CO_3^{2-}) \quad (7.21)$$

當水中 pH 值小於 9.0 時，(OH^-) 幾乎可忽略，鹼度主要是碳酸氫鹽。當水中總硬度與鹼度為化學等當量時，水中硬度等於碳酸鹽硬度：TH = CH。若總硬度大於鹼度，多出部分即為非碳酸鹽硬度：TH = Alk + NCH。

7.9.2 硬水軟化方法

硬度去除方法有石灰法、石灰蘇打灰的化學沉降法，結晶軟化法以及離子交換樹脂法等。

一、化學沉降法

1. 石灰法（excess lime treatment）

在水中加入石灰（$Ca(OH)_2$）或生石灰（CaO），改變 Ca^{2+}、Mg^{2+} 等離子在水中的溶解度，使其形成 $CaCO_3$、$MgCO_3$ 沉澱去除。此法只能去除碳酸鹽硬度及鹼度。

$$CO_2 + Ca(OH)_2 \rightarrow CaCO_{3(s)} + H_2O \quad (7.22)$$

$$Ca(HCO_3)_2 + Ca(OH)_2 \rightarrow 2CaCO_{3(s)} + 2H_2O \quad (7.23)$$

$$Mg(HCO)_3 + Ca(OH)_2 \rightarrow CaCO_{3(s)} + MgCO_3 + 2H_2O \quad (7.24)$$

如果鎂硬度超過 40 mg/L as $CaCO_3$，鎂溶解度較低，宜加入超量石灰提高 pH 值至 10.6～11.0，使碳酸鎂轉變成氫氧化鎂再沉澱。

$$MgCO_3 + C_a(OH)_2 \rightarrow C_aCO_{3(s)} + Mg(OH)_{2(s)} + H_2O \qquad (7.25)$$

2. 石灰蘇打灰法（lime soda-ash softening）

加石灰於硬水去除碳酸鹽硬度後，同時加入蘇打灰（Na_2CO_3），去除硫酸鹽和氯鹽形式的硬度：

$$MgSO_4 + Ca(OH)_2 \rightarrow Mg(OH)_{2(s)} + CaSO_4 \qquad (7.26)$$

$$MgCl_2 + Ca(OH)_2 \rightarrow Mg(OH)_{2(s)} + CaCl_2 \qquad (7.27)$$

$$CaSO_4 + Na_2CO_3 \rightarrow CaCO_{3(s)} + Na_2SO_4 \qquad (7.28)$$

$$CaCl_2 + Na_2CO_3 \rightarrow CaCO_{3(s)} + 2NaCl \qquad (7.29)$$

以石灰蘇打灰法處理會產生很多鈉鹽和污泥，因此除非原水的非碳酸鹽（NCH）硬度很高才建議使用此法。處理過程中若加入過量石灰，也會形成碳酸鈣水垢及苛性鹼度（OH^-），需要在反應後段加入二氧化碳 CO_2，此步驟稱為再碳化（re-carbonation），使過量石灰形成碳酸鈣沉澱，或使未能沉澱 $CaCO_3$ 及 $Mg(OH)_2$ 再溶解：

$$Ca(OH)_2 + CO_2 \rightarrow CaCO_{3(s)} + H_2O \qquad (7.30)$$

$$CaCO_{3(s)} + CO_2 + H_2O \rightarrow Ca(HCO_3)_2 \qquad (7.31)$$

$$Mg(OH)_{2(s)} + CO_2 \rightarrow MgCO_3 + H_2O \qquad (7.32)$$

去除過量石灰反應，生成 $CaCO_3$ 時的 pH 值約在 10.2～11 之間。再碳化處理生成 $Ca(HCO_3)_2$ 及 $MgCO_3$ 後，pH 值約在 8.5～9.5 之間。化學軟化除了軟化水質還可以去除鐵錳，維持偏鹼性的 pH 值可防止管線腐蝕。

3. 化學沉降法設備和設計準則

採用過量石灰或石灰蘇打灰法時，須設有加藥、混合、膠凝、快濾及 pH 值調整槽等設備，常見的處理程序及加藥點如圖 7.5 所示，包括：

(1)**單段式的選擇性鈣去除法**（the single-stage, selective calcium removal process）

如圖 7.5 (A)，在淨水處理快混池前加入石灰，使形成 $CaCO_3$、$MgCO_3$ 沉澱（見反應式 7.21～7.23）。該方法僅去除鈣硬度，較無法處理鎂的硬度。故適用於 40 mg/L 或更低的鎂硬度水源。倘使鎂硬度超過 40 mg/L，必須提高 pH 值至 10.6～11.0，使碳酸鎂轉變為氫氧化鎂沉澱。

(2)**雙段式的過量石灰處理法**（the two-stage, excess lime softening process）

如圖 7.5 (B)，為防止反應生成污泥 $CaCO_3$ 及 $Mg(OH)_2$ 阻塞濾床，將淨水處理分為兩段系統，第一道快混池前加入石灰，在沉澱池後加入適量的 CO_2 進行再碳化反應，使 $CaCO_3$ 及 $Mg(OH)_2$ 再溶解。第二道快混池前再加入蘇打灰（Na_2CO_3）進行反應，並在沉澱池後予以第二段再碳化，使污泥 $CaCO_3$ 及 $Mg(OH)_2$ 再溶解，防止快濾池產生砂垢或濾床阻塞，及避免產生後沉澱（afterprecipitation）。

(3)**分流處理法**（split treatment）

如圖 7.5 (C)，當原水鎂硬度超過 40 mg/L 時的另一種替代方案稱為分流處理。將原水分為兩股，一股加入石灰蘇打灰處理，使生成 $CaCO_3$ 及 $Mg(OH)_2$ 沉澱，另一股水不加藥，分流繞到沉澱池後再與處理水混合，藉著未處理水原本的 CO_2 和鹼度中和過量的石灰。未經處理的繞流分率 f，依質量守恆原理：

$$C_o \times fQ + C_{out} \times (1-f)Q = C_P \times Q \tag{7.33}$$

C_o：原水進流硬度。

C_{out}：軟化處理後的硬度。

C_p：容許硬度。

f：繞流分率。

(A) 單段式的選擇性鈣去除法

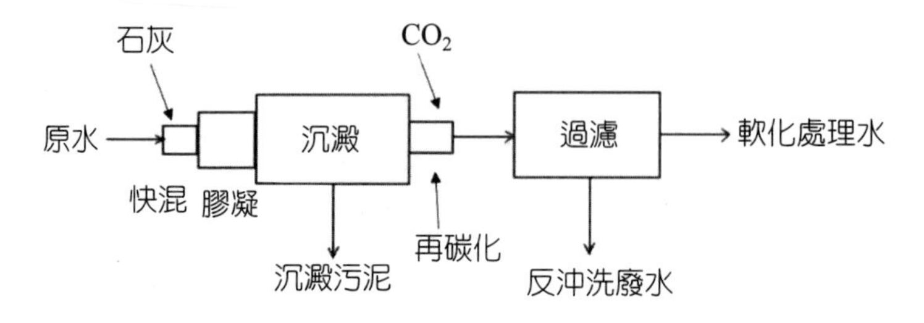

(B) 雙段式的過量石灰處理法

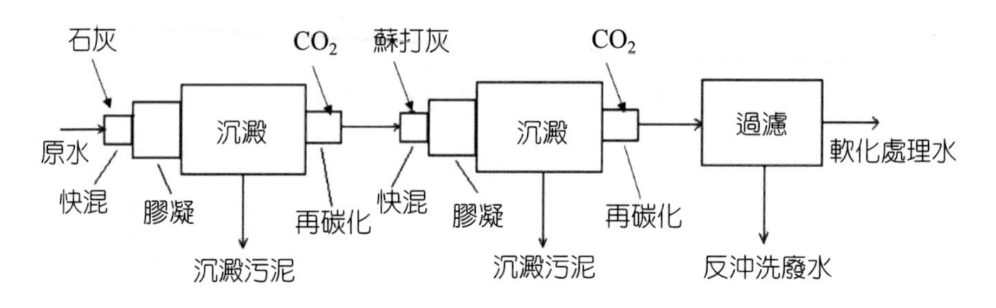

(C) 分流處理法

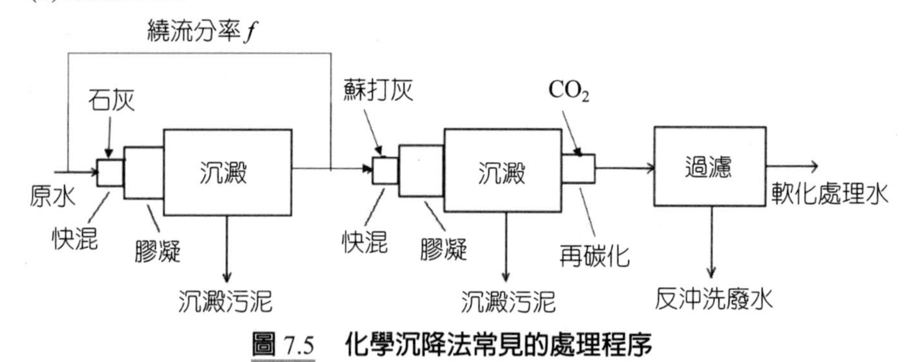

圖 7.5　化學沉降法常見的處理程序

二、結晶軟化法

結晶軟化原理係利用碳酸鈣具有低溶解特性，在流體化床反應槽內以石英砂為擔體，加入液鹼（NaOH）調整 pH 值，使過飽和之碳酸鈣形成結晶態附著在軟化器中的天然石英砂擔體上，達到去除水中硬度目的。圖 7.6 所示，流體化床以向上流方式處理高硬度原水，軟化處理水需再加入 H_2SO_4 調整 pH 值。

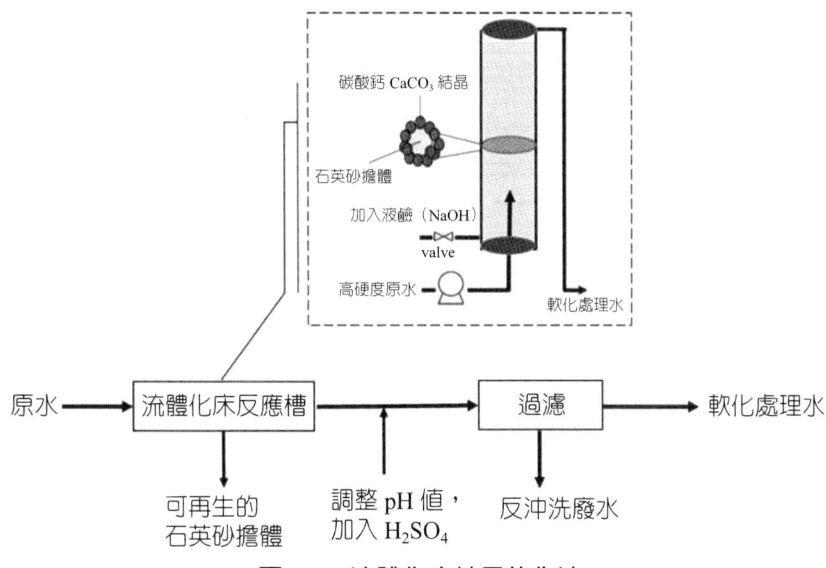

圖 7.6　流體化床結晶軟化法

$$Ca(HCO_3)_2 + Ca(OH)_2 \rightarrow 2CaCO_3 \downarrow + 2H_2O \quad (7.34)$$

$$Ca\ (HCO_3)_2 + 2NaOH \rightarrow CaCO_3 \downarrow + Na2CO_3 + 2H_2O \quad (7.35)$$

結晶軟化反應器具有反應速率快、去除率高、投資成本少、能源消耗低、占地面積小，軟化過程的廢棄結晶可資源化等優點，且無傳統軟化方式產生大量污泥問題。台灣高雄澄清湖淨水場已使用此技術：總處理量：400,000 CMD，處理水質：原水總硬度 300 mg/L，處理後總硬度可降至低於 150 mg/L as $CaCO_3$。

三、離子交換軟化法

將硬水通過泡沸石（$NaAlSiO_4$）或陽離子交換樹脂（$R\text{-}SO_3Na$），使水中鈣、鎂陽離子被交換去除稱之。

1. 天然泡沸石

$$Ca^{2+}{}_{(aq)} + 2NaZ_{(s)} \rightarrow CaZ_{2(s)} + 2Na^+{}_{(aq)} \quad (7.36)$$

NaZ 為天然泡沸石（$NaAlSiO_4$）。管柱使用一段時間後需用濃食鹽水 NaCl 沖洗恢復原狀，稱為再生（regeneration）：

$$CaZ_{2(s)} + 2Na^{+}{}_{(aq)} \rightarrow Ca^{2+}{}_{(aq)} + 2NaZ_{(s)} \tag{7.37}$$

2. 陽離子交換樹脂

$$Ca^{2+}{}_{(aq)} + 2R - SO_3Na_{(s)} \rightarrow CaCO_{3(s)} + (R - SO_3)_{2(s)} + 2Na^{+}{}_{(aq)} \tag{7.38}$$

$R\text{-}SO_3Na$ 代表磺酸化聚苯乙烯的人工合成樹脂，管柱使用一段時間也需以濃食鹽水 NaCl 沖洗再生。

鈉型陽離子交換樹脂軟化槽的優點是快速有效去除水中鈣鎂離子，使硬度幾近於零，不產生污泥，占地小。但若水中存在有機物和鐵離子，會包覆樹脂降低離子交換能力。為保護樹脂，可在前段加入活性碳槽先將有機物吸附去除。為延長活性碳槽吸附能力，也須先去除懸浮固體物。故處理程序建議為：

原水→混凝膠凝→沉澱→活性碳槽→鈉型陽離子交換樹脂→消毒

離子交換耗用更多的酸鹼來再生樹脂及產出高濃度的再生廢水，較適用於小規模水場。

淨水處理例題

1. 原水有 1,000 m^3，水質如下：
   二氧化碳 30 mg/L、酚酞鹼度 0 mg/L、總鹼度 270 mg/L（as $CaCO_3$）、鎂 40 mg/L、非碳酸鹽硬度 60 mg/L（as $CaCO_3$）、總硬度 330 mg/L（as $CaCO_3$），試求理論上去除全部硬度所需的消石灰、蘇打灰用量。

   答：

   $CO_2 + Ca(OH)_2 \rightarrow CaCO_{3(s)} + H_2O$

   已知 25℃ CO_2 在水中溶解度 0.44 mg/L

$CO_2 = 44\ \frac{mg}{L} \div 22\ g/equiv = 0.02\ meq/L$

總鹼度 Total Alk (as $CaCO_3$) $= 270\ \frac{mg}{L} \div \frac{50\ g}{equiv} = 5.4\ meq/L$

$Mg^{2+} = 40\ \frac{mg}{L} \div \frac{12.2\ g}{equiv} = 3.3\ meg/L$

總硬度 TH (as $CaCO_3$) $= 330\ \frac{mg}{L} \div \frac{50\ g}{equiv} = 6.6\ meq/L$

$Ca^{2+} = 6.6 - 3.3 = 3.3\ meq/L$

非碳酸鹽硬度 NCH (as $CaCO_3$) $= \frac{60\ mg}{L} \div \frac{50\ g}{equiv} = 1.2\ meq/L$

去除物	meq/L	$Ca(OH)_2$	Na_2CO_3
CO_2	0.02	0.02	0
$Ca(HCO_3)_2$	3.3	3.3	0
$Mg(HCO_3)_2$	2.1	4.2	0
$MgSO_4$ 或 $MgCl_2$	1.2	1.2	1.2
總需量		8.72	1.2

(1) 消石灰用量：

$8.72\ \frac{meq}{L} \times 0.5 \times 74\ \frac{mg}{equiv} = 322.64\ mg/L$

考慮加入超量石灰 40 mg/L，促進反應完全

全部消石灰用量：

$1,000\ m^3 \times (322.64 + 40) \times 10^{-3} = 362.6\ kg \approx 363\ kg\ Ca(OH)_2$

(2) 蘇打灰用量：

非碳酸鹽硬度：$1.2\ \frac{meq}{L} \times 0.5 \times \frac{106\ mg}{equiv} = 63.6\ mg/L$

$1,000\ m^3 \times 63.6 \times 10^{-3} = 63.6\ kg \approx 64\ kg\ Na_2CO_3$

2. 有一淨水場日處理量 $Q = 25$ MGD，欲採用臭氧（ozone）氧化消毒：

(1) 請計算每日需臭氧量（lbs/day）。

(2) 估計臭氧加藥及接觸槽容積。

(3) 需要多少電力？

答：

(1) 計算每日需臭氧量（lbs/day）：

假設臭氧濃度為 0.4 mg/L，接觸時間為 10 mins

$$\frac{lb}{day} = 0.4\ mg/L \times 8.34\ \frac{lb/MG}{mg/L} \times 25\ (MGD)$$

$$\frac{lb}{day} = 83.4\ lbs/day$$

(2) 估計臭氧加藥及接觸槽容積：

假設臭氧濃度為 0.4 mg/L，接觸時間為 10 mins

$V = Qt = 25\ (MGD) \times 1.547\ CFS/MGD \times 10\ mins \times 60\ s/min$

$V = 23{,}205\ ft^3$

(3) 需要多少電力：

臭氧接觸槽的平均電力需求 10～20 kW · h/kg of O_3

假設本題為 15 kW · h/kg of O_3

Power = 15 kW · h/kg × 83.4 lbs/day × kg/2.2 lb

Power = 569 kW · h/day

3. 請設計一日處理量 100,000 CMD 淨水場的消毒單元，採用液氯消毒劑，消毒效率 99.9%，假設加氯量（= 需氯量 + 餘氯量 1.5 mg/L）為 8 mg/L，反應時間 30 mins，一桶氯價格為 $8,700/ton。

(1) 估計氯加藥月用量。

(2) 估計液氯用量費用。

(3) 請設計消毒池尺寸單元。

答：

(1) 估計氯加藥月用量

$$\dot{M} = Q \times C = 100{,}000\ \frac{m^3}{d} \times 8\ mg/L \times 10^{-3}\ kg/m^3 = 800\ kg/d$$

$$800\,\frac{kg}{d} \times \frac{10^{-3}\ t}{kg} \times \frac{30\ d}{m} = 24\ ton/m$$

(2) 估計液氯月用量費用

一桶氯價格 $8,700/ton

液氯月用量費用 = 8,700/ton × 24 ton/month = 208,800 NTD/month

(3) 請設計消毒池尺寸單元

將處理水分流至四座消毒池，

每池流量 10,000 m^3/4 = 25,000 CMD = 17.5 m^3/min，反應停留時間 30 mins，

$V = 17.5 \times 30 = 525\ m^3$ 假設有效水深為 3 m

$A = 525/3 = 175\ m^2$ 令長寬比 = 5：3 $L = 17$ m，$W = 10.5$ m (= 11 m)

$A = 17 \times 11 = 187\ m^2 > 175\ m^2$，ok！

消毒池設計為四池，每一池為 17 m(L)×11 m(W)×3 m(H)

池中可加隔板使水流成柱塞流（plug flow）形式，促進消毒反應完全。

Chapter 8

清水池及配水管網系統

8.1 清水池設計
8.2 配水系統
8.3 配水管網和水力分析
8.4 給水管錯接及污染防止
8.5 管線漏水及無費水量

8.1 清水池設計

快濾後清水宜先消毒再入清水池，清水池有效容量應依淨水場之操作方式決定，一般約為設計最大日出水量 $Q_{max\ day}$ 之一小時容量或是 10% 容量。清水抽水機容量多以最大日出水量設計。如果場外配水池容積不足調節最大時用水或最大日加消防用水所需水量時，清水池容積及抽水機能力皆應加大。

場內清水池應分隔為二池以上，備一池清洗停用，維持供水。清水池有效水深為 3～4 m，出水高度 30 cm 以上。

清水池的設置目的：

1. 維持淨水場一定出水量的操作，可使操作正常而經濟。
2. 增加消毒停滯時間，加強消毒效果。
3. 有過濾造成漏砂或其他懸浮物在水中時，可在清水池再沉澱。
4. 補助供水系統中，配水池容量之不足。

清水池旁設有抽水站，抽水機將自來水經由輸水管抽送到配水池，再分送到自來水用戶端。清水抽水井設於清水池末端或分開建造。抽水井底版至少較清水井底版降低 1.0 m 以上，使池內水位低於中水位之下時，抽水機吸水管仍能保有適當之浸水深度，不致產生孔蝕現象（cavitation）。

8.2 配水系統

配水系統包括配水池、加壓站及配水管網管線等，將處理好的自來水送至使用戶端。配水池位於給水區域之上游為最普遍採用的方法。清水經配水池後再供應給水區域，惟此系統常受用水量變化的影響，水壓及水量較不穩定。理想經濟的配水系統，配水池位於給水區域之中央，可使給水區域內各處水壓及水量較均勻。配水系統設計應考慮因素：

1. 用水量需求。
2. 水壓規定。
3. 配水設備的考慮。
4. 配水布置。

5. 災害的考慮。

計畫配水量在平時應能滿足計畫最大時用水量 $Q_{peak\ hour}$，集居人口在 10,000 人以上時，配水管容量應考慮消防用水：

$$Q_{fire\ water} = 1,020\sqrt{P}(1 - 0.01\sqrt{P}) \tag{8.1}$$

$Q_{fire\ water}$：消防用水量（gallons/min）。
P：該區域內的人口數（千人為單位）。

在火災發生時供水應能滿足最大日用水量 $Q_{max\ day}$ 加上消防用水量 $Q_{fire\ water}$ 之總和（Q_2）：

$$Q_2 = Q_{max\ day} + Q_{fire\ water} \tag{8.2}$$

惟超過 100,000 人口以上的區域，通常其最大時用水量 $Q_{peak\ hour}$ 大於 Q_2，不需另外再考慮消防用水量。

配水系統以管網形式為主，各區供水力求水壓均勻，及符合水理要求：

1. 最大靜水壓不得超過管線容許使用的壓力。

2. 適宜動水壓在 1.5～4.0 kg/cm^2 左右，最大時用水量之最小動水壓，約在 1.0～1.5 kg/cm^2，以保證用戶有足夠的水量和水壓。

3. 最大動水壓以 4.0 kg/cm^2 為限，壓力不宜過大。隨著壓力增加，會增加漏水率及浪費水量。

4. 壓力應滿足消防需求，火災發生地點的最小動水壓不得形成管線負壓，其餘各處的水壓亦應避免過分降低。

5. 局部高地或管線末端，可採用局部加壓供水或分區供水，務求維持適宜水壓在 1.5～4.0 kg/cm^2 範圍。

◇8.2.1 配水方式

配水方式按供水區高程及分布位置分為三類（圖 8.1）：

1. 完全重力送水：若能保持家庭用水及救火栓有充分水壓、管徑適當，且水管耐強度夠，則此種配水方式為最安全及最經濟的方式。

2. 抽水機加壓配水：由抽水機將清水先抽送至配水池後，再以重力方式給水。

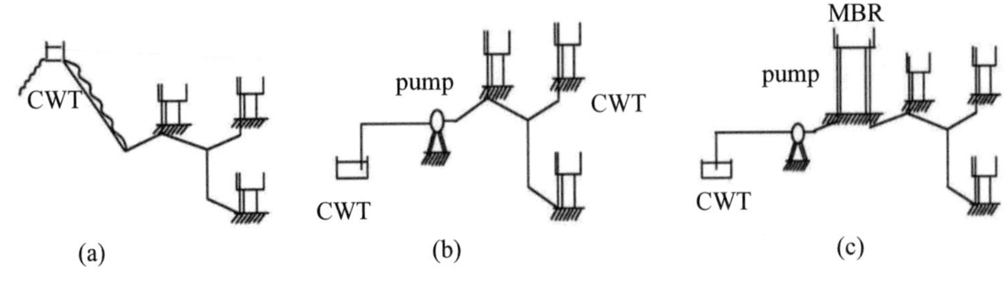

CWT：清水池；MBR：配水池

圖 8.1　配水方式：(a) 完全重力配水；(b) 抽水機加壓配水；(c) 重力與加壓混合配水

3. 重力與加壓混合配水：配水池位在供水區內或下游。在夜間用水量低時，剩餘水量蓄存於配水池中，當白天用水量增加時則由配水池補充不足水量。

8.2.2　配水池設計

1. 設置功能

因抽水機抽水及用戶用水變化，使得水量及水壓產生不穩定的現象，通常必須設置配水池加以調節，以提供充足水量及穩定的水壓。配水池功用：

(1)平衡用水量，配水池可用來調節各種用水量之變化。

(2)貯備消防用水以備水災時提供足夠的水量。

(3)遇抽水機故障或輸水管破壞及其他緊急情況，可由配水池蓄存水量供應。

(4)平衡抽水機及過濾池之負荷。

(5)平衡配水系統水壓，減少配水系統因用水量變化產生水壓變化，並可改善一般用戶之水壓及消防水壓。

(6)提高偏遠距離之水壓，改善離抽水站偏遠地方尖峰用水量時之水壓。

(7)若配水池設在管網中心附近，可減少配水管徑。

2. 配水池設計準則

配水池種類分為地面配水池、配水塔和高架水塔三類。配水池高度應以設計最低水位時，配水管線各點能保持最小動水壓 1.5 kg/cm^2，而設計最高水位時最大動水壓為 4.0 kg/cm^2 為原則。配水塔之總水深宜在 20 m 以下，高架配水池之水深以 3～6 m 為準。配水池越高，水壓越高，漏水量越多且抽水成本會增加；但配水池太低，水壓較低，水管口徑須較大，因此配水池高程應找出一平衡的經濟點。

配水池容量應能滿足淨水場的出水量與配水區域需水量之最大差。影響因素有：(1) 最大日用水量、(2) 最大時用水量、(3) 消防用水量、(4) 供水的水壓需求、(5) 配水方式等。配水池之有效容量應考慮供水量時間變化等情形決定。以能滿足設計最大日供水量為原則，提高至 8～12 hrs 量。

配水池容量設計方法：

(1)面積法

a. 如圖 8.2，縱座標 1.0 水平線為平均時用水量，1.0 水平線以上與曲線之間包圍的深色面積為白天用水量不足部分，1.0 水平線以下與曲線之間包圍的淺色面積為夜間多餘水量。通常白天的用水尖峰有兩個時段：早晨和傍晚，此時的用水高於平均時用水量。但夜晚至深夜的用水量下降，用水低於平均時用水量。

b. 計算 1.0 以上之斜線面積，即為配水池設計容量。

c. 如果配水池容量考慮漏水率影響：

第三章第 3.3 節曾提到，

最大日用水量 $Q_{max\ day} = (1.2 \sim 1.6)(\times Q_{average\ day})$

最大時用水量 $Q_{max\ hour} = (1.8 \sim 2.7)(\times Q_{average\ day})$

估計漏水率（$Q_{uncounted\ for}$）：台北市 40%，台灣自來水公司 25～30%；如果配水池容量考慮漏水率影響（假設為 30%），尖峰時用水量 $Q_{max\ hour}$ 重新計算：

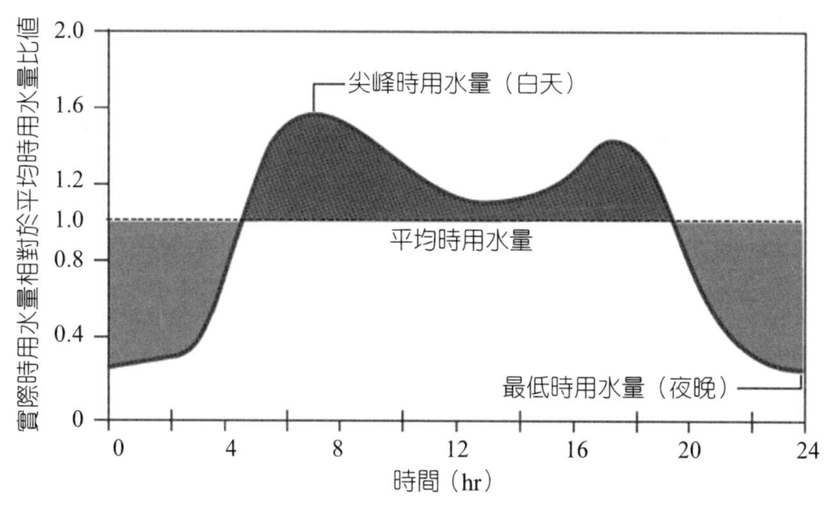

圖 8.2　家戶 24 小時用水量的變化

$$Q_{max\ hour} = 2.0 \times (Q_{average\ day}/24) \times (1+30/(100-30))$$
$$= 2.86 \times (Q_{average\ day}/24)$$

(2)累積曲線法

a. 如圖 8.3，第三章水庫蓄水量的累積流量曲線法（類似 Ripple method），監測一日各時段之累積用水量，並繪出用水量曲線。

b. 若 24 hrs 相等給水量，則零點與累積線最後一點所連接直線為給水累積曲線。

c. 選取最高和最低用水點，繪出兩點的用水累積曲線之切線，並與累積供水線平行，如圖所示，則點 A 與點 B 的差值即為配水池調節水量所需的設計容量。

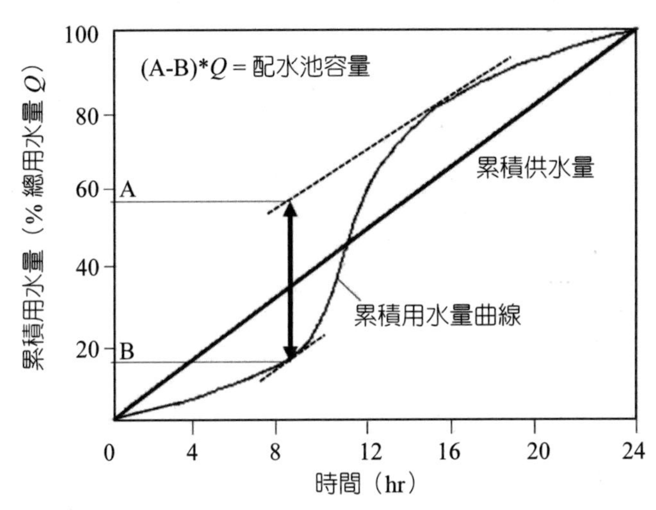

圖 8.3　累積用水量及供水量 24 小時間的變化

(3)依據自來水標準規定

a. 配水池容量以能滿足設計最大日供水量為原則，如屬可能宜提高至 8～12 hrs 之平均時用水量。

b. 配水管考慮消防用水量時，配水池容量應加算 2～4 hrs 的消防用水量。

8.2.3 管線設計

1. 管線種類及材料

自來水管線大致分為金屬管與非金屬管兩大類，常見的金屬管可分為鋼管（SP）、鑄鐵管（CIP）、石墨延性鑄鐵管（DIP）和銅管等。非金屬管包括鋼筋混凝土管（RCP）、預力鋼筋混凝土管（PSCP）、水泥內襯管、硬質聚氯乙烯塑膠管（PVCP）、聚乙烯塑膠管（PE）及玻璃纖維管（FRP）等。鉛管過去曾使用在自來水管線，但鉛含有毒性，易沉積於人體不易排出，故鉛管已逐漸被取代不用。

選擇自來水管材應考慮條件包括：

(1) 實際作用於水管之內壓及外壓和溫度，盡量選用有國家標準規定之管種。
(2) 經久耐用、抗蝕性良好、對內外載重抵抗力強。
(3) 符合衛生，不可有溶出有害物質和惡臭味。
(4) 容易操作維護。
(5) 輸水阻水低，且水密性應良好，以避免地面、地下水入滲管內。
(6) 費用合理。
(7) 管子和相關管件的銲接性和連接性好。
(8) 易於製造，施工、搬運、管理容易。

第三章的表 3.4 為常用自來水管材規格及特性，設計時可參考廠商提供之商業化管件型錄予以選擇。

2. 管線附屬設備

(1) 管配件（fittings）

因應管線流路規劃需要，使管路做位置變換或方向改變而使用零件稱為管配件。管配件之使用可讓管路施工時程縮短，減少管材浪費，增加管件動路流暢，減少空間使用，進而使配管接合施工更加簡便，容易維修或保養。常見的有（圖 8.4）：

a. 在管路轉彎處使用：如彎頭（elbow）、彎管（bend）藉著改變角度，讓空間更能靈活之應用。

圖 8.4　常見的管路配件

b. 在管路分歧處使用：如三通（tee）、十字頭（cross）及 Y 接頭，使水流可分流至其它管路設備，或可使流體同時供應管路上數個設備使用。也有用於管路通氣，防止管路內高低壓力差而產生虹吸現象，造成水封被破壞。

c. 在管路連接不同直徑使用：如異徑接頭（reducing sockets）、異徑彎頭（reducing elbow）、異徑三通（reducing tee），使管路流路增壓（由大管徑→小管徑）或減壓（由小管徑→大管徑）。

d. 在管路直線連接使用：如直接頭、考不令（coupling）、由令（union）等接頭。使管路長度可以延續，也讓維修拆裝作業更方便。

e. 配管末端使用：如塞頭（plug）、管帽（cap）等，用於管末端封閉時。

(2) 閥件（valves）

在管路中做為開關、控制液體流動方向、流量及壓力，及保護管線安全的重要元件稱為閥件。常見的有：

a. 制水閥（gate valve）：在水道管線上為中斷水流或調節流量所裝置的控制閥。

b. 減壓閥（pressure relief valve）：透過調節，將水道進口壓力減至某一需要壓力的裝置。減壓閥是一個局部阻力可變化的節流元件，經由改變進流面積使流速及動能改變，造成壓力損失以達到減壓目的。閥的動作有分為利用流體壓力、彈簧、隔板及伸縮囊之平衡關係，亦有活塞式。在進入和出口的管線，都要安裝一個壓力錶作調整或檢查減壓閥用。

c. 排氣閥（exhaust valve）：裝設於抽水機出水口，或送配水管線局部升高處，用以大量排除管中集結空氣，增進水管及抽水機安全及使用效率。一旦管內有負壓產生，排氣閥亦可迅速吸入空氣，避免管線負壓產生的損壞現象。

d. 逆止閥（check valve）：防止液體逆流，防止泵浦反轉，限定往單一方向的裝置。

e. 安全閥（relief valve）：是一種自動安全保護用裝置，當設備或管道內的壓力升高，超過規定值會自動開啟，控制壓力使不超過規定值。此使用於保護設備和工作者，遠離突然和危險過大壓力的威脅。

(3)其他

在配管系統中還有管道的連絡井（減壓槽）、人孔、溢流口、排泥口、制水閘門、養護道路、攔污柵、伸縮接縫等。均有相關的設計準則與規格。

3. 路線選擇及埋設

配水管網系統按供水區高程及分布位置分為重力式、加壓式和混合式等三類。重力式系統利用足夠的高程差，以重力自由流傳輸，不需動力，操作維修也比較容易。加壓系統必須藉由抽水機提供高程和壓力，但管線路徑較不受限制，使用較為普遍。

管網路線選擇原則為：

(1) 經由實地測量和地圖套疊，並做水理計算和經濟分析，及考慮維護保養等問題後規劃路線。

(2) 管線應盡量避免水平或垂直方向有急劇轉彎者，造成水頭損失變化過大。

(3) 管線之任何一點不得高出最低水力坡降線。

(4) 使用抽水機輸送且導（送）水管較長時，應視需要在管線上裝設安全閥或平壓塔。

(5) 配水管線盡可能布置成為網狀，避免死端。

(6) 視需要埋設二條管線並互相連接。

(7) 送水管不得與有污染可能之其他管線、水池等相連接，且所有新設、修復、或抽換之管線應經過消毒後始可使用。

(8) 高低起伏過大地區應設置壓力分區，管線局部最高點，應裝設排氣閥。

(9) 排泥管應裝設在管線之低處而有適當之排水路或河川附近。

(10) 大管徑之導（送）水管，應在必要地點設置檢查及修理用人孔。

(11) 水管橋及過橋管應盡可能使用鋼管或鑄鐵管。

其次是管網埋設位置及深度，在公有道路埋設水管時，應與道路主管機關協定，依土質、路面荷重、水管材質、結構和管徑來決定，如圖 8.5。一般道路埋設的標準覆土深度為 1.2 m，水管管徑越大埋設深度應越深。回填土壓力計算公式如下：

$$P=\frac{\rho_{soil}\cdot H\cdot B_d}{B_c} \tag{8.3}$$

P：作用於管體之回填土垂直等分布載重（kg/m^2）。

ρ_{soil}：回填土單位體積重量（kg/m^3）。

H：覆土深度（m）。

B_d：開挖寬度（管頂部位）（m）。

B_c：管之外徑（m）。

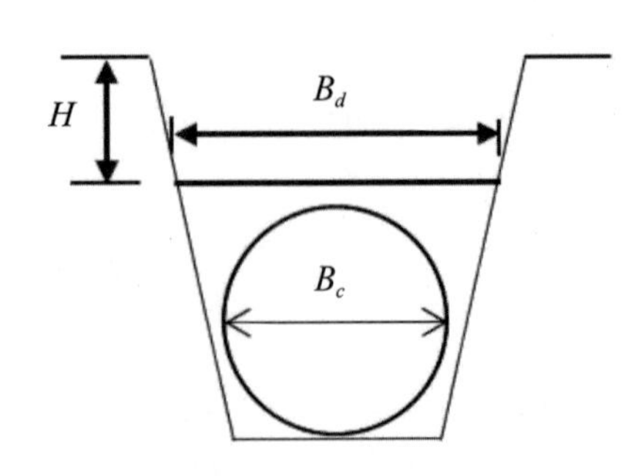

圖 8.5 管線埋設深度承受回填土壓力

路面荷重也包括車輛經過引起的活載重（live load），管線的最小覆土深度不得低於 60 cm，若施工和現地情況有困難可採用混凝土蓋板、RC 溝槽或門型框架予以保護。若現地地下水位過高時，為防止水管上浮，應有足夠覆土深度以抵抗空管的浮力。土壤回填材料以砂及碎石級配為主，一般是先放約 70 cm 回填砂，其上再回填碎石級配，並需予以回填夯實。

管線施工除了明挖法，在交通繁忙或有障礙物時可以考慮採用推進工法和潛盾工法，前者是在地底使用套管推進入土中，然後在套管內鋪設自來水管；後者是用潛盾機在地下挖隧道，以圓筒型鋼板外殼支撐隧道，俟隧道貫通後再裝設預鑄混凝土管（PCCP）或延性鑄鐵管（DIP）。

當管線完成鋪設後必須實施管線試壓：

(1)壓力試壓：水管應依「各種管材最高許可使用壓力」之 1.5 倍施行水壓試驗，如超過 10 kgf/cm^2 者則以 10 kgf/cm^2 施行水壓試驗，歷時 1 hr，其漏水量以不逾下列公式規定計算值為合格。

$$L = \frac{ND\sqrt{P}}{300} \text{（鋼襯預力混凝土管用）} \quad (8.4)$$

$$L = \frac{ND\sqrt{P}}{600} \text{（其他自來水管用）}$$

L：每小時容許漏水量（L）。

N：水管接頭數（不包括塑膠管臼塞膠合接頭）。

D：水管標稱管徑（cm）。

P：試水壓力（kgf/cm^2）。

各種管材最高許可使用壓力：

(1)聚氯耐衝擊乙烯塑膠管（PVCP）：7.65 kgf/cm^2。

(2)丙烯腈 一丁二烯－苯乙烯塑膠管（ABSP）：6.0 kgf/cm^2。

(3)延性鑄鐵管：10.0 kgf/cm^2。

(4)鋼管（含鍍鋅鋼管）：10.0 kgf/cm^2。

(5)鋼襯預力混凝土管（PCCP）：設計試驗水壓（內壓設計強度）之 50%。

◇8.2.4 配水管水力分析

1. 管線阻力摩擦損失

自來水管送水屬於不可壓縮流體，管內部呈現滿載的水流量（full flow）。水流在管道內的流動，會因為摩擦（h_f）、管路彎曲、管路擴大或縮小等狀況導致次要水頭損失（$\Sigma h_m = kV^2/2g$）。此損失能量以揚程表示，稱為 h_L。

$$h_L = h_f + \Sigma h_m \tag{8.5}$$

摩擦力產生揚程損失多係應用達西 — 威斯巴哈方程式（Darcy-Weisbach equation）計算：

$$h_f = f\frac{L}{D}\frac{V^2}{2g} = f\frac{L}{D}\frac{\left(\frac{Q}{A}\right)^2}{2g} = \left(f\frac{1}{2gDA^2}\right) \times Q^2 \tag{8.6}$$

h_f：因為摩擦力造成的揚程損失（m）。

L：管路的長度（m）。

D：管路的水力半徑，若是截面為圓形管路，等於管路的內直徑（m）。

V：水流速度，等於溼面積單位截面的體積流率（m/s）。

g：重力加速度（m/s^2）。

Q：抽水量（m^3/s）。

f：無因次，稱為達西摩擦因子，因管內壁的光滑度或粗糙度而異。

1944 年，Moody 將雷諾係數（Reynolds number）Re 的觀念導入 Darcy-Weisbach equation，提出了「管內壁的光滑或粗糙度與摩擦損失阻力關係圖，穆迪圖（Moody chart）」（圖 8.6），

在層流時：

$$f = 64/Re \tag{8.7}$$

此區域中相對粗糙度對摩擦因子沒有顯著影響；

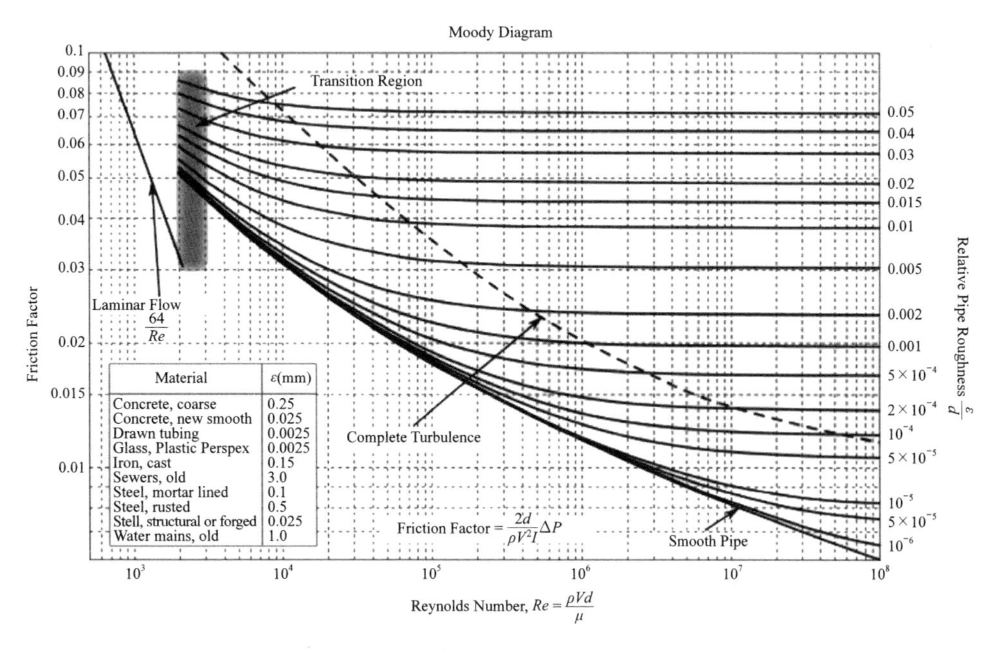

圖 8.6 穆迪圖（Moody diagram）

資料來源：維基百科穆迪圖 https://zh.wikipedia.org/wiki/%E7%A9%86%E8%BF%AA%E5%9C%96。

在紊流時：

$$\frac{1}{\sqrt{f}} = -2.0 \log\left(\frac{\varepsilon/d}{3.7} + \frac{2.51}{Re\sqrt{f}}\right) \tag{8.8}$$

ε/d：相對粗糙度，管內壁的光滑度或粗糙度（mm）相對於管徑（d）

根據穆迪圖（Moody chart），對應 Re 及 ε/d 可求出 f 達西摩擦因子。

2. 管件的次要損失

送水系統內管配件或閥件的次要損失 Σh_m（$= kV^2/2g$），

將式 8.5 代回式 8.4 重寫，可得到管線的摩擦損失 h_L 和抽水量 Q 的平方成正比例的關係：

$$h_L = h_f + \Sigma h_m = (f\frac{L}{2gDA^2} + \Sigma\frac{k}{2gA^2})Q^2 = K \times Q^2 \tag{8.9}$$

也有人將次要損失換算為等似直管長度（equivalent pipe length）：

$$h_L = h_f + \Sigma h_m = \left(f\frac{L+\Sigma l}{d}\right)\frac{v^2}{2g} \tag{8.10}$$

Σl 為管接頭及閥件之等似直管長度總和，常用管與閥件的等似管長如表 8.1。

表 8.1　常用管與閥件的等似直管長度

管徑（mm）	等似直管長度（m）							
	90° 彎管	45° 彎管	90°T（分流）	90°T（直流）	閘閥	球閥	角閥	止回閥
16	0.6	0.36	0.9	0.18	0.12	4.5	2.4	1.2
20	0.75	0.45	1.2	0.24	0.15	6	3.6	1.6
25	0.9	0.54	1.5	0.27	0.18	7.5	4.5	2
35	1.2	0.72	1.8	0.36	0.24	10.5	5.4	2.5
40	1.5	0.9	2.1	0.45	0.3	13.5	6.6	3.1
50	2.1	1.2	3	0.6	0.39	16.5	8.4	4
65	2.4	1.5	3.6	0.75	0.48	19.5	10.2	4.6
75	3	1.8	4.5	0.9	0.63	24	12	5.7
100	4.2	2.4	6.3	1.2	0.81	37.5	16.5	7.6
125	5.1	3	7.5	1.5	0.99	42	21	10
150	6	3.6	9	1.8	1.2	49.5	24	12
200	6.5	3.7	14	4	1.4	70	33	15
250	8	4.2	20	5	1.7	90	43	19

3. 管流速度

管流速度一般採用曼寧公式（Manning's formula）及赫茲威廉公式（Hazen-William's formula）：

(1)具自由水面之明渠流速，應用曼寧公式（Manning's formula）：

$$V = \frac{1}{n} R^{2/3} S^{1/2} \quad (8.11)$$

V：平均流速（m/s）。

R：水力半徑（m，=A/P；面積／濕周）。

S：水力坡降（m/m，= h/L）。

n：粗糙係數（一般為0.013～0.015，粗糙度越大其n值越高，見表3.1）。

(2)壓力管流速，應用赫茲威廉公式（Hazen-William's formula）：

$$V = 0.849 C R^{0.63} S^{0.54} \quad (8.12)$$

V：平均流速（m/s）。

R：水力半徑（m，$R = A/P = D/4$；面積／濕周）。

S：水力坡降（m/m）。

C：Hazen-Williams 流速係數，因材質而異（查表 3.2）。

將平均流速乘以輸水管截面積即為管中流量：

$$Q = V \cdot A = \left(0.849 \times C \times \left(\frac{D}{4}\right)^{0.63} \times \left(\frac{h}{L}\right)^{0.54}\right) \times \frac{\pi \cdot D^2}{4}$$

$$Q = 0.278 C D^{2.63} S^{0.54} \quad (8.13)$$

V：流速（m/s）。

A：輸水管截面積或斷面積（m^2）。

Q：流量（m^3/s）。

S：水力坡降（m/m）。

D：圓形管路的內直徑（m）。

8.3 配水管網和水力分析

為使配水管網設計能經濟有效充分供應各接水點所需水量，並保持供水區內各點水壓平均，在尖峰用水時仍能維持合理的使用水壓，配水管網布置基本原則：

(1)幹管應朝供水主流方向延伸，供水主流方向係取決於用水量較大地區及配水池位置。

(2)幹管應以最短距離送水至用水量較大區域。

(3)給水區域內每條道路兩側盡量布置支管，以便於將水送給用戶使用。

◇8.3.1 配水管網型式

配水管網型式如圖 8.7，可區分為：

1. 樹枝式（dead end or tree system）

(1) 簡單配水方式，管線短，管徑隨供水方向逐漸變小，設計簡單、水量計算容易、管理方便、投資較經濟。

(2) 若幹管發生故障時，停水範圍較大，供水安全性低。

(3) 當某地點大量用水時，水壓降低且水管末端常產生死端，使水質產生臭味及鐵銹。

2. 棋盤式（grid-iron system）

(1) 適用於矩形布局的城市，水管和分支鋪設成矩形的配水方式，配水系統中之水可向任何方向自由流動，不易產生滯留。

(2) 水管修理或破裂，聯結此管之水仍可由其他方向供給，供水安全性高。

(3) 用水量變化大時，供水不會有太大影響。

(4) 由於在所有分支上設置閥門，所以無法精確計算管道尺寸，計算較複雜。

(5) 需要較多的水管和配件，投資較大。

3. 環狀式（ring system）

(1) 用水量大的地區，可由各方向供水，增加供水可靠性。

(2) 加入環狀幹管，可改善用水較大地區（如工業及商業區）水壓。

4. 放射式（radial system）

(1) 將區域分為不同的區塊。水被泵至每個區域中間，再以放射式朝向周邊供水。

(2) 可提供快速服務。且管道尺寸的計算很容易。

8.3.2 配水管網分析

為使配水管網能在最經濟原則下充分供應各接水點需要的水量，盡量使供水區內各點水壓平均，在尖峰用水時尾端仍保持足夠水壓，故可使用管網分析方法進行合理性分析。美國環保署已開發 EPAnet 水利分析軟體，分析配水管網的管內壓力變化的情形。配水管網係由節點（nodes）及鏈結（links）組成，將供水分區之進水點、管線、消防栓及制水閥，逐一以節點（nodes）及鏈結（links）標繪於 EPAnet 圖面，組成配水系統網絡模型，再輸入資料進行水理計算，以獲得區域內各點壓力資料。EPAnet 軟體可免費下載，詳細說明請參考使用手冊（https://www.epa.gov/water-research/epanet）。

管網分析基本假設：

1. 管網中每一節點其流量分配須滿足流體之連續流（flow continuity）和質量守恆原理，任一節點其進流量必等於出流量，$Q_{in} = Q_{out}$。

2. 任一封閉迴路其水頭損失和為零，$\Sigma H = 0$。

3. 管網中水流為穩定均勻流（steady flow）。

4. 所有取水量均假設集中在節點而非沿著管線。

5. 在整個管網中必須保持一最小的壓力水頭：

$H_{min} \leq H_s - H_i$（H_s：水源提供壓力水頭；H_i：水頭損失）

一、等似管法

在複雜的管網內，各種形狀、大小或長短的管子都有，為了減少繁複計算，將水管環路內各不同長度與管徑之水管換算為一損失水頭相等之水管，稱

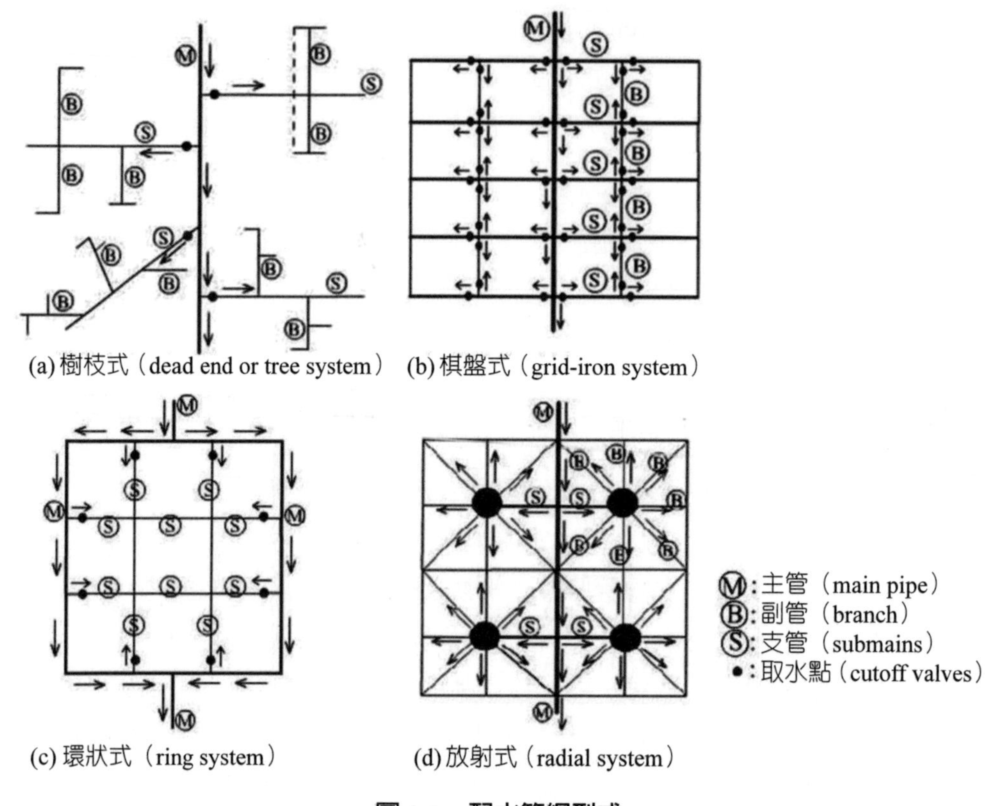

圖 8.7　配水管網型式

為等似管或等效管法（equivalent pipe method），此適用於狹長狀之管線系統。等效管是一條虛管，管子有三個主要特性：管徑、長度和粗糙度。圖 8.8 (a) 為串聯系統，三段不同管徑水管串聯，流量相同，水頭損失相加。圖 8.8 (b) 為並聯系統，三段水管串聯，水頭損失相同，流量相加。

二、哈第克勞斯法

哈第克勞斯法（Hardy-Cross method）是一種迭代的試誤法（trail and error method），適用於封閉的迴路系統。

哈第克勞斯法必須遵守兩個重要的平衡原則：(1) 質量（流量）守恆（balancing flows），及 (2) 水頭損失平衡（balancing headlosses）。先假設管網內各水管流量，將流量進行迭代校正，其次計算各環路管線內的水頭損失，直

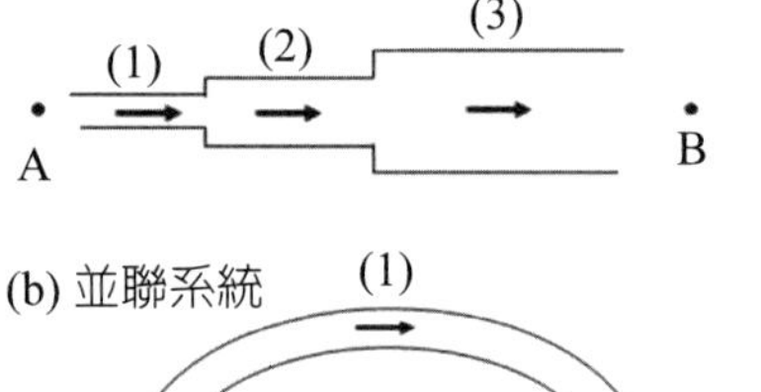

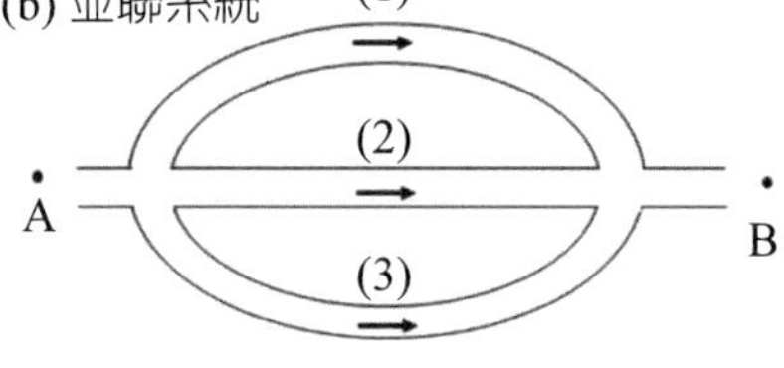

圖 8.8　等似管法介紹

資料來源：Fluid Mechanics, White, McGraw- Hill, 2000。

到順時針方向和逆時針方向的水頭損失在每個迴路內均相等，誤差達到可接受的小範圍內，平衡達成為止。

1. 哈第克勞斯法計算遵守原則

(1) 管網中任兩條以上的交會點（each junction）其流入量總和必等於流出量總和：$Q_{in} = Q_{out}$。

(2) 任一封閉迴路其水頭損失和為零：$\Sigma H_{clockwise} = \Sigma H_{counter\text{-}clockwise}$。

(3) 損失水頭與流量 Q 關係：

$$H = K \cdot Q^n$$

K：常數，由管徑、管長和粗糙係數 C 等決定。

n：流量指數（= 1.75～2.0）。

2. 哈第克勞斯法分析方法

(1) 決定流出的節點初始假定流量。

(2) 決定流向的符號，通常以順時針方向（+），逆時針方向（–）。

(3) 對所有環路使用相同的符號。

(4) 根據初始假定流量，及已知的管直徑、長度和粗糙度，估算管中的水頭損失，並累加每一環路的水頭損失，使$\Sigma H = 0$ 水頭損失 H 為

流量 Q 的函數 $H=K \cdot Q^n$。

以圖 8.9 簡單的管網為例：

(1) 平衡流量，$Q_i=Q_1+Q_2=Q_0$。

(2) 水頭損失 $H_1=H_2$。

(3) 環路的水頭損失，$\Sigma H_1 - H_2 = 0$，順時針方向（+），逆時針方向（−）。

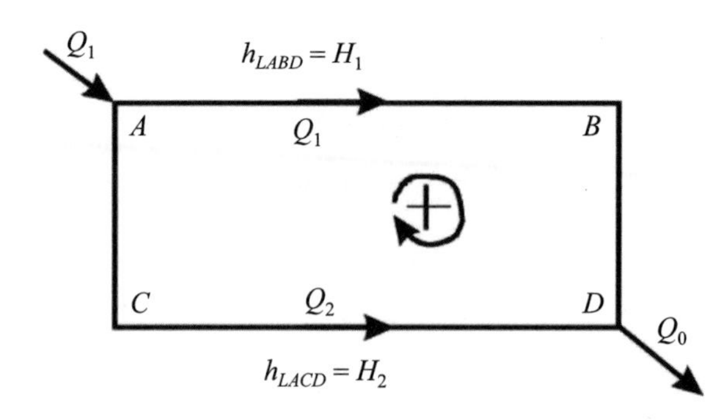

圖 8.9　以哈第克勞斯法推估的簡單管網

(4) 如果初始假定流量和實際流量存在誤差，哈第克勞斯法推導：

$$Q=Q_a+\Delta Q$$

Q：真實的流量。

Q_a：假設的初始流量。

ΔQ：流量誤差。

$$\Sigma K(Q_a+\Delta Q)^n=0 \tag{8.14}$$

$$\Sigma KQ_a^n+\Sigma nK\Delta Q\,Q_a^{n-1}+\Sigma\frac{n-1}{2}nK\Delta Q^2Q_a^{n-2}+\cdots=0 \tag{8.15}$$

在泰勒展開式中忽略後面比較小的數值，只取前兩項，推求出流量誤差值：

$$\Sigma K Q_a^n + \Sigma n K \Delta Q\, Q_a^{n-1} = 0 \tag{8.16}$$

$$\Delta Q = -\frac{\Sigma K Q_a^n}{\Sigma \left| n K Q_a^{n-1} \right|}$$

a. 應用 Darcy-Weisbach 公式 $H = K \cdot Q^2$：

$$h_f = f\frac{L}{D}\frac{V^2}{2g} = f\frac{L}{D}\frac{\left(\frac{Q}{A}\right)^2}{2g} = (f\frac{L}{2gDA^2}) \cdot Q^2 = K \cdot Q^2$$

$$\therefore K = f\frac{L}{2gDA^2} \tag{8.17}$$

b. 應用 Hazen-William 公式 $H = K \cdot Q^{1.85}$：

$$Q = V \cdot A = \left(0.849 \times C \times \left(\frac{D}{4}\right)^{0.63} \times \left(\frac{h}{L}\right)^{0.54}\right) \times \frac{\pi \cdot D^4}{4}$$

$$Q = 0.278 C D^{2.63} D^{0.54}$$

$$\therefore K = \frac{L}{(0.278 C D^{2.63})^{1.85}} \text{（公制單位）} \tag{8.18}$$

(5) 若 $\Sigma H \neq 0$，計算此一環路之 $\Sigma\frac{H}{Q}$。

(6) 計算修正流量誤差 ΔQ：

$$\Delta Q = \frac{-\Sigma H}{n\Sigma\frac{H}{Q}} = \frac{-\Sigma K Q^n}{n\Sigma(KQ^{n-1})} \tag{8.19}$$

(n = 2 for Darcy-Weisbach；n = 1.85 for Hazen-Williams)

(7) 修正各管線流量，$Q = Q_0 + \Delta Q$，再代回環路重複迭代計算。

(8) 直到 ΔQ 小於允許的流量誤差範圍內為止。

8.4 給水管錯接及污染防止

又稱混接，係給水管與未經檢驗認可之其他已污染之水源或水管連接的情形，會導致用水管內水質遭受污染。

給水管線錯接類型分為：

1. 一般性錯接：含有物理性的連通狀態者，如管線相互之連接、管線與池井之連接、池井與池井之連接。

2. 開放性錯接：於池井上方之管路出水口，因管線內發生負壓後水面升高，致污水倒流入管路內之情形。

3. 迴流性錯接：插入池井內之水管，因管線內發生負壓或池井內之氣壓升高，以致污水可能倒流入管之狀態。

錯接引起水質污染原因有：

1. 給送水管水壓降低造成污水倒流。

2. 水壓降至大氣壓以下，水管內部分產生真空現象。

3. 抽水揚程較給水管之水壓高時，用戶設備之污染水易從逆止閥倒流。

防止錯接方法：

1. 貯水槽、救火蓄水池、游泳池等之給水應採跌水式，其進水管之出口應設在離溢水面上一管徑以上之高度，但管徑在 50 mm 以下，其離溢水面高度不得小於 50 mm。

2. 盛水器之設備其溢水面與自來水出口之間隙亦應如上標準。

8.5 管線漏水及無費水量

配水系統之配水量包括有效水量及無效水量，有效水量分為計費水量與不計費水量；無效水量分為漏水量與不明水量。經濟學人雜誌 2012 年全球綠色城市調查評比（green city index），共調查一百多個城市，全球城市平均漏水率 24.6%。台灣自來水公司 2015 年底估計漏水率為 16.63%。相較於 2005 年 26.9% 約改善了 10%。影響漏水量之因素：

1. 水壓過高。

2. 管材腐蝕。

3. 材質不良及施工不良。

4. 土壤變動（如地震、地層下沉）造成管材斷裂。

5. 水錘。
6. 路面交通量的負載。
7. 逾齡管線。
8. 其他之漏水及損耗水。

台灣各地漏水率原因不盡相同，基隆地區因地勢高低落差大，高地區域常需靠多段加壓方可供水，致管線漏水風險增加。台中南投地區因曾經歷九二一集集大地震，雖破漏管線皆已搶修完畢，惟整體管線體質已受影響，包含接頭脫接及塑膠管產生裂縫，花東地區亦因地震頻繁，有同樣狀況。台中地區地層屬卵礫石層，以致細小暗漏不易檢測，也導致漏水率較高。

根據台灣自來水公司（https://www.water.gov.tw/）調查結果，自來水管網設備老化，道路長期受重車動態行駛輾壓與各項工程不斷挖修，管線老舊及塑膠管材比例高，係管線漏水主要原因。除汰換管線降低漏水率，尚需配合「水壓管理」、「修漏之速度及品質」、「主動漏水控制」等措施來降低漏水率。

汰換管線成本依管徑、管材、工法之不同皆有差異。台灣近年汰換管線平均成本約 665 萬元／公里。採用管線多為具延展性的球狀石墨鑄鐵管 DIP，用戶端使用不銹鋼管，DIP 使用年限五十年，不鏽鋼管也有三十年，除了不易鏽蝕還有防震、防漏水的功能。

淨水處理例題

1. 試計算下圖由蓄水池 A 到蓄水池 B 的流量（CMD）。

   Darcy-Weisbach 公式：$h_f = f\frac{L}{D}\frac{V^2}{2g}$，$L$：管長，$D$：管徑，$V$：平均流速，$f$：摩擦係數，$g$：重力加速度。

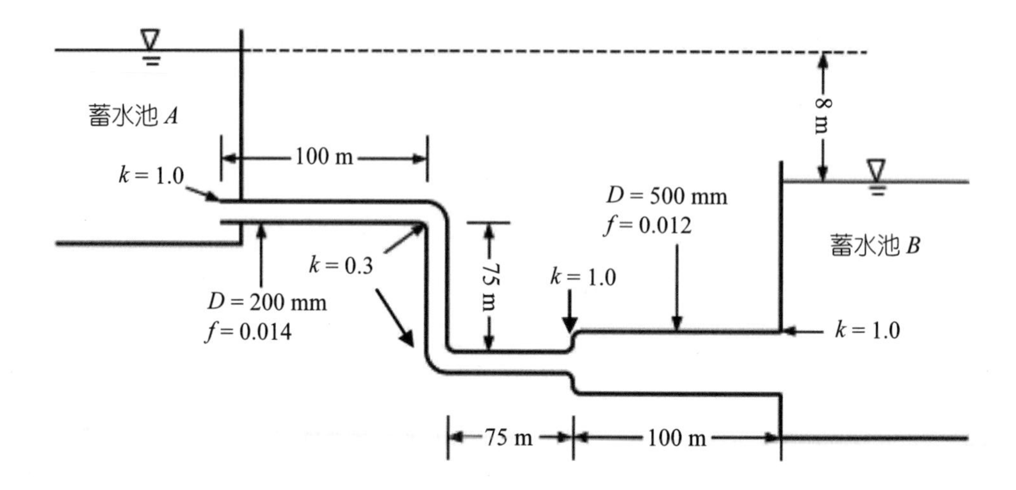

答：

(1) 根據白努利能量方程式，水力系統由蓄水池 A 到蓄水池 B 會遇到管線摩擦水頭損失及遇到彎管、突縮、突擴等管閥次要水頭損失，損失能量以揚程表示：$h_L = h_f + \Sigma h_m$ 直管 $h_f = f\dfrac{L}{D}\dfrac{V^2}{2g}$，閥件 $\Sigma h_m = k \times \dfrac{V^2}{2g}$

$$h_f = 0.014 \times \frac{(100+75+75)}{0.2} \times \frac{v_1^2}{2 \times 9.81} + 0.012 \times \frac{100}{0.5} \times \frac{v_2^2}{2 \times 9.81}$$

$$= 0.89v_1^2 + 0.12v_2^2$$

$$\Sigma h_m = (1.0 + 0.3 \times 2) \times \frac{v_1^2}{2 \times 9.81} + (1.0 \times 2) \times \frac{v_2^2}{2 \times 9.81}$$

$$= 0.08\ v_1^2 + 0.1\ v_2^2$$

$$h_L = 8 = h_f + \Sigma h_m = 0.97v_1^2 + 0.22v_2^2 \qquad \text{(a)}$$

(2) 根據質量守恆方程式：

$Q = v \times A = v_1 \times A_1 = v_2 \times A_2 \rightarrow v_2 = 0.16v_1$ 代入上式 (a)

$v = 2.86$ m/s

$$Q = v_1 \times A_1 = 2.86 \times \frac{\pi \cdot 0.2^2}{4} = 0.089\ \text{m}^3/\text{s} = 7{,}763\ \text{CMD}$$

2. 下圖為串聯之壓力水管，利用長度為 1,000 m 之等似管替代串聯水管，當兩者具有相同流量與水頭損失時（假設 Hazen-William 係數 C = 100），試求等似管之管徑。

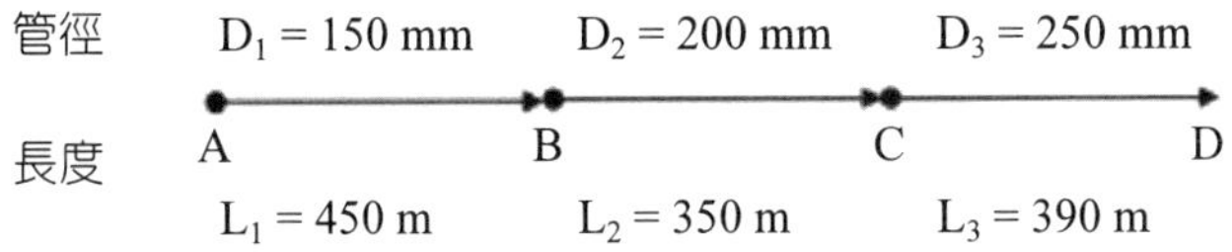

管徑	$D_1 = 150$ mm	$D_2 = 200$ mm	$D_3 = 250$ mm
長度	A → B	B → C	C → D
	$L_1 = 450$ m	$L_2 = 350$ m	$L_3 = 390$ m

答：

串聯系統，三段不同管徑水管串聯，流量相同，水頭損失相加

$Q = 0.278\mathrm{C}D^{2.63}S^{0.54} = 0.278\mathrm{C}D^{2.63} \times (h/L)^{0.54}$

AB 段 $Q = 0.278 \times 100 \times 0.15^{2.63} \times (h_{AB}/450)^{0.54}$

BC 段 $Q = 0.278 \times 100 \times 0.2^{2.63} \times (h_{BC}/350)^{0.54}$

CD 段 $Q = 0.278 \times 100 \times 0.25^{2.63} \times (h_{CD}/390)^{0.54}$

若以 AD 段 $L = 1{,}000$ 等似管徑為 D 取代之，

$$Q = 0.278 \times 100 \times D^{2.63} \times (h_{AD}/1{,}000)^{0.54} \quad \text{(a)}$$

$\rightarrow h_{AB} = 9{,}813Q^{1/0.54}$，$h_{BC} = 1{,}880Q^{1/0.54}$，$h_{CD} = 707Q^{1/0.54}$

$\rightarrow h_{CD} = h_{AB} + h_{BC} + h_{CD} = 12{,}400Q^{1/0.54}$ 代入 (a) 式中

$D^{2.63} = 0.00923$，$D = 0.168$ m $= 168$ mm

3. 兩條水管並聯，其長度 $L_1 = 1{,}000$ m，$L_2 = 1{,}500$ m，管徑 $D_1 = 0.5$ m，$D_2 = 0.4$ m，摩擦係數 $f_1 = f_2 = 0.013$。總流量為 $Q = 1.0\ \mathrm{m^3/s}$，問流量 $Q_1 = ?$，$Q_2 = ?$

答：

並聯系統，水頭損失相同，流量相加，

$Q = Q_1 + Q_2 = 1.0$ m/s

$$\frac{\pi D_1^2}{4} \times v_1 + \frac{\pi D_2^2}{4} \times v_2 = 1 \quad \text{(a)}$$

$$f\frac{L}{D}\frac{v_1^2}{2g} = f\frac{L}{D}\frac{v_2^2}{2g} \quad \text{(b)}$$

兩式聯立求解得到 $v_1 = 3.47$ m/s，$Q_1 = 0.68$ m/s

$v_2 = 2.54$ m/s，$Q_2 = 0.32$ m/s

4. 配水管網 ABCDEF，需要之流入和流出量均為已知，假設各管 $C = 100$，應用 Hazen-William 公式 $H = K \cdot Q^{1.85}$，$K = \dfrac{L}{(0.278CD^{2.63})^{1.85}}$，試求各管內的流量。

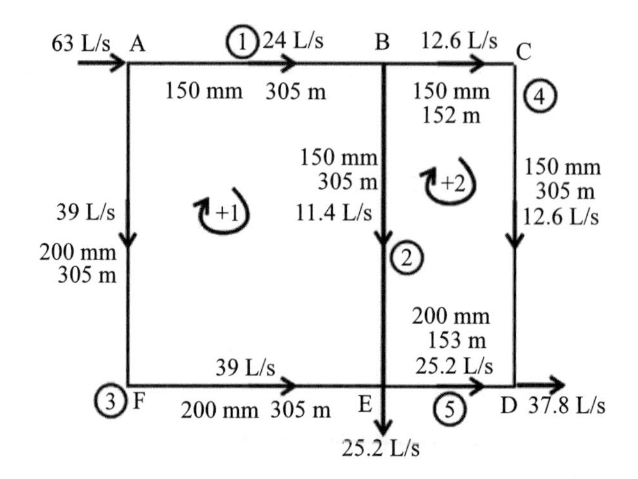

答：

此管網內有兩個迴路 loop 1、loop 2，先假設管內流量如上圖，再計算各環路內的水管水頭損失，及修正流量。

根據 Hardy-Cross method，$\Delta Q = \dfrac{-\Sigma H}{n\Sigma \dfrac{H}{Q}} = \dfrac{-\Sigma KQ^n}{n\Sigma(KQ^{n-1})}$ n

= 1.85 for Hazen-Williams 公式，進行迭代修正如下表：

1st Iteration

Loop	Pipe	Dia (m)	L (m)	$(l/k)^{1.85}$	Q (L/s)	H (m)	H/Q (m/L/s)	Correction (L/s)	Q' (L/s)
1	1	0.150	305	0.0187	+24.0	+6.68	0.28	-0.24	+23.76
	2	0.150	305	0.0187	+11.4	+1.69	0.15	-0.24+0.57	+11.73
	3	0.200	610	0.0092	-39.0	-8.09	0.21	-0.24	-39.24
						-0.28	0.64		
2	2	0.150	305	0.0187	-11.4	-1.69	0.15	+0.57+0.24	-11.73
	4	0.150	457	0.0280	+12.6	+3.04	0.24	-0.57	+12.03
	5	0.200	153	0.0023	-25.2	-0.90	0.04	-0.57	-25.77
						+0.45	0.43		

$$\Delta Q_{loop1} = \frac{-\Sigma H}{n\Sigma \frac{H}{Q}} = \frac{-0.28}{1.85 \times 0.64} = -0.24，$$

$$\Delta Q_{loop2} = \frac{-\Sigma H}{n\Sigma \frac{H}{Q}} = \frac{-0.45}{1.85 \times 0.43} = -0.57$$

2nd Iteration

Loop	Pipe	Dia (m)	L (m)	$(l/k)^{1.85}$	Q (L/s)	H (m)	H/Q (m/L/s)	Correction (L/s)	Q' (L/s)
1	1	0.150	305	0.0187	+23.76	+6.56	0.28	-0.15	+23.61
	2	0.150	305	0.0187	+11.73	+1.79	0.15	-0.15+0.09	+11.67
	3	0.200	610	0.0092	-39.24	-8.17	0.21	-0.15	-39.39
						+0.18	0.64		
2	2	0.150	305	0.0187	-11.73	-1.78	0.15	-0.09+0.15	-11.67
	4	0.150	457	0.0280	+12.03	+2.79	0.23	-0.09	+11.94
	5	0.200	153	0.0023	-25.77	-0.94	0.04	-0.09	-25.86
						+0.07	0.42		

$$\Delta Q_{loop1} = \frac{-\Sigma H}{n\Sigma \frac{H}{Q}} = \frac{-0.18}{1.85 \times 0.64} = -0.15,$$

$$\Delta Q_{loop2} = \frac{-\Sigma H}{n\Sigma \frac{H}{Q}} = \frac{-0.07}{1.85 \times 0.42} = -0.09$$

流量誤差ΔQ已很小，計算停止，由上表可得到管內流量：

Pipe 1 Q = 23.61 L/s、Pipe 2 Q = 11.67 L/s、Pipe 3 Q = 39.39 L/s、Pipe 4 Q = 11.94 L/s、Pipe 5 Q = 25.86 L/s。

順時針（+）和逆時針（−）。

Chapter 9

淨水場廢水及污泥處理

9.1 廢水及污泥來源與特性
9.2 與廢水和污泥相關環保法規
9.3 廢水（污泥）量推估
9.4 廢水收集與處理方式
9.5 廢水處理單元設計
9.6 污泥調理和脫水處理
9.7 廢水處理流程質量平衡
9.8 廢水處理操作建議

9.1 廢水及污泥來源與特性

膠凝與沉澱池的沉澱排泥及快濾池的洗砂廢水是淨水場廢水（泥）主要來源，其成分包括原水在淨水處理過程中被截留之懸浮固體物，添加膠凝劑混凝產生的化學膠羽，以及場內的清洗廢水等。此廢水（泥）量約占每日水場處理水量的3～5%。其中，沉澱池排泥量占總廢水量1～1.5%，洗砂廢水量的2.5～3.5%。

廢水經沉澱濃縮後會產生含鐵或鋁鹽的污泥，其固體物濃度約為 0.5～4.0%，稱為明礬污泥（alum sludge），主要成分為細黏土顆粒、含鐵或鋁的氫氧化物及部分有機物，大體上屬於無機性污泥。根據 Kawamura（2000）資料，明礬污泥組成如表 9.1 所列，具黏稠性，親水性程度視污泥組成成分而異。取自優養化水源的原水，或低濁度原水的明礬污泥，親水性較高，較不易乾縮脫水，故常需要加高分子聚合物（polymer）調理，改變其污泥結構。取自河川水源的原水，含泥量多，親水性低，較容易脫水。明礬污泥水含有生物需氧量（BOD）和化學需氧量（COD），主要是因組成固體物貢獻，將污泥固液分離處理後，BOD 及 COD 就會大幅降低。

表 9.1　明礬污泥組成

BOD mg/L	COD mg/L	pH	泥土 %	總固體物 %	鋁鹽 %	有機物 %
30～300	30～5,000	6～8	35～70	0.1～4	15～40	15～25

資料來源：參考 Kawamura (2000) Table 4.3-1。

9.2 與廢水和污泥相關環保法規

1. 廢水

中華民國「水污染防治法」訂定的「放流水標準」內有關於自來水場的廢水排放標準，如表 9.2 所示。例如：COD < 100 mg/L，SS < 50 mg/L，餘氯量

表 9.2　自來水場放流水標準

分類	項目	放流水標準
(A_1) 一般項目	pH 值	6.0～9.0
	溫度（℃）	38
	化學需氧量 COD（mg/L）	100
	懸浮固體 SS（mg/L）	50
(A_2) 重金屬項目	溶解鋁（mg/L）	—
	鉛（mg/L）	1
	鎘（mg/L）	0.03
	鉻（mg/L）	0.5
	汞（mg/L）	0.005
	硒（mg/L）	0.5
	砷（mg/L）	0.5
(B) 生物項目	梨形鞭毛蟲（Glarda Lomblia）	—
	隱鞭孢子蟲（Crytosporidum）	—
(C) 地下水項目	鐵（mg/L）	10
	錳（mg/L）	10

資料來源：中華民國「水污染防治法」訂定的「放流水標準」有關於自來水場的廢水排放標準。

< 0.5 mg/L。

根據台北科技大學張添晉教授（2010）受台灣自來水公司委託研究報告「回收廢水水質對淨水處理影響及最適化控制之研究」，六座具有代表性之國內淨水場豐枯水期之回收廢水皆可符合自來水公司內控標準，及法規訂定的廢水排放標準。

2. 脫水後污泥餅

依據國內「廢棄物清理法」訂定之「事業廢棄物貯存清除處理方法及設施標準」，第 13 條規定：污泥於清除前，應先脫水或乾燥至含水率百分之八十五以下；未進行脫水或乾燥至含水率百分之八十五以下者，應以槽車運載。

基於資源化再利用技術已十分成熟，可將污泥餅再利用為水泥原料、製磚、培養土等，依據經濟部事業廢棄物再利用管理辦法之相關規定，經濟部已公告自來水淨水污泥（編號 39）為水泥原料，淨水軟化碳酸鈣結晶（編號 45）為水泥原料或鋼鐵廠燒結礦原料等再利用之種類，因此不僅污泥處理費用可降低，符合法令，也有益淨水污泥的永續利用。

9.3 廢水（污泥）量推估

膠凝池、沉澱池、快濾池等淨水作業流程產生污泥及廢水，收集淨水場產生廢水（污泥）量，可由實測統計得之。工程上多從處理水量、原水濁度，及添加膠凝劑量推估產生之污泥總量，再依各處理單元機能，估算其合理廢水量。

9.3.1 廢污泥量推估

淨水處理產生之總污泥量可以化學反應式予與估算。表 9.3 彙整國內常使用的淨水場總污泥量（W_s）估計方法。

表 9.3 淨水場總污泥量估計式一覽表

發表單位	總污泥量估計式
日本水道顧問社	$W_s = (f_1T + f_2A) \times Q \times 10^{-6}$　$f_1 = 1.5$；$f_2 = 0.017$
中興工程顧問社	$W_s = (T + f_2A) \times Q \times 10^{-6}$　$f_2 = 1.05$
國立台灣大學環工所	$W_s = (f_1T + 0.44A) \times Q \times 10^{-6}$　$f_1 = 0.97 \sim 1.71$，平均為 1.314
美國 AWWA	$W_s = (T + 0.5A) \times Q \times 10^{-6}$
高肇藩（1980）	$W_s = (T + 2C + 0.234A) \times Q \times 10^{-6}$
Kawamura (2000)	$W_s = (f_1T + 0.26A) \times Q \times 10^{-6}$　$f_1 = 1 \sim 2$，平均為 1.3

註：上述各式估算 W_s 值未必相等，可能是公式推導背景，如原水特性及加藥量不同所致。

符號說明：

W_s：總污泥乾重（ton/d）。

T：原水 95% 機率最大濁度或 4 倍平均濁度（NTU）。

A：95% 高濁度時，添加之硫酸鋁量（mg/L）。

C：色度（mg/L）。

f_1：為SS／濁度（NTU）比值，高濁度時$f_1 = 1.5$～2.0；濁度10 NTU以下，$f_1 = 1.0$。

f_2：為混凝劑產生之固體係數。

$$Al_2(SO_4)_3 \cdot 18H_2O + 3Ca(OH)_2 \rightarrow 2Al(OH)_3 \downarrow + 3CaSO_4 + 18H_2O$$

$$\frac{1 \quad : \quad 3 \quad : \quad 2}{1\ mg/666 \quad : \quad Y/74 \quad : \quad z/76}$$

每加入 1 mg/L 硫酸鋁 $Al_2(SO_4)_3 \cdot 18H_2O$ 會消耗水中天然鹼度 0.33 mg/L as $Ca(OH)_2$，生成 $Al(OH)_3$ 固體物 0.234 mg/L。

$$\therefore f_2 = 156/666 = 0.234$$

國內使用液態硫酸鋁或是 PAC，其所含 Al_2O_3 成分為固態硫酸鋁之 0.5～0.55倍，故 f_2 減為0.12；如果用硫酸亞鐵（$FeSO_4 \cdot 7H_2O$）為混凝劑，$f_2 = 0.38$。

硬水軟化產生污泥量計算：

‧石灰軟化 $W_s = 2.5\times$ 減少之硬度 $\times Q \times 10^{-6}$ （9.1）

‧氫氧化鈉軟化 $W_s = 1.5\times$ 減少之硬度 $\times Q \times 10^{-6}$ （9.2）

9.3.2 洗砂廢水量

洗砂廢水量可以由池面積、反洗率、表洗率（或側洗率）、洗砂時間及洗前槽上排水深和濾程等條件估算之，表 9.4 為不同洗砂機制快濾池的反洗率、表（側）洗率及洗砂時間。

洗砂廢水量（Q_s）：

$$Q_s = (v_1t_1 + v_2t_2 + h) \times n \cdot A \times \frac{24}{T_0} \tag{9.3}$$

$n \cdot A$：池數 n 乘以單池面積 A（m^2）。

v_1t_1：反洗率及反洗時間乘積（m/min×min）。

v_2t_2：表洗率（或側洗率）及表側洗時間乘積（m/min×min）。

h：洗前洗砂槽內水深（m）。

T_o：濾程（設計採 24 hrs）。

表 9.4　不同洗砂機制之快濾池，反洗率、表（側）洗率及洗砂時間

項目	傳統清水反洗濾池	空氣 + 清水反洗濾池
反洗率（$m^3/m^2 \cdot min$）	0.75～1.0	0.25
表側洗率（$m^3/m^2 \cdot min$）	0.04～0.05	0.1～0.15
洗砂時間（min）	6	10～12
表側洗時間（min）	4	10～12
洗前排水高 h（m）	0.5～0.6	0.5～0.6
濾程（hrs）	24～36	24～36

註：1. 洗前排水高 h 得於反洗前以緩慢過濾方式降低，減少水的損失。
　　2. 併用空氣清水洗砂之快濾池，廢水量約少 20～30%。

9.3.3　平均固體物 SS 濃度

快濾池正常進水濁度為 3～5 NTU（沉澱池處理過的水），假設一個濾程為 24 hrs，從一濾程流入濾池內，全部被濾料層截留的累積固體量為：

$$\begin{aligned} W_{sf} &= 4\ (mg/L) \times \text{一濾程通量} \times 10^{-6} \\ &= 4\ (mg/L) \times Q\ (\text{日處理量 CMD}) \times 10^{-6} \end{aligned} \tag{9.4}$$

快濾池洗砂目的是將積留於濾料之雜質沖洗排出，反沖洗的初洗廢水濁度約 2,000～3,000 NTU，反沖洗終了時可降至 10 NTU 左右。因此廢水中平均 SS 濃度以下式估計：

$$SS（平均值）= W_{sf} / 總洗砂廢水量 \qquad (9.5)$$

SS（平均值）約為 100～300 mg/L。

例題 9.1

某一淨水場最大日處理量 $Q = 100{,}000$ CMD，快濾池面積 $nA = 500$ m^2，平均濾率 200 m/d，濾程為 24 hrs，進水濁度為 5 NTU（假設 1 NTU=1 mg/L），請估計廢水中平均 SS 濃度。

答：

將參數代入式 9.3 求取廢水量 Q_S，及利用式 9.4 推估 W_{sf}

$$Q_S = (0.85 \times 6 + 0.05 \times 4 + 0.5) \times 500 \times \frac{24}{24} = 2{,}950\ m^3/d$$

$$W_{sf} = 5 \times 100{,}000 \times \frac{24}{24} \times 10^{-6} = 0.5\ ton/d$$

$$平均\ SS = \frac{0.5}{2{,}950} = 0.000169\ t/m^3 = 169\ mg/L。$$

假如濾程延長至 36 hrs

$$T_o = 36\ hrs,\ W_{sf} = 5 \times 100{,}000 \times \frac{36}{24} \times 10^{-6} = 0.75\ ton/d$$

$$平均\ SS = \frac{0.75}{2{,}950} = 254\ mg/L。$$

9.3.4 沉澱池廢泥量

沉澱池沉降污泥由刮泥機連續刮除至近水端下方集泥坑（hopper），再經由排泥管（電力或抽泥泵）間歇排出。池底污泥濃度約為 0.5～2%，視原水濁度變化而異（雨天高濁度 SS 可能 3～5%）。沉澱池原則上每 1～2 hrs 排泥乙次，每回排 2～5 mins，其間隔由濁度高低及集泥坑容量，固體濃度加以變化調整，但是最長排泥相隔時間應小於 8 hrs。

污泥接觸式反應沉澱池（Solids Contact Reactor Clarifier）係自動排泥，污泥濃度 0.5～1.0%，該型沉澱池需控制底部污泥區，使污泥固體濃度保持在 1～2%，當濃度過高時自動排泥。沉澱池每日排泥（固體量）為全部排出之污泥（含水）量與平均 SS 濃度之乘積，每日合理排泥量以下式估計：

$$Q_c = (W_s - W_{sf}) \times 10^3 / (c \times r \times 10^3) \quad m^3/d \qquad (9.6)$$

W_s：每日之總污泥量（乾重）。

W_{sf}：快濾池去除之污泥量（乾重）。

c：排泥之平均固體濃度（%）。

r：含水污泥之密度（$r = \dfrac{1\times10^3}{(1-c)\times1} + \dfrac{c}{2.5}$，假設泥土比重 2.5）。

例如：$c = 1\%$，$r = 1.006$；$c = 2\%$，$r = 1.012$。

例題 9.2

已知一淨水場引用某河川水源，其長時間濁度監測數據得到的分布統計如表例題 9.2 所示，發生 95% 機會的濁度為 100 NTU，假設每日處理量 Q = 100,000 CMD，PAC 加藥量 A = 80 mg/L，請估算每日合理排泥量 Q_c。

答：

使用 PAC，其所含 Al_2O_3 成分為固態硫酸鋁之 0.5～0.55 倍，故 f_2 減為 0.12

$W_s = (f_1T + f_2A) \times Q \times 10^{-6}$；$f_1 = 1.3$，$f_2 = 0.12$

$W_s = (1.3 \times 100 + 0.12 \times 80) \times 100{,}000 \times 10^{-6} = 13.96$ ton/day

$W_{sf} = 0.5$ ton/d（根據快濾池的操作狀況推估）

沉澱池排泥 SS 濃度為 C，

(1) $C = 1\%$，$Q_c = (13.96 - 0.5) \times 10^3 / (1\% \times 10^3 \times 1.006) = 1{,}338\ m^3/d$

(2) $C = 2\%$，$Q_c = (13.96 - 0.5) \times 10^3 / (2\% \times 10^3 \times 1.012) = 665\ m^3/d$

如果排泥平均 SS 濃度濃度 C 比較大，每日合理排泥量 Q_c 就要減少。

表例題 9.2　某水源長期監測濁度之分布統計表

統計之濁度	發生天數	百分比	累積百分比
<5	178	14.75	14.75
5～10	476	39.44	54.19
10～50	453	37.53	91.72
50～100	47	3.89	95.61*
100～200	29	2.40	98.61
200～500	13	1.07	99.08
500～1,000	9	0.75	99.83
>1,000	2	0.17	100.00
小計	1207	100	

*註：95% 濁度累積百分比對應出的濁度最大值為 100 NTU。

9.4 廢水收集與處理方式

淨水場廢水對環境水體的污染性不如其他產業廢水要高，故早年其廢水排放未受到管制。然而基於水資源保護和水資源再利用的國際趨勢，美國於 1972 年 Public Law 92-500 首先將淨水場廢水視為事業廢水納入管理。我國於 1992 年頒布的「水污染防治法」也增列自來水場的廢水放流標準。在列管之前，國內外淨水場多數皆設有簡易的廢水處理設施，部分則將洗砂廢水回收再利用。目前台灣水公司是採取零排放（全量回收），或是多量回收少量排放的方式處理。圖 9.1 為常見的淨水場廢水及廢污泥收集處理流程。

台灣目前對反沖洗砂廢水是否要回收再用並無管制，台灣二十三座出水量大於 40,000 CMD 的淨水場，有二十一座是將反洗廢水排入分水井、原水端、混凝池、膠凝池或沉澱池回收，有兩座是排到污泥塘不予回收。由於反洗廢水含有眾多不穩定且沉降性頗佳的微粒膠羽，迴流後也有助於混凝沉澱池的效能，遂被普遍採用。但近年來也有學者專家關心廢水中可能含有小型原生動物如梨形鞭毛蟲（Glarda Lomblia）、隱鞭孢子蟲（Crytosporidum）與微生物之回流累積問題，主張在廢水回收前應採加藥沉澱處理，並予消毒。Kawamura

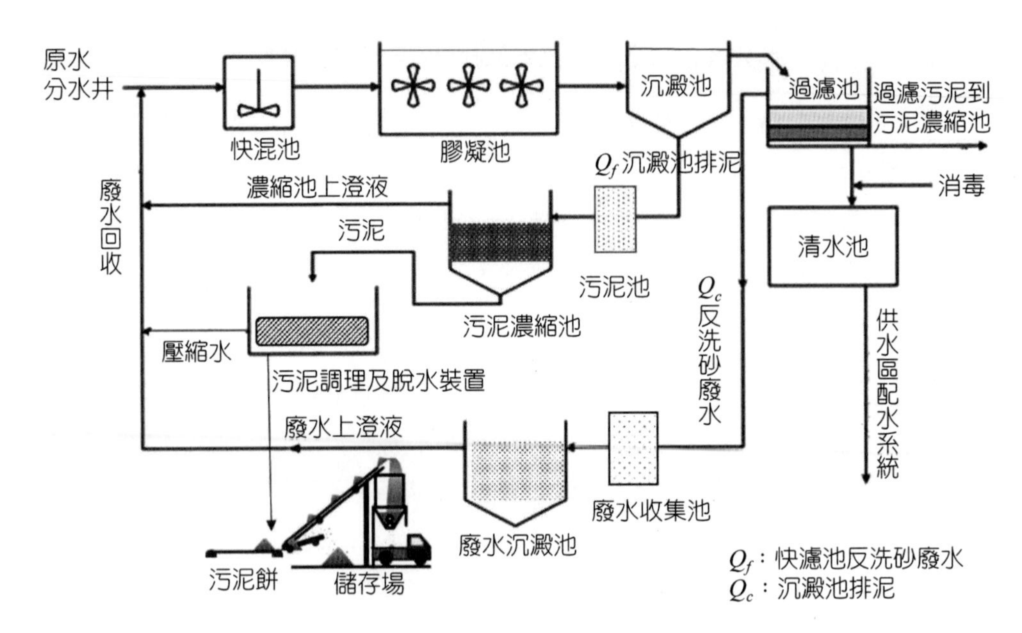

圖 9.1　常見的淨水場廢水收集處理流程

（2000）認為回收水質應不劣於（至少相當）原取用之原水，但沉澱池廢水的污染性高（可能含有危害物質如重金屬、有機物及色臭味源等），建議處理後上澄液仍應排放，不宜再回收。台灣水公司目前仍採取零排放處理法，根據水公司委託張添晉教授（2010）執行報告「回收廢水水質對淨水處理影響及最適化控制之研究」指出，六座具有代表性國內淨水場回收廢水仍可符合自來水公司內控標準，雖然少部分淨水場的廢水上澄液有少量藻類、梨形鞭毛蟲和隱鞭孢子蟲檢出，但對淨水處理成效沒有影響，或可確保回收利用的安全性。

近年來以薄膜處理反沖洗廢水已在許多國外淨水場應用，並被認為是一項有效提升水質及回收率的技術。經過若干研究確認：以薄膜處理可有效去除水中懸浮固體、濁度及微生物，對於先前提到的梨形鞭毛蟲與隱鞭孢子蟲迴流累積的影響可以顯著降低。當然，如果廢水處理設施可保持良好操作，也可以確保廢水迴流的安全性。

9.5 廢水處理單元設計

如圖 9.1 淨水場廢水收集處理流程，將廢水先收集至反洗砂廢水收集池（Holding Tank）暫存，再直接迴流到前端處理程序，或經過廢水沉澱池先降低部分廢水中 SS 濃度（或濁度），再將上澄液迴流等方式處理。沉澱污泥是先以污泥池暫存，再由污水（泥）泵浦抽送至濃縮池進一步固液分離。污泥濃縮目的是從污泥中移除水分，增加單位體積固體含量。以下說明各單元的設計準則。

◇9.5.1 反洗砂廢水收集池

1. 用來調整暫存數分鐘內排出的大量洗砂廢水，容量應至少備一到二池，濾池洗砂乙次之廢水量。

2. 池內應備有抽水機固定每 1～2 hrs 將池內儲水抽乾至沉澱池處理，以接納下一濾池的反洗排水。

3. 抽水機配量及能量應依水力平衡關係，盡量以每 24 hrs 頻率平均操作。池內常不設攪拌機，池底沉砂應設計可以從進水管以水力流送至抽泥坑予以收集。

◇9.5.2 污泥池

1. 用來儲存調節沉澱池間歇排出的濕污泥，再由污泥泵浦抽至污泥濃縮池（24 hrs 平均操作），進一步固液分離。

2. 污泥池容量視需要應滿足約 3～24 hrs 排泥量的空間。

3. 因為沉澱池的排泥濃度達 2～10.5%，在池底應裝有攪拌機或刮泥機防止池內固體物提早沉澱。沉澱池的排泥作業應分池依序進行。

◇9.5.3 廢水沉澱池

1. 目的在降低洗砂廢水中懸浮固體物 SS 濃度（或濁度），確保較佳之回收水質，水池構造及設計準則同一般淨水沉澱池，表面負荷率（SOR）20～30 m/day，水力停留時間（DT）2～3 hrs，池內應設有刮泥機。出流水濁度 <10

NTU，底泥固體濃度 0.5～2%，應定時抽排到污泥池（塘）。

2. 廢水沉澱池宜建在地面上，其高水位（HWL）需高於回收支分水井，俾能以重力流回收及排泥。

9.5.4 污泥重力濃縮池

1. 重力濃縮（Gravity Thickening）乃利用重力作用沉降或濃縮廢水中高濃度懸浮固體或污泥，以減少污泥體積。將污泥池送來之較稀污泥（0.5～2%）經固液分離濃縮為 4～6% 濃度的污泥，上澄液經自然溢流至廢水池再處理，底層污泥經刮泥機集中至排放口，送至污泥儲留槽以利後續脫水處理（運送曬乾或機械脫水）。

2. 濃縮池宜建立在地面上，以利排泥或是排放廢水。

3. 重力濃縮池設計控制參數包括進流稀污泥濃度、濃縮後污泥濃度、固體回收率、水力負荷率和固體負荷率（SS mass loading）。表 9.5 為污泥重力濃縮池常用操作參數設計準則，分為明礬污泥（alum sludge）和加入石灰調理污泥（lime sludge）。一般來說加入石灰調理的污泥會比較濃稠，故濃度比較高。如表 9.5 標準的明礬污泥固體負荷率（SS mass loading），國內高肇藩（1980）提出的文獻值 10～20 kg/m^{2}d，後來引進的法國脈動式 Degremont Pulsator 污泥氈式沉澱池型式，其負荷率為 15～25 kg/m^{2}d。Kawamura（2000）建議值為 50 kg/m^{2}d，相對應的水力負荷進流率為 7～9 m/day。

4. 進流水 SS 濃度低於 0.5%，應校核池面水力負荷率，使低於 10 CMD/m^2。總停留時間常大於 12 hrs。

5. 高濁度時，污泥含砂量多，固體負荷率可提高（solid loading ≥ 100 kg/m^{2}d）。所以在高濁度時發生之污泥量，設計濃縮池之固體負荷率可提高為 50～60 kg/m^{2}d；然而平時的平均濁度污泥量約減為 1/4，固體負荷率也降為 15 kg/m^{2}d。

6. 濃縮池多採圓形，剖面如圖 9.2，其中沉澱出水區 h_1 至少為 1.20 m，濃縮及壓縮段 h_2 > 1.8 m，SWD > 3.5 m，出水高 0.6 m。池底設刮泥機，扭力應特別考慮。排泥速度宜以低流率高濃度排泥方式操作，避免過度排泥（原水低濁度時）或排泥不足（原水高濁度時）。建議採間歇式排泥，讓間隔排泥時間縮短，盡量使底部污泥層的形成速度與排泥速度達到平衡，不造成阻塞。並

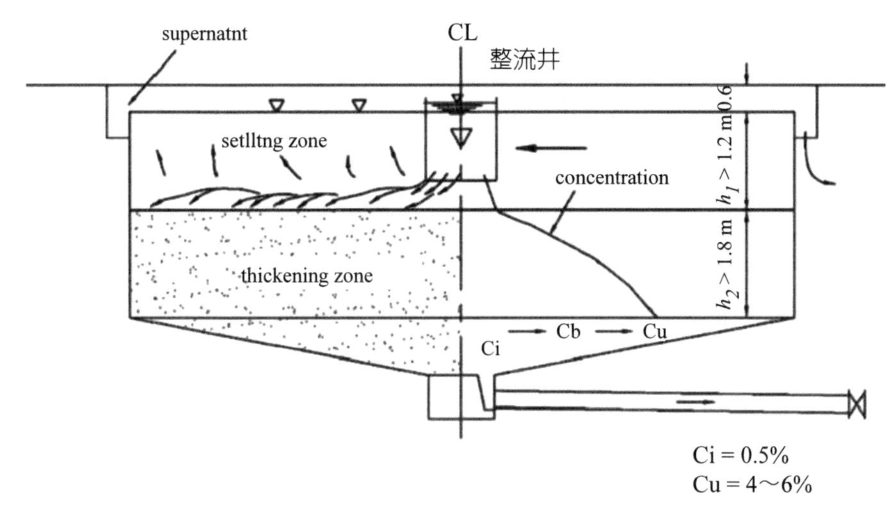

圖 9.2 淨水場污泥重力濃縮池示意圖

安裝可靠有效的污泥厚度計隨時監測污泥厚度或介面的變化，配合抽泥泵浦。

7. 污泥輸送管直徑至少 150 mm 以上，間歇自動排泥管流速應大於 1.0 m/s。輸送管越短且彎頭越少越好，而且管線鋪設最好避免高低起伏。

8. 污泥泵浦：常用型式有離心式渦流泵浦、隔膜泵浦、迴轉式泵浦，及推進腔式泵浦等。離心式渦流泵浦較適合濃度較低的污泥，推進腔式泵浦適合黏稠度較高的污泥。

9. 濃縮池上澄液之 SS 及 COD 濃度若不符合放流規定時，應考慮加大濃縮池或是在進流區加高分子聚合物（polymer）及攪拌，增加去除率。

表 9.5 污泥重力濃縮池設計參數準則

設計參數	明礬污泥（alum sludge）	石灰調理污泥（lime sludge）
進流稀污泥濃度（%）	0.5～2	1～4
濃縮後污泥濃度（%）	4～6	6～9
固體回收率（%）	80～90	80～90
固體負荷率（kg/m^2day）	50（Kawamura, 2000） 20（高肇藩，1980）	100～200
水力負荷率（m/day）	7～9	7～9

資料來源：Kawamura (2000)、MWH (2005)。

例題 9.3

每日處理量 Q = 100,000 CMD，發生 95% 機會的濁度為 100 NTU，PAC 加藥量 A = 80 mg/L，請設計污泥濃縮池單元。

答：

使用 PAC，其所含 Al_2O_3 成分為固態硫酸鋁之 0.5～0.55 倍，故 f_2 減為 0.12：

$W_s = (f_1T + f_2A) \times Q \times 10^{-6}$；$f_1 = 1.3$，$f_2 = 0.12$

$W_s = (1.3 \times 100 + 0.12 \times 80) \times 100{,}000 \times 10^{-6} = 13{,}960$ kg/day

茲設計四座圓形污泥濃縮池設計固體負荷率為 20 kg/m^2．day

面積 A = 13,960/20/4 = 175 m^2　池直徑$D = \left(\frac{175 \times 4}{\pi}\right)^{0.5} = 15$ m。

濃縮池剖面如圖 9.2，其中沉澱出水區 h_1 至少為 1.20 m，濃縮及壓縮段 $h_2 > 1.8$ m，周邊池深 $SWD > 3.5$ m，出水高 0.6 m。

濃縮及壓縮段體積 $= 13.96 \times h_2$ (m^3)

壓密污泥重 $= 225 \times h_2 \times 1{,}030$ kg/m^3 $\times 3\% = 13{,}960/4$ kg/day

$h_2 = 0.5$ m，保守估計取 4 倍，$h_2 = 2$ m。

沉澱出水區 $h_1 = 1.20$ m，濃縮及壓縮段 $h_2 = 2$ m，

出水高 0.6 m：$1.2 + 2 + 0.6 = 3.8$m > 3.5m SWD，ok！

四座圓形污泥濃縮池，尺寸 ∮15m×3.8 m（H），有效容量 665 m^3。

9.6 污泥調理和脫水處理

藉由化學調理劑可降低污泥表面電荷，提供架橋凝聚成較大顆粒，釋出水分，利於脫水。常用的為高分子聚合物（polymer）。污泥脫水的主要目的：

1. 減少污泥體積。
2. 減少污泥含水量。
3. 增加污泥固體物含量，使污泥更方便搬運、輸送及掩埋等。

◇9.6.1 污泥餅體積

污泥脫水設施應將含水率 95～97% 之濃縮污泥，予以乾縮至含水率 70% 以下，可大量減少污泥餅體積及清運處置費用。表 9.6 為明礬污泥之特徵，明礬污泥乾重約 2.5 ton/m^3，不同含水率時，每噸污泥餅體積如表 9.7 所示。

表 9.6 明礬污泥之特徵

含水率（%）	含固體量（%）	外觀特徵
100～99	0～10	液態
90～85	10～15	黏稠液體
85～80	15～20	糊狀
80～75	20～25	半固態
75～70	25～30	軟泥餅
70～60	30～40	稍硬泥餅
60以下	40以上	硬泥餅

表 9.7 不同含水率時，每噸污泥餅體積

含水率（%）	含固體量（%）	密度（ton/m^3）	污泥餅（m^3）
95	5	1.031	19.4
90	10	1.064	9.40
80	20	1.136	4.40
70	30	1.220	2.73
60	40	1.315	1.90
50	50	1.429	1.40
40	60	1.563	1.06
20	80	1.923	0.65
1	99	2.020	0.50
0	100	2.500	0.40

註：適當脫水範圍含水量 60～70%。

◇9.6.2 污泥脫水方法

污泥脫水有多種方法，藉太陽或風等自然力去除水分：污泥塘和曬乾床法。此方法脫水時間長，所需土地面積大。藉由機械方式脫水是將濕污泥使用濾層（多孔性材料如濾布、金屬絲網）加以過濾，當水分（濾液）滲過濾層，脫水污泥（濾餅）則被截留在濾層上加以脫除，方法包括：真空過濾、加壓過濾和離心過濾等。機械脫水污泥處理產量效率高，機電控制自動操作安全可靠等。兩種方法各有優缺點和適用條件。

一、污泥塘法

污泥塘係用於污泥之貯存、消化或脫水之池。將土地經過適當的人工修整建成之池塘，並設置圍堤和防滲層，為污泥最終處分的方式之一。利用污泥重力濃縮、沉澱壓密原理及兼具部分生物氧化效用，自然產生污泥的固液分離，下層污泥含水率逐漸下降至 70～80%，等到積存相當厚度之後停止注入新濃縮污泥，排出上層積水，待曝曬風乾數日，再挖出泥土。故污泥塘須設多池，輪替使用及清土。美國水污染控制協會（water pollution control federation, WPCF）曾於《Sludge Dewatering》（*Water Pollution Control Federation//Manual of Practice*, 1983）一書建議污泥塘設計原則為：污泥塘深度 1.5～2 m，每年的固體負荷率 35～38 kg-SS/m^2/yr。由於污泥塘面積常達 10 至 20 公頃，每年清泥一至二次，台灣土地資源貧乏，過去淨水場設置污泥塘面積都嫌小，深度 3～4 m，池面固體負荷率偏高，使下層污泥較不易乾縮，所以排出之上澄液水質宜再加以監測。

二、曬乾床法

利用日曬風乾及砂床之滲水，使注入之濃縮污泥脫水成為污泥餅，滲出水因砂床過濾，SS 濃度低。曬乾床需要面積由床面的固體負荷及當地氣候條件而定。

一般設計曬乾床之固體負荷率為 10～20 kg-SS/m^2/day，曬乾時間 20～30 天。污泥先加高分子調理，改變污泥結構，且建有遮雨棚者，固體負荷率可提高為 30～40 kg-SS/m^2/day，乾燥時間縮短為 6～10 天。每日注入曬乾床之濕

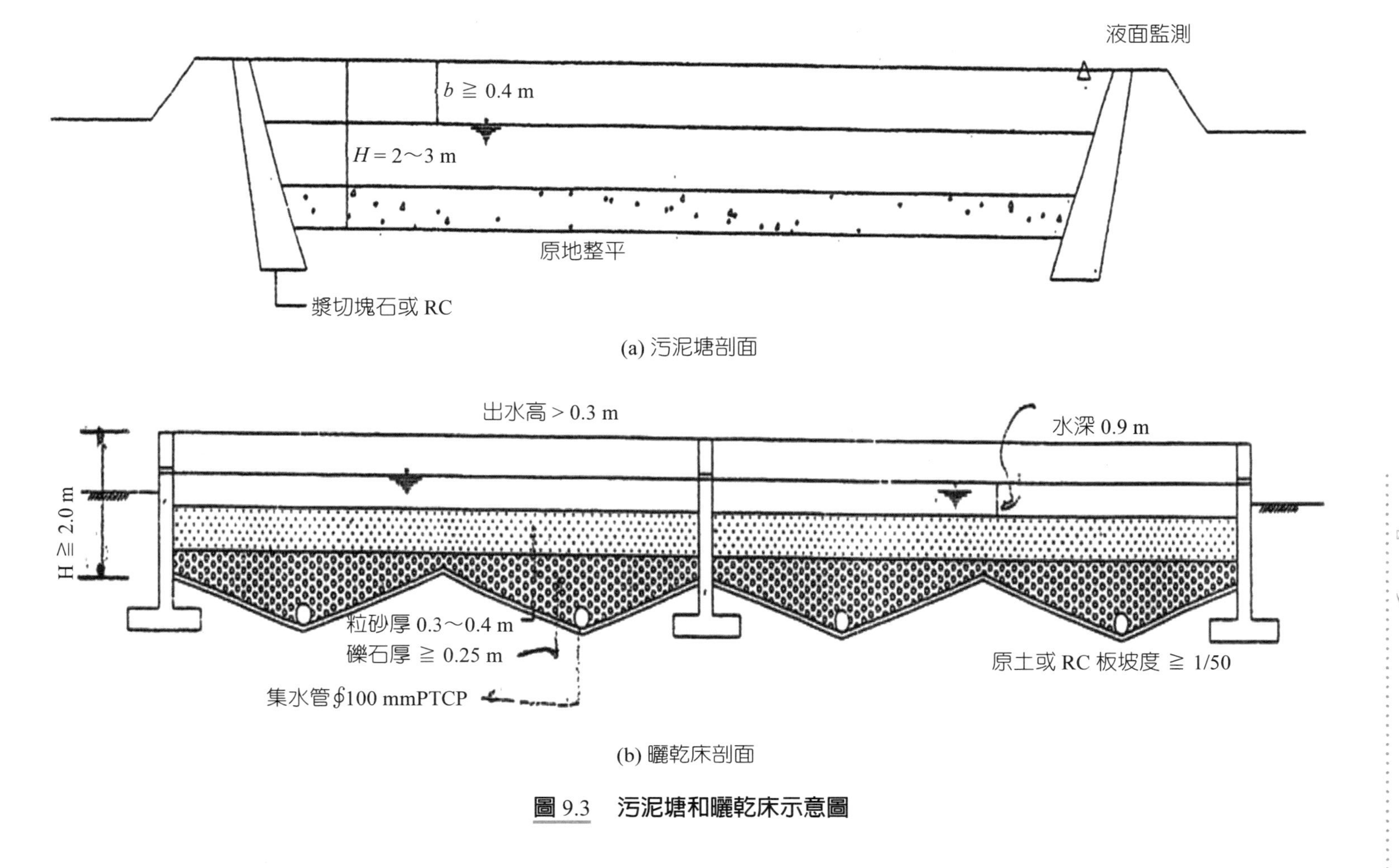

圖 9.3 污泥塘和曬乾床示意圖

污泥量以砂面上 0.6～0.9 m 為準，每床面積最好能貯存一天之濃縮污泥量，減少更換砂床開關閥門之人力。大體上曬乾床應備 8～16 床輪替使用及待乾刮泥。

晒乾床脫水速度較污泥塘快，需要之用地面積較小，但貯存污泥之功能不如污泥塘法，需要之砂床面積宜以接近最大日之污泥量設計。

三、機械脫水

台灣淨水場污泥過去多採污泥塘法或曬乾床法處理，因用地大且易受降雨干擾，自 1993 年以後，逐漸改用機械脫水法處理，用地省、脫水快、泥餅含水率低，如加計土地成本，投資設備費用及操作費，未必比污泥塘法或曬乾床法高。

適合明礬污泥之機械脫水法主要為帶濾式（belt press）與壓濾式（filter press）兩種。

1. 帶濾式脫水機

(1) 濃縮污泥（SS 濃度 4～5%）須先加入疏水性的高分子聚合物（polymer）調理，降低黏稠性而成疏鬆狀，再輸入帶濾式脫水機。帶濾機的前端為一重力排水段，其後污泥通過以低、中、高壓三段式兩層濾布中間，被滾壓擠出水分，最後由滾輪釋出成為薄片泥餅。污泥調理好壞也是帶濾脫水成功與否關鍵之一。

(2) 利用低、中、高三段脫水區調整濾布之張力達到濃縮及減量功能，濾布好壞可由透水性、不黏性及疏水性等判斷。

(3) 泥餅脫落出口設輸送帶，將泥餅輸送至高架貯存槽卸入運土卡車車斗，或堆放於遮雨棚內地坪上，進一步風乾後，由鏟土機盛入車斗。

(4) 明礬污泥經帶濾脫水機後，泥餅含水率可降至 75% 以下。如含泥砂成分多，以 polymer 調理得宜及機種效率高者，含水率也可能降低至 60% 左右。

(5) 帶濾式脫水機固體物捕捉率約為 94～96%，操作為連續式，脫水時間同時沖洗濾布，濾布有效寬 0.5～3.0 m，沖洗耗水量 20～150 L/m^2 不等，視濾布寬度及濾布阻塞情況而定。濾布寬度通常以每小時每 m 濾布應承受之固體負荷率（kg-SS/m · hr）表示，明礬污泥約為 180 kg-SS/m · hr（根據成大葉宣顯教授於烏山頭淨水場的試驗），但高雄拷潭淨水場所用之德國 Bellmer 機種，負荷率達 600 kg-SS/m · hr 以上，顯示不同機種特性各異，最好詢問廠家並參考試驗數據。

(6) 帶濾式脫水機產生廢液（污泥滲出水及濾布沖洗脫水）SS 濃度甚高，收集後須再澄清處理始能放流。如抽回濃縮池處理，因其含高分子調理劑，故其澄清液不宜再回收。

(7) 帶濾式（belt press）脫水機選用要點：

a. 選用高分子調理劑 polymer → 疏水性。

b. 重力臨水區 → 90% 以上。

c. 濾布品質要好，應具備透水性、不黏性及疏水性。

2. 壓濾式脫水機

壓濾式脫水機分為：(1) 直接壓濾（recessed type）與 (2) 膜片壓濾（membrance type）兩種，均採批式操作，非連續式。圖 9.4 為兩種壓濾式脫水機注入壓力隨時間變化。

(1)直接壓濾（recessed type）

係由一組濾板框（內襯濾布）在機台上閉合後，由高壓注入泵（污泥加高分子調理劑調理或不加藥）注泥於濾板框所構成之許多濾室（cell）內。水分受注入壓力擠壓穿過濾布滲出，持續注入污泥後濾室內空間漸小，抽泥泵注入量減少，吐出壓力升高，濾室內污泥含水率減小。當壓力達設定高壓時（表示濾室擠壓水分已到極限），則停止注入泵，逐片拉開板框，自動掉落污泥片至機台下之輸送帶，送至機房外貯泥區。每一批次脫水處理的時間約需 3 hrs 以上，脫水後污泥含水率約降至 65～75%，固體捕捉率達 96～98%。

(2)膜片壓濾（membrance type）

係在每一濾板框內另加一層膜片，污泥脫水程序前段同直接壓濾法，污泥注入泵先操作一定時間後另注入更高壓空氣或水於兩濾板框間之膜片室，使其脹大而擠壓左右濾室內污泥，提高污泥之乾度，並縮短批次處理時間為 2～2.5 hrs。脫水後污泥含水率可降至 50～65%，固

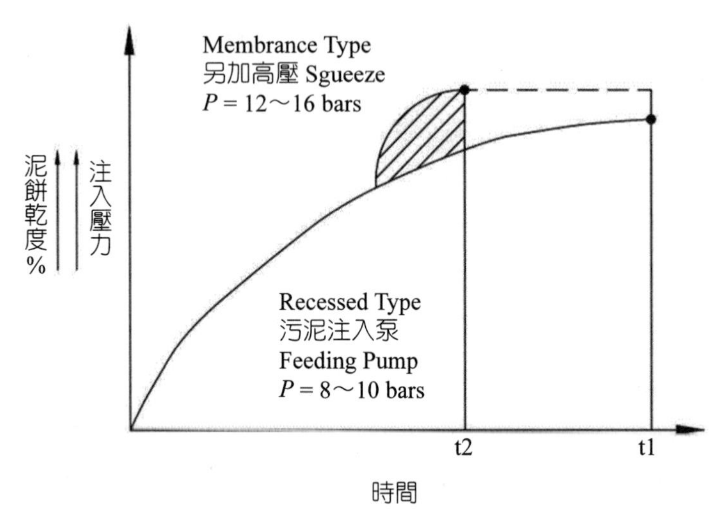

圖 9.4　壓濾式脫水機注入壓力隨時間變化

體物捕捉率達 98～99%。

壓濾式脫水機的濃縮污泥得不必加 polymer 調理，早年脫水機於每日操作 7～8 批次後即須以高壓水（P = 100 bars）沖洗濾布，目前僅需每 2～4 週清洗一次。

除了上述脫水設備，還有真空過濾及離心過濾等方法。每一種污泥脫水法均有其特點，操作形態有批次或連續式兩種。對於連續產生的廢水污泥，若其性質穩定且處理量較大，可選擇連續式污泥脫水設備。反之水量小或性質較不穩定者，則建議使用批次式。表 9.8 列出各項污泥脫水方式特點。

表 9.8　各項污泥脫水方式特點

污泥脫水方式	特點	缺點	備註
帶濾式（belt press）	調整濾布張力對污泥施壓使污泥脫水。所需動力低、連續式操作、低噪音、產生較乾污泥餅。	常需清洗加壓帶，沖洗水量大。濾帶使用壽命短、需高分子調理劑 polymer 及對於化學調理要求高、若污泥性質不穩定易有臭味。	屬機械脫水，污泥調理好壞為過濾脫水成功與否關鍵。
壓濾式（filter press）	通過板框擠壓，使污泥內水通過濾布排出。過濾後可得較高固體含量污泥餅；分批式操作。	濾布更換昂貴且耗時、加壓泵產生噪音、污泥流入濾室之前需要先經研磨或篩除前處理。	屬機械脫水，產生之乾污泥餅適於填土品質要求。

污泥脫水方式	特點	缺點	備註
真空過濾（vacuum filtration）	濾布下方抽氣保持真空，濾布在旋轉時因壓力差排除污泥水分。可添加石灰或氯化鐵等增加脫水效率。 連續式操作。	真空泵會產生噪音、濾布需定期更換或清洗。	屬機械脫水，常用於消化污泥。
離心過濾（centrifugal filtration）	利用高速離心力，使污泥水因固液比重差所產生的不同離心力達到泥水分離。 連續式操作。	耗電量大、有噪音、震動劇烈、維修比較困難、不適於比重接近的固液分離。	屬機械脫水。
污泥塘或曬乾床（lagoon or drying bed）	投資成本最低、能量消耗低、化學藥品消耗量較低、操作人員不需太多技術。	土地面積需較大、受氣侯影響大、產生臭氣可能性高。	為較小型廢水處理場最常使用方法。

例題 9.4

已知一淨水場每日處理量 Q = 100,000 CMD，每日產生污泥量（乾重）5～10 ton/day，擬採用壓濾式脫水機處理，脫水後泥餅含水率訂為 65% 以下，污泥捕捉率 96%，脫水過程不加高分子化學劑，脫水壓濾廢液回流至廢水池回收，請設計此壓濾式脫水機設備。

答：

估計此壓濾式脫水機每日操作時間如下：

處理量（CMD）	污泥量（ton/day）		使用機數（組）	操作批次
100,000	平均日	5	1	3
	最大日	10	2(1)	3(6)

每批次作業時間為 2.5 hrs

壓濾式脫水機功能：最大日處理量 10 ton/day（操作批次 6 cycles）

最大日脫水污泥量體積：$\frac{10,000}{1.22}\times 1,000\times(1-65\%) = 23.42\ m^3$

每批次脫水污泥量：$23.42/6 = 3.93\ m^3$

使用 1.5 m×1.5 m membrane 壓板，每塊容積 $0.072\ m^3$，$A = 3.59\ m^2$

濾室擠壓前後污泥厚度分別為 40 mm 及 25 mm

擠壓後濾室內實際體積 $0.072 \times \frac{25}{40} = 0.045\ m^3$

每組需要壓板數 $N = 3.93/0.045 = 87.33$（採用 90 片）

每組有效過濾面積 $\Sigma A = 3.59 \times 90 = 323.10\ m^2$

附屬設備：

溼污泥注入泵三台、擠壓泵三台、濾布沖洗水泵兩台、空壓機（core blower）一組、空壓機（操作用）一組、自動操作監控系統、雙軌吊車（5 ton）一組。

9.7 廢水處理流程質量平衡

質量平衡為水處理系統之操作參考依據，在規劃與設計階段，必須充分考量進水量和懸浮固體量的進流負荷變動、污染物質的去除效率、系統單元與程序的配置與彈性、操作難易度，與對環境衝擊程度等因素，以維持水處理系統穩定性及處理效能。假設淨水場操作採取零排放（全量回收），茲以下例題 9.5 為例，建立圖 9.5 淨水場以零排放為目標的水處理流程質量平衡關係。

例題 9.5

已知一淨水場每日處理量 $Q = 100{,}000$ CMD，其長時間濁度監測數據得到發生 95% 機會的濁度為 100 NTU，假設 PAC 加藥量 $A = 80$ mg/L，水場採取零排放（全量回收），請建立水處理流程質量平衡關係。

答：

$\max W_s$（污泥乾重）$= (1.3T + 0.125A) \times Q \times 10^{-6} = 13 + 1.0 = 14.0$ ton/d

沉澱池排泥 SS 濃度 1.5% 左右，快濾池 $\Sigma A = 500\ m^2$

濃縮池排泥 SS 濃度 4.0% 左右

脫水機固體捕捉率 98%，污泥餅 SS > 30% or $WC \leqq 70\%$

洗砂廢水量 $Q_b = 500 \times 0.6 + 500(0.25 + 0.1) \times 12\ \text{mins} = 2{,}400\ \text{m}^3/\text{d}$

建立質量平衡圖如下：

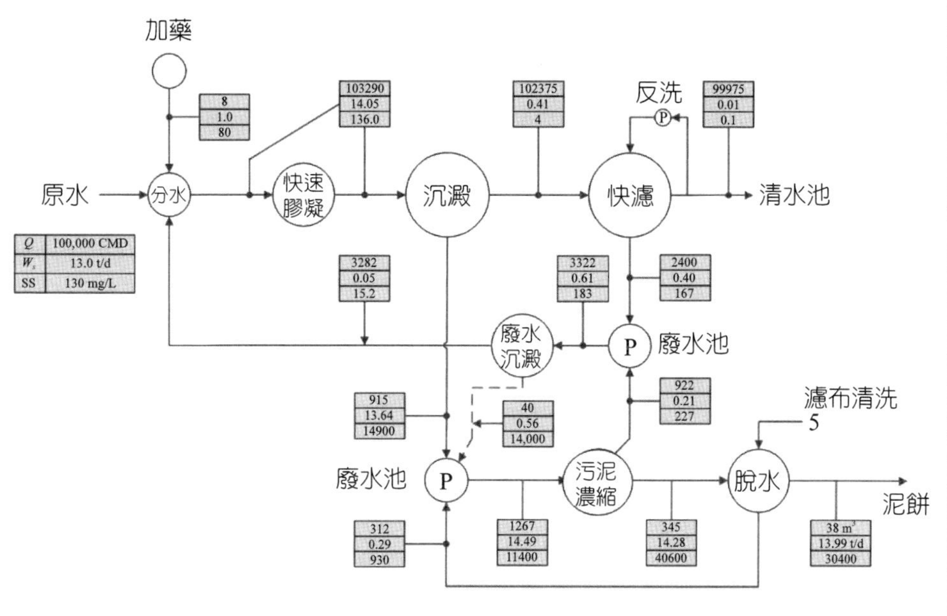

圖 9.5　淨水場以零排放為目標的水處理流程質量平衡

（Q = 100,000 CMD，95% max Tur 100 NTU，加入 PAC 80 mg/L）

9.8 廢水處理操作建議

廢水處理為淨水操作一環，在淨水、廢水之處理流程，操作維修應是整體，中途任何單元運作失常，都可能影響淨水場正常出水。各淨水場應依過去原水濁度變化，試估計（或分級）可能產生之廢（泥）量，並制定各單元操作控制之標準作業程序（SOP），供隨時校核廢水處理成果。

淨水場產生廢水量異常增加時，應即探求原因，例如：單元之區分溢流制水閘閥漏水、沉澱池排泥失常、快濾池洗砂頻繁或耗水量過多等。若因硬體設備失常、損壞導致廢水量遽增時，宜即反應並改善。廢水沉澱池、濃縮池之固液分離功能之提升須有賴於 24 hrs 均勻進水及排泥功能正常。為避免短時間超載（shock loading）現象，快濾池反洗及沉澱池排泥作業應盡量以 24 hrs 平均操作。濃縮池排泥固體濃度應盡量達 4% 以上，以利後續污泥處理，如濃縮污泥不易達 4% 或上澄液懸浮固體濃度常高於 50 mg/L，COD 偏高致不合放流標準時，則須考慮在進水添加高分子聚合物（polymer）及攪拌，增加去除率。

Chapter 10

泵浦（抽水機）系統

10.1　泵浦分類
10.2　抽水機水力學
10.3　抽水機水錘現象
10.4　抽水機選擇及組合
10.5　抽水站設計

10.1 泵浦分類

1. 按抽水目的不同區分

(1) 原水抽水。

(2) 清水抽水。

(3) 配水抽水。

(4) 加壓抽水。

(5) 特殊抽水（水場內抽取藥品或抽取污泥）。

從原水的取水、導水至清水送水，均可能需要透過泵浦（又稱抽水機）運送。

2. 抽水機泵浦動力來源區分

(1) 電動（連續操作）。

(2) 柴油發電（不定期操作）。

3. 依其設置點區分陸上型（安裝於乾井陸上機房）及潛水型（安裝於濕井）。

大型的泵浦抽水機多可將機殼打開，以便修理檢查，且為雙吸式葉輪以平衡泵軸向推力，延長軸承壽命。泵浦閥件包括：

(1) 制水閥：用於調節泵浦的流量與關閉水門。

(2) 逆止閥：用於防止水發生逆流的現象。

(3) 蝶形閥：用於精確的調節泵浦的流量。

4. 依泵浦機械原理及載送流體特性區分

(1)**正位移式或稱活塞式**（positive displacement type）：

a. 旋轉式泵浦（rotary pump）。

b. 往復式泵浦（reciprocating pump）。

(2)**動力式**（kinetic type）：

a. 驅輪式或稱離心式泵浦（impeller or centrifugal pump）。

b. 垂直渦輪機（vertical turbine）。

(3)特殊式（special effect pump）：

a. 噴射式泵浦（jet pump）。

b. 螺旋式泵浦（screw pump）。

c. 渦流式泵浦（vortex pump）。

d. 氣升式泵浦（air lift pump）。

第 (1) 類正位移式或稱活塞式泵浦，是利用容積變化產生壓力。和吸管吸水一樣，將吸水管深入液體中，提起活塞，使大氣壓力降低，管周圍液面上的大氣壓力就會把液體壓進水管裡。此類型可適用於輸送高黏性液體或高壓情況，例如：加藥型抽水機。

第 (3) 類是特殊式泵浦，噴射式泵浦係利用文氏管原理（venturi tube effect）與迴流設計的噴射頭（ejector）來加強自吸能力，並允許大量空氣、氣泡於管中，適用於地下水井抽水。螺旋式泵浦係藉著螺旋曲面繞著旋轉軸做旋轉運動，將水從低處傳輸至高處，主要應用於污水工程。氣升式泵浦利用壓力將空氣注入管中，使管中水與空氣混合降低密度與壓力，產生之壓力差將管中水位抬升而把水抽出。

給水工程最常使用的類型是第 (2) 類動力型驅輪的離心式抽水機（圖 10.1），在扁圓形的機殼（casing）內裝有驅輪（impellers）或稱葉輪，以電動機（馬達）帶動驅輪旋轉。驅輪功能為帶動液體作高速轉動，產生離心力使流體獲得動能。由於驅輪型式不同（圖 10.2），水流方向也各異：

a. 軸流式抽水機（axial flow pump）：葉片為螺旋槳型（propeller），如圖 10.2 (a)，使水流體從葉輪的軸心方向流出，流量較大，揚程較低。

b. 徑流式抽水機（radial flow pump）：水流從葉輪的直徑方向流出，如圖 10.2 (b)，密閉式葉輪，流量較小，揚程較高。依外殼不同又分渦捲泵（volute pump）及渦輪泵（turbine pump）。

c. 混流式抽水機（mixed flow pump）：半開放式（semi-open）葉輪如圖 10.2 (c)，水流方向介於 0～90 度，介於以上兩種抽水機之間。混流式抽水機比軸流式抽水機承受較高的壓力，且提供比徑流式抽水機更高的抽水量。

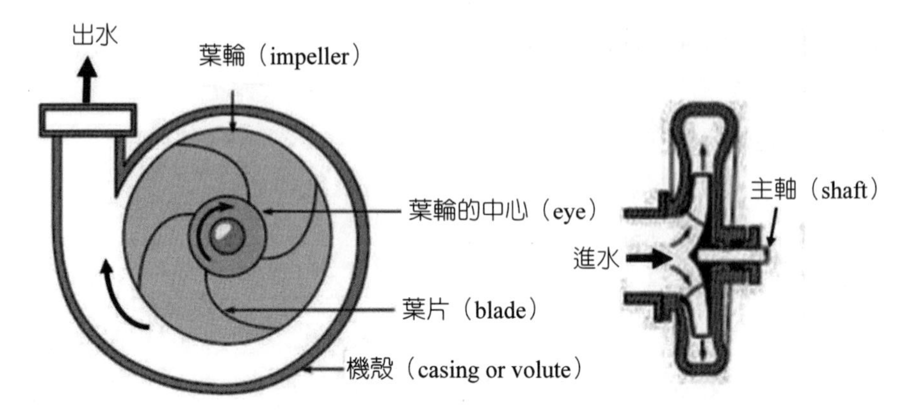

圖 10.1 **離心式抽水機構造示意圖**

(a) 開放式

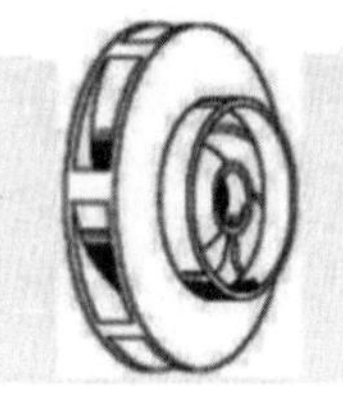

(b) 密閉罩式

(c) 半開放式

圖 10.2 **離心式抽水機的驅輪型式**

○10.1.1 離心式泵浦

離心式泵浦（centrifugal pump）透過主軸（shaft）連接馬達及葉輪，使馬達帶動葉輪轉動，作高速旋轉。液體自葉輪的中心處藉由旋轉離心力形成的部分真空，吸入泵內。水流隨葉輪轉動獲得動能後，復因離心力被葉片帶入渦形室。渦形室是驅輪與外殼間的空隙，其空隙越近出口處越大，使液體的流速越小，但是壓力則越大，遂將其能量由動能轉變成壓力。一般離心式泵浦大多使用密閉式葉輪，因其操作範圍穩定且有較好效率，若當原水含有過量泥砂時，宜採用開放式葉輪離心泵浦抽取原水，以免造成阻塞。離心式泵浦的驅輪依數目大小及型式設計不同，各有一定之揚程限度。

1. 依驅輪數，分為單段（single stage）與多段（multiple stage）。
2. 依驅輪及吸口之排列，分為單吸（single suction）與雙吸（double suction）。
3. 依主軸方向，分為橫軸與豎軸式，各有其優點。

1. 橫軸泵

(1) 主要零件在水面以上腐蝕較少。

(2) 零件換修容易。

(3) 價格較低。

2. 豎軸泵

(1) 安裝面積小。

(2) 起動時無需灌水。

(3) 馬達位置較高不易浸水。

離心式泵浦具有轉速高、流量大、多級葉輪組合時壓力增減容易、構造成本低廉、拆裝維護容易等許多優點，市場上的使用量最多。

10.2 抽水機水力學

○10.2.1 離心式抽水機揚程

離心式抽水泵浦將動能轉換為位能以利流體輸送，就像是整個水管路的心臟一樣，泵浦不運轉或運轉不良，都將使系統無法正常運作。

泵浦的揚程又稱水頭（head）或落差，將泵浦所能產生的壓力轉換成水柱或液體柱的高度表示，也就是泵浦施予水柱或液體柱上升至某高度所具有的壓力。揚程高低與其管徑及所需的流量有關，通常以公尺（m）或英呎（ft）計算。透過泵浦抽水機輸送，要克服吸水端水面及出水端水面能量差，也就是抽水機總揚程（total head），或稱總動水頭（total dynamic head, TDH）。選取泵浦型號時通常是以泵浦的總揚程來作為選取依據。

1. 總揚程（或稱總動水頭）TDH

係淨揚程，管路磨擦水頭損失及速度水頭之總和：

$$\begin{aligned} \text{TDH} &= \left(\frac{P_d}{\gamma} + \frac{V_d^2}{2g} + Z_d\right) - \left(\frac{P_S}{\gamma} + \frac{V_{Sd}^2}{2g} + Z_S\right) \\ &= \text{TSH} + h_L + h_v \end{aligned} \quad (10.1)$$

TDH：總揚程或稱總動水頭（m）。

TSH：總淨揚程或稱總靜水頭（m）。

h_L：在吸水管系統中所有摩擦水頭損失總和（$= \Sigma h_f$）（m）。

h_v：速度水頭損失（$= V^2/2g$）（m）。

上式中管路損失水頭及速度水頭會隨抽水量之大小而變化，故總揚程也隨抽水量增大而增大。總揚程也可由抽水機入口，及出口處之真空計及壓力計分別讀取得知：

$$\text{TDH} = R_d + R_s + h_{vd} - h_{vs} \quad (10.2)$$

R_d：抽水機中心軸高度的壓力計讀數（kg/cm^2）×10（m）。

R_s：抽水機中心軸高度的真空壓力計讀數（kg/cm^2）×10（m）。

h_{vd}：出水端速度水頭（m）。

h_{vs}：吸水端速度水頭（m）。

2. 總淨揚程（或稱總靜水頭）TSH

總淨揚程（total static head, TSH）代表從原水面高程至被抽水機抽送到另一端的水位高程差。以圖 10.3 為例，抽水機可分為 (1) 乾井陸上型抽水機，泵位置較吸入水面為高，及 (2) 濕井沉水型抽水機，其泵位置較吸入水面為低。抽水機總淨揚程 TSH 代表進、出水的水位高度：

$$TSH = H_d + H_s \text{（陸上型抽水）}$$
$$TSH = H_d - H_s \text{（沉水型抽水）} \qquad (10.3)$$

H_S：淨吸水頭（static suction head），指從泵浦吸入的入口水面到泵浦軸中心點的高度。

H_d：淨出水頭（static discharge head），指從泵浦的軸中心點到出口水面間的高度。

因此計算乾井陸上型抽水機的總淨揚程 TSH 為淨吸水頭與淨出水頭的和，濕井沉水型抽水機的 TSH 則為淨吸水頭與淨出水頭的差值。抽水機的淨揚程也可由抽水機入口及出口處之真空計與壓力計分別讀取相加得知。

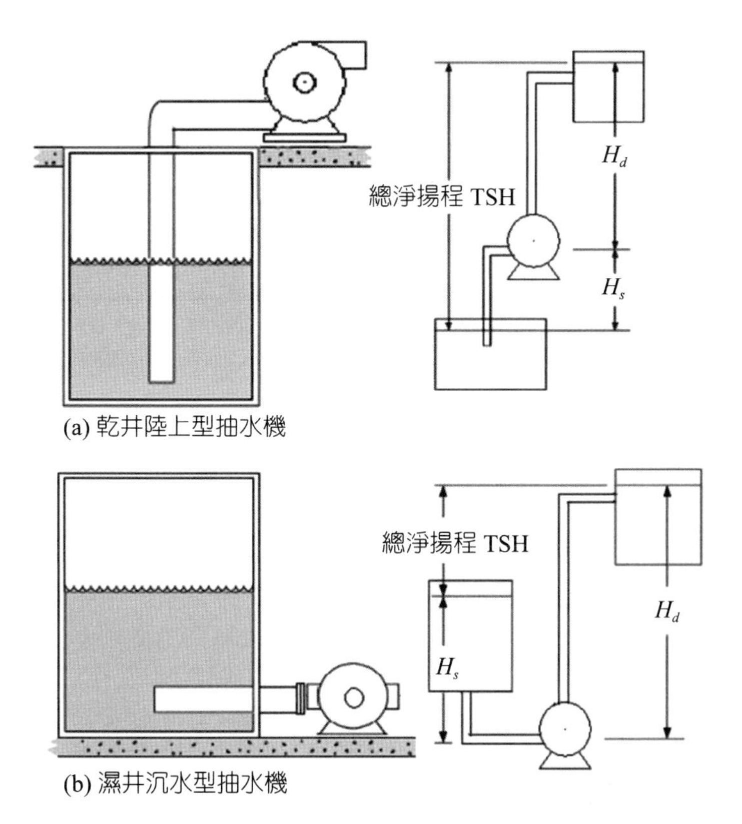

圖 10.3　(a) 乾井陸上型抽水機及 (b) 濕井沉水型抽水機

3. 磨擦水頭損失 h_L

在泵浦管路中，除了在管路中因摩擦力產生的揚程損失（h_f），尚有各種閥件，水流在管路中流動時，會因為摩擦、管路彎曲、管路擴大或縮小等狀況，導致輸送液體有一部分次要水頭損失（minor head loss）（$h_m = kV^2/2g$；k 損失係數查表 3.3）。此損失能量以揚程表示，稱為管線的摩擦損失 h_L。

$$h_L = h_f + \Sigma h_m \tag{10.4}$$

上式中摩擦力產生的揚程損失應用達西－威斯巴哈方程式（Darcy-Weisbach equation）計算：

$$h_f = f\frac{L}{D}\frac{V^2}{2g} = f\frac{L}{D}\frac{\left(\frac{Q}{A}\right)^2}{2g} = \left(f\frac{L}{2gDA^2}\right)\times Q^2 \tag{10.5}$$

h_f：因為摩擦力造成的揚程損失（m）。

L：管路的長度（m）。

D：管路的水力半徑，若是截面為圓形管路，等於管路的內直徑（m）。

V：水流速度，等於濕面積單位截面的體積流率（m/s）。

g：重力加速度（m/s^2）。

Q：抽水量（m^3/s）。

f：無因次，稱為達西摩擦因子。可以由穆迪圖（Moody diagram）（請見第三章例題 5 內容）中查得，此因子並非曼寧摩擦因子 n。

將式 10.5 代回式 10.4 重寫，可得到管線的摩擦損失 h_L 和抽水量 Q 的平方成正比的關係：

$$h_L = h_f + \Sigma h_m = \left(f\frac{L}{2gDA^2} + \Sigma\frac{k}{2gA^2}\right)Q^2 = K\times Q^2 \tag{10.6}$$

4. 速度水頭損失

揚程可以速度水頭（velocity head）$h_v = V^2/2g$ 來互換，V 表示速度，g 表

示重力加速度，h 表示水柱高度。速度水頭雖然通常較壓力水頭為小，但它對 NPSH（有效淨吸水頭）卻可能有影響。

5. 有效淨吸水頭（net positive suction head, NPSH）

水流通過泵浦葉輪入口之槳眼時，具有的總能量（壓力能與動能）稱為吸入水頭（suction head）。此時流體的速度增加，壓力減小，為避免流體衝擊葉輪及確保有效地泵出流體，需計算經扣減此處於操作溫度時流體的飽和蒸氣壓力（vapor pressure）後，真正能被用於使流體通過吸水管至抽水機葉輪之有效能量，稱之為有效淨吸水頭 NPSH：

$$NPSH = H_{abs} + H_s - h_L - H_{vp} \qquad (10.7)$$

H_{abs}：抽水機槳眼高程與在吸水位高程間之差（m）。
H_s：抽水機吸水水頭（m）。
h_L：在吸水管系統中之摩擦水頭損失（m）。
H_{vp}：在操作溫度下流體的絕對蒸氣壓（m）。

有效淨吸水頭 NPSH 代表泵浦要正常抽吸時，最少需具有的入口揚程。理論吸水水頭是 10.3 m（1 大氣壓），但扣除磨擦損失實際上吸水高度只有 6 m。故建議 NPSH 應盡可能在 5 m 以內。如圖 10.4，NPSH 是設計泵浦的重要依據，也應在抽水機的商業型錄上載明。

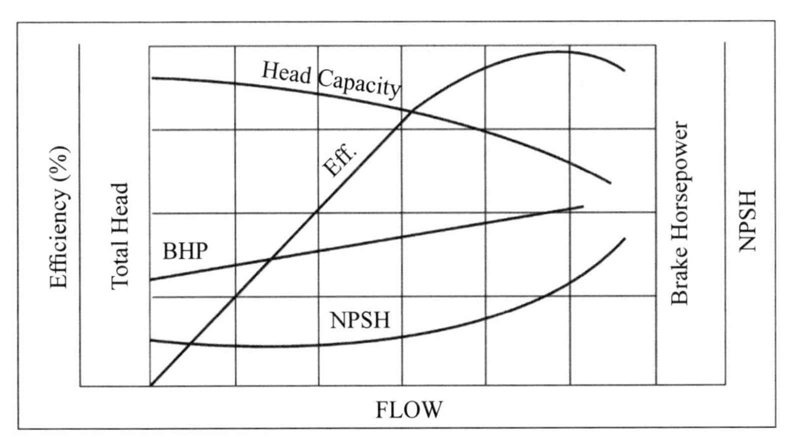

圖 10.4　單葉輪離心泵的典型特性曲線

10.2.2 穴蝕現象

泵浦利用大氣壓力於其內部造成真空（低於大氣壓力），以吸入液體再將之打至高處，故無論在泵浦內任何地方，只要有壓力降低到該液體的氣化壓力（蒸氣壓），此時液體氣化發生氣泡，而於液體中形成空穴（cavity），稱為穴蝕現象（cavitation）。故抽取流體時，吸水管內任一點壓力都不得低於液體蒸氣壓，因水蒸發使氣泡破裂會產生噪音及振動，破壞管壁及抽水機。

穴蝕現象會造成數種對泵浦不利情況：

1. 噪音與振動：氣泡破碎的時候，將產生非常高的壓力。如此周而復始，遂發生尖銳之噪音並且開始振動。

2. 潰蝕：在動葉輪和閥上會產生斑點，甚至穿孔，稱為潰蝕。

3. 揚程與效率低落：流量在到達穴蝕現象臨界點後，即不再增加，無法獲致正常操作情況時之流量。

4. 葉輪因潰蝕過於厲害而裂斷，可能將整部泵浦都破壞掉。或軸承因振動過於劇烈，損壞無法使用。

每部泵浦都有其個別的防止穴蝕現象所需之淨正吸入水頭，通常製造廠家會將此一特性繪入泵浦性能曲線，NPSH 曲線上之任一點為將液體送入泵浦所需的壓力水頭，這些數值係根據實際試驗求得，並會以泵浦基準線校正。

避免發生穴蝕現象之臨界情況：有效的 NPSH = 所需的 NPSH。

通常有效的 NPSH 至少需比所需 NPSH 高 1 英尺（ft）以上。一旦發現泵浦發生穴蝕，應及早進行後續處理以維持運轉效率、延長泵浦組件壽命。

10.2.3 抽水機動力

抽水量 Q，乃指單位時間抽水機所排出之水量，通常以 m^3/min 或 m^3/s 表示。抽水量口徑依抽水量及抽水機吸水口流速決定。

抽水機所作之有效功，稱為水馬力（water horsepower）。單位轉換 1 HP（馬力）= 0.746 kW。馬力又稱功率或理論功率，其代表意義係指泵浦欲推動液體流動所須作的有效功率，可以抽取液體重量與抽水機的抽水揚程乘積表示，單位通常是 kW 或 HP。因此功率與泵浦的流量、總揚程，以及該液體的比重（或密度）有關。以下說明馬力常用的計算式。

1. 水馬力（water horsepower, WHP）或稱理論馬力

$$\text{WHP} = rQH/75 \qquad (10.8)$$

r：流體單位重（純水 1,000 kg/m^3，當原水比重 1.02 時，1.02×1,000）。
Q：抽水量（m^3/s）。
H：總水頭（TDH）（m）。

若 Q 抽水量單位換為 m^3/min，上式修正為

$$\text{WHP} = 0.163rQH \qquad (10.9)$$

2. 軸馬力（brake horsepower, BHP）

驅動一台抽水機所需要之總功率稱之，故水馬力相對軸馬力之比值，代表抽水機效率（pumping efficiency, η）：

$$\eta = \frac{\text{WHP}}{\text{BHP}} \times 100 \qquad (10.10)$$

100 HP 以上的 η 在 70～90% 之間；小馬力者（100 HP 以下）則小於 70%。

3. 需要馬力（required horsepower, RHP）

泵浦運轉關鍵是必須有能夠推動它的動力來源，此動力來源最常見的是馬達電動機。馬達輸入功率就是泵浦在運轉時，從馬達電源輸入端所輸入功率，功率值大小與泵浦水馬力、泵浦本體的效率、馬達效率，以及聯結傳動效率有關。故所需馬力除抽水機軸馬力外，尚應考慮馬達效率，一般可按軸馬力多加 10～20%，以應電壓、週率，及其他變化所需。故抽水機的需要馬力應考慮一個安全係數 α（約為 10～20%）：

$$\text{RHP} = \text{BHP}\frac{(1+\alpha)}{\eta} \qquad (10.11)$$

4. 比速（specific speed）

驅輪具有幾何形狀相似的理想抽水機，在單位抽水量，單位揚程的操作情形下，每分鐘所需之轉速稱為「比速」。例如每 m 揚程，能抽出 1 m^3/min 水量所需轉速：

$$N_S = N\frac{Q^{1/2}}{H^{3/4}} \tag{10.12}$$

N：抽水機每分鐘實際轉速（rpm）。
Q：最高效率的抽水量（m^3/min）。
H：最高效率的總揚程（TDH）（m）。

比速是一個假想值，相似的抽水機有相似的 N_S 值及範圍。

5. 親和定律（affinity law）

同一種型式抽水機在驅輪口徑不變時，若改變轉速，其抽水量（Q）、揚程（H）和動力（P）之間存在一定關係：

$$\frac{Q_1}{Q_2}=\frac{N_1}{N_2}\text{，}\frac{H_2}{H_1}=\left(\frac{N_1}{N_2}\right)^2\text{，}\frac{P_1}{P_2}=\left(\frac{N_1}{N_2}\right)^3 \tag{10.13}$$

上述關係的適用範圍在 $N_1/N_2 = 0.8$～1.2 之間。

讀者可參考表 10.1，根據抽水機的比速選用合適的抽水機型式。

表 10.1　抽水機機型與比速 N_S

型式		N_s
渦輪抽水機	單段式單吸及雙吸	100～250
	多段式	100～200
螺式抽水機	單段式單吸	100～450
	單段式雙吸	100～750
	多段式	100～200
斜流抽水機		700～1,200
軸流抽水機		1,100～2,000

10.2.4 抽水機特性曲線

離心式泵為非定量泵浦，其出水量 Q 及軸馬力 P 隨揚程（水頭）H 變化而有大幅度變化。抽水機在特定的轉速 N、流量 Q、水頭 H、馬力 P 及效率 η 之間變化有一定的關係，通常以抽水量 Q 為橫座標，其他參數為縱座標繪圖，如圖 10.4 泵浦特性曲線（pump characteristic curve）所示，有 H-Q 水頭曲線、η-Q 效率曲線和 P-Q 功率三條曲線。不同型式的抽水機其特性曲線不同，也可能有不同的轉速調節，應根據製造廠商提供的資料做為選用時的參考。

當 η-Q 效率曲線隨流量增大而上升達到一最大值，表示在一定轉速（rpm）下，離心泵存在一最高效率點（稱為設計點），與最高效率點相對應的 Q 和 H 最為經濟，分別稱為額定水頭（rating head）和額定容量（rating capacity）。此時的效率最高點對應的參數 Q、H 和 h 稱為最佳效率點。以圖 10.5 為例，此抽水機的效率最高點是在 60% 左右，對應的額定出水量為 15.6 L/s，額定水頭（揚程）為 27 m，需要軸馬力為 28 BHP。若把總水頭（揚程）提高至 32 m，額定出水量就下降為 9 L/s，效率會降到 48%，軸馬力是 20 BHP。當水頭曲線和 Y 軸相交的點代表關閉水頭（shut-off head）為 35 m。此時抽水量及效率均為零，理論馬力也是零，因此離心式抽水機可以調節制水閥使水頭變化，但效率會降低。

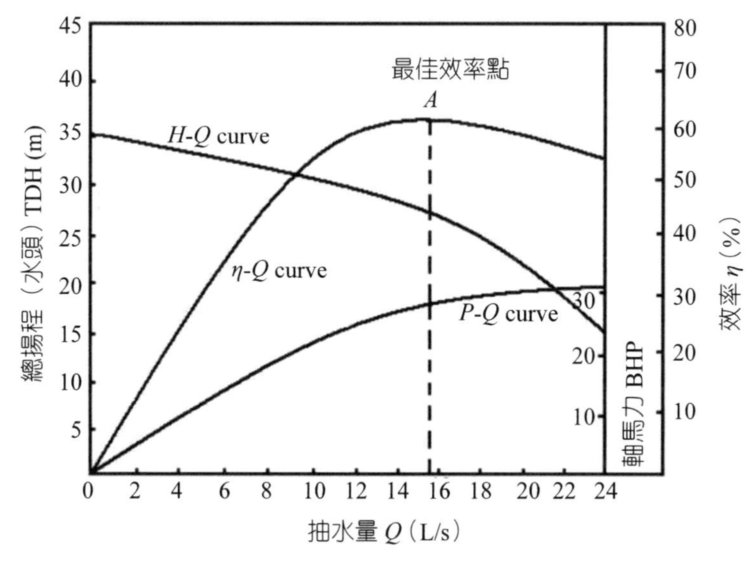

圖 10.5 抽水機特性曲線

10.2.5 系統水頭曲線

抽水機的水頭損失將隨著抽水量及吸水水位差增加，此可以系統水頭曲線（system head curve）來解釋。圖 10.6 的 Y 軸代表總揚程（TDH，又稱系統水頭）與 X 軸抽水量（Q）關係。在零流量時的總水頭等於總靜水頭。隨著流量變化，系統水頭為總靜水頭或稱總淨揚程（TSH）加上所有摩擦及次要損失水頭（h_L）及速度水頭損失（h_v）。

$$\text{TDH} = \text{TSH} + h_L + h_v$$

$$h_L = h_f + \Sigma h_m = \left(f\frac{L}{2gDA^2} + \Sigma\frac{k}{2gA^2}\right)Q^2$$

$$h_v = \frac{v^2}{2g} = \left(\frac{1}{2gA^2}\right)Q^2$$

$$\rightarrow \begin{array}{l}\text{TDH} = \text{TSH} + h_L + h_v \\ \text{TDH} = \text{TSH} + KQ^2\end{array} \qquad (10.14)$$

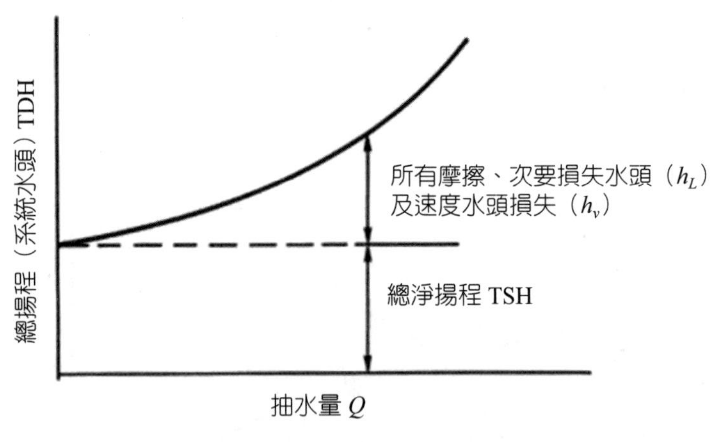

圖 10.6 系統水頭曲線

抽水時抽水機淨水頭（揚程）常隨時間變化而有一範圍。因為吸水端和出水端的水位都是可能上下變動的。因此可能出現吸水端是最低水位與出水端是最高水位，兩者之高程差為最高淨水頭（如圖 10.7 的點 A）；若吸水端是最高水位與出水端是最低水位，高程差則為最低淨水頭（如圖 10.7 的點 B）。圖 10.6 繪出最高和最低系統水頭曲線，其與抽水機特性曲線相交點稱為操作點

（operation point），範圍為實際可操作範圍，界定出最大和最小抽水量。而選擇抽水機時也應考慮到使抽水機操作滿足抽水量及能維持在額定點附近的高效率。

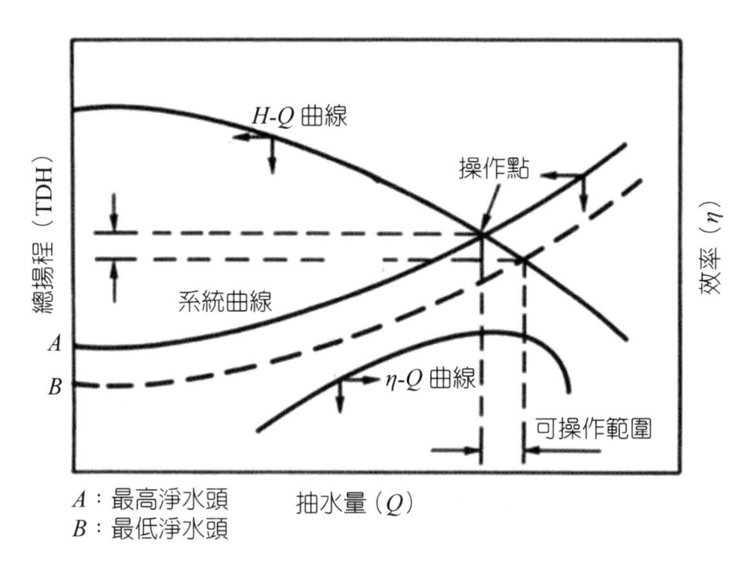

圖 10.7　抽水機操作範圍的選定

10.3 抽水機水錘現象

當管路內流速急遽變化，使管內水壓激升或驟降而發生水錘現象（water hammer）。流速變化可能因制水閥忽然關閉，或抽水機起動或停止而引起。若水閥關閉越快，由水錘產生壓力越大。管路越長，流速越大，水錘壓力也越大。壓力升高會破壞抽水機、制水閥及管線。壓力下降負壓低至水蒸氣壓時，氣泡游離逸出聚積於管內，當水管再滿水時，空氣聚積處產生異常高壓會破壞水管。

為防止水錘現象發生，一般設計時需至少考慮 1.5 倍最大設計水壓，於靠近抽水機出口附近可裝調壓槽、空氣閥將壓力釋放，或是在出水管裝有緩閉型逆止閥，以降低及吸收倒流的水錘壓力。

10.4 抽水機選擇及組合

抽水機型式選擇乃由計畫抽水量、總揚程、轉速等計算比速而決定。以總揚程為主要決定條件（參照抽水機型式與總揚程關係表），並考慮抽水機之性能特徵、計畫基本條件等選定之。抽水機效率隨抽水機種類、型式、大小而異，抽水量口徑依抽水量及抽水機吸水口流速決定。抽水機口徑大者，一般效率較高。抽水機的吸水口徑與抽水量關係可以下式概估：

$$D=146\sqrt{\frac{Q}{V}} \tag{10.15}$$

D：抽水機口徑（mm）。

Q：抽水量（m^3/min, CMM）。

V：吸水口流速（m/s）（1.5～3 m/s，平均為 2 m/s）。

假設一水場的日處理量為 2,800 CMD（2.0 CMM），選用抽水機平均流速為 2 m/s，抽水機口徑估算為 146 mm（相當於 6 in）。

以下是抽水機平均流速 2 m/s 時，口徑（抽水量）的對照關係：

口徑（mm）	30	50	75	100	150	200
水量（m^3/min）	0.08	0.25	0.58	0.91	2.50	3.84

取水導水及送水用的抽水機容量一般是以最大日出水量設計之，若是中間無配水池等蓄水設備，直接配水時其抽水量應以最大時抽水量設計之。

抽水機研選原則建議如下：

1. 低揚程－高流量：總揚程在 6 m 以下，口徑 200 mm 以上，可採用混流或軸流式抽水機。

2. 高揚程－低流量：總揚程在 20 m 以上，口徑 200 mm 以下，可採用幅流式、透平式抽水機抽水機。

3. 吸水淨揚程 6 m 以上或口徑 1,500 mm 以上：應以豎軸型為主。

4. 地下水位低或深井時，宜選用沉水式抽水機，或深井抽水機。

5. 有穴蝕現象時，宜採用低轉速抽水機。

10.4.1 抽水機的組合

抽水系統因抽水量及揚程常隨時間而變化，抽水站需考慮以數部抽水機組合方可滿足需求，此等組合需視抽水系統的水頭曲線（system head curve）及抽水機特性曲線（characteristic curve）而定。常見組合有並聯組合（parallel combination）及串聯組合（series combination）兩種，前者功用是調節抽水量，後者主要用於增加揚程。

1. 並聯組合

組合時可選用相同或相異之特性曲線，兩個抽水機並聯可使水量增加，磨擦損失也加大，但系統出水量未必是單一抽水量的兩倍。圖 10.8 (a) 為兩部特性曲線相同的抽水機並聯組合。H_1-Q_1 為一部抽水機之特性曲線，兩部抽水機並聯時，其特性曲線為同一揚程下兩倍抽水量（$2Q_1$）諸點之連線。但系統水頭曲線與組合特性曲線的相交點才是組合抽水機的真正抽水量（Q_3），其值小於 $2Q_1$。組合抽水機操作應考慮抽水機特性，注意其關閉水頭（shut-off head）宜相近，否則增加抽水量有限，也不一定經濟。

2. 串聯組合

串聯組合主要用於坡度陡升時增加揚程之目的。圖 10.8 (b) 為兩部特性曲線相同的抽水機串聯組合。抽水機串聯組合之特性曲線為單獨一部抽水機在同一抽水量時的兩倍揚程各點連結而成。$H_2 = 2H_1$，串聯後目的是為了增加揚程，因此抽水量 Q_3 只略大於單台抽水量 Q_1。

10.5 抽水站設計

要設計一套合宜的抽水設備，建議可依後續步驟為之：

1. 估算場址所需的抽水揚程。
2. 估計每台抽水機泵浦的抽水量，效率和功率馬力。
3. 根據水頭（揚程）、水量、現場地形等考慮設計（轉速）。
4. 參考廠商型錄查詢型號、型式及轉速 N（rpm）等選取適用的抽水機。

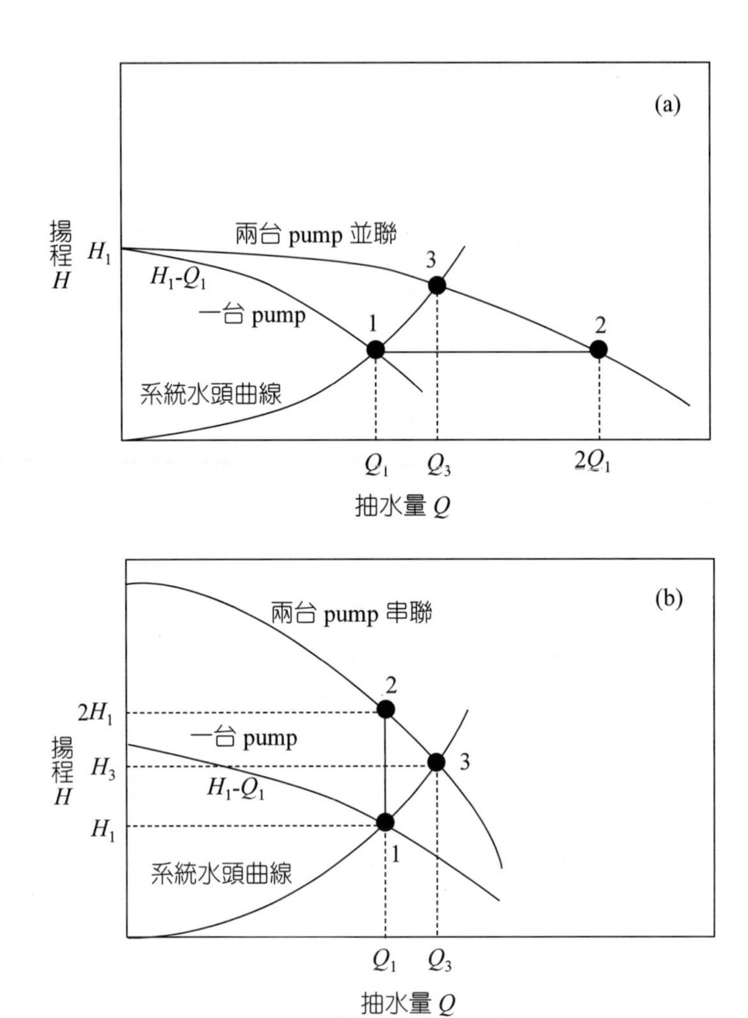

圖 10.8　兩部特性曲線相同的抽水機：(a) 並聯組合；(b) 串聯組合

根據中華民國自來水工程設施標準（2003 年），抽水站設計參數整理如下：

1. 抽水量：最大抽水量、最小抽水量及其變化情況。

2. 抽水高度：吸水高度、出水高度、各種水頭損失，並考慮諸條件下抽水量之變化。

3. 需要動力：抽水量及抽水高度於正常及特殊條件下所需動力及其變化。

4. 設站地點：應考慮地形、地質、周圍環境及遭受火警、洪水、風災、地震及其他危機而可能發生之破壞等，避免水質污染，以及將來擴展之可能性、配水系統內之水力問題等，選定最適宜而安全的地點、建築及設備。抽水站設於配水系統之中心可使系統內各處之水壓相近，最為理想。

5. 動力源：使用電動機動力必須知道電源頻率、相數及電流負荷之限制。

6. 同時亦應考慮選擇輔助動力源及所需設備。

圖 10.9 為濕井沉水式抽水站示意圖，單台泵浦放在濕井內，當濕井水位上升至高水位（液位開關設定泵浦啟動之水位），泵浦將啟動開始抽水。因泵浦抽水量（Q_{out}）大於進水量（Q_{in}），濕井水位即開始下降，抽水至低水位（設定泵浦停止運轉之水位）時，泵浦停止運轉。設定泵浦啟動之濕井高水位線至泵浦停止運轉之濕井低水位，此高差所形成之濕井體積，即為抽水站有效容積 V_{min}。抽水機泵浦從第一次啟動至下一次啟動之時間為 T，從高水位降到低水位，再從低水位回到高水位的時間和，即泵浦兩次啟動之間隔時間，稱為泵浦循環時間（cycle time），假設我們推求泵浦兩次啟動之間的最短間隔時間為 T_{min}，表示濕井最小體積 V_{min}：

$$T_{min} = \frac{V_{min}}{Q_{in}} + \frac{V_{min}}{Q_{out} - Q_{in}} \tag{10.16}$$

當泵浦抽水量 $Q_{out} = 2Q_{in}$ 時，泵浦的 T_{min} 時間最短，重新整理式 10.16，遂得到下述關係：

$$T_{min} = \frac{V_{min}}{Q_{in}} + \frac{V_{min}}{Q_{out} - Q_{in}} = \frac{4 \times V_{min}}{Q_{out}} \tag{10.17}$$

$$V_{min} = \frac{Q_{out} \times T_{min}}{4} \tag{10.18}$$

泵浦循環時間（cycle time）可向泵浦製造商詢得，一般定速泵浦馬力介於 15（20 HP）～75 kW（100 HP）時，cycle time 不得小於 15 mins；75～200 kW（250 HP）時，不得小於 20～30 mins；但小於 15 kW（20 HP）時，約可減至 10 mins，但一般仍建議採用 15 mins，或每小時約啟動六次。然而這仍因製造商而異。建議設計者仍宜保守，再增加一點安全係數，也要考慮到泵浦安裝之空間需求，若濕井體積太小，有空間不足配置困擾。若設計一台操作，必須再一台備用，故抽水站宜有兩台泵浦。若設計三台泵浦（含一台備用），則此時抽水量（Q_{out}）是根據式 10.17，設計抽水量 Q_{peak} 除以 2 所得之流量。

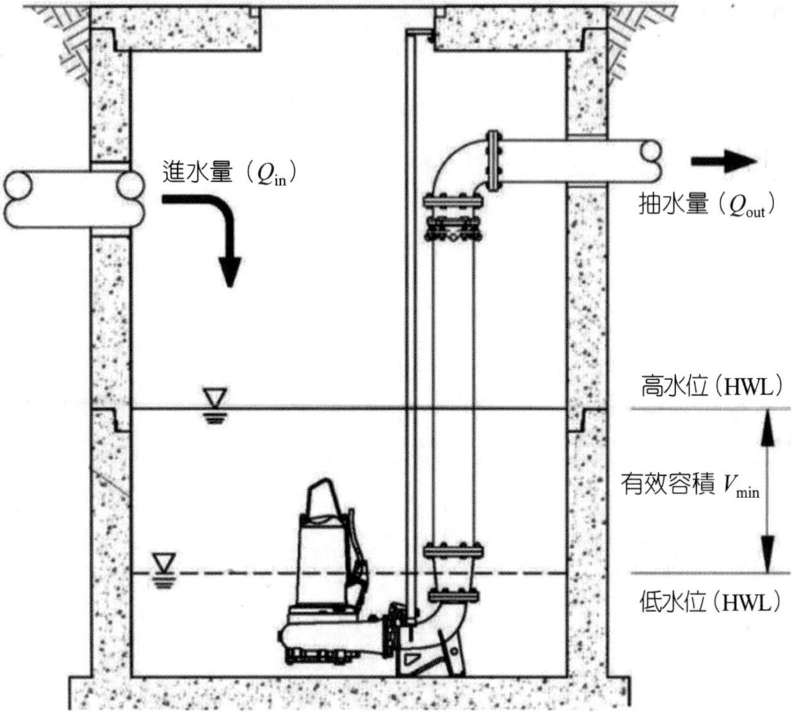

圖 10.9　濕井沉水式抽水站示意圖

資料來源：摘自 Jensen Water Resources 插圖，http://www.jensenengineeredsystems.com/。

淨水處理例題

1. 有一抽水系統抽水井之平均水位高程為 10 m，用一離心式抽水機抽水到水塔，其平均水位為 20 m。若抽水機之特性曲線可用 $H = 20 - 1.5 Q^2$ 表示，H 為總揚程，單位為 m；Q 為抽水量，單位為 m^3/s。若抽水管與送水管之管徑均為 1,000 mm，管長共 4 km，摩擦係數 f 為 0.015。
   (1) 求抽水系統之抽水量、操作水頭及抽水機之理論馬力。
   (2) 若每天抽水 12 hrs，抽水機效率 80%，馬達效率 90%，每度電價 2.5 元，請估算每月的電費。

答：

(1) 理論馬力

總揚程（TDH）= 淨揚程（TSH）+ 管路磨擦水頭損失（h_L）

TSH = 20 − 10 = 10 m，$h_L = f\dfrac{L}{V}\dfrac{V^2}{2g} = \left(f\dfrac{L}{2gDA^2}\right)\times Q^2$

已知 D = 1000 mm = 1 m，L = 4,000 m，f = 0.015 代入上式，

$h_L = 3.894\ Q^2$

TDH = 10 + 3.894 Q^2 與本題的特性曲線 $H = 20 - 1.5\ Q^2$ 對應

TDH = 10 + 3.894 Q^2 = 20 − 1.5 Q^2

$Q = 1.36\ m^3/s$

TDH = 10 + 3.894 Q^2 = 17.22 m

理論馬力，1 HP（馬力）= 0.746 kW，

WHP = rQH

$= 9{,}806\ N/m^3 \times 1.36\ m^3/s \times 17.22\ m \approx 229{,}648\ W$

$\approx 229.65\ kW \approx 307.84\ HP$

(2) 抽水機馬力

$\dfrac{WHP}{0.8\times 0.9} = 427.56\ HP$，

每月電費 = 427.56×0.746×12×30×2.5 = 287,064 元

2. 有一離心式泵轉速為 1,200 rpm，抽水量為 2.5 m^3/min。抽水機表測總揚程為 120 kPa，所需功率為 7.0 kW，計算 (1) 泵的效率和 (2) 如果泵的轉速變化到 1,800 rpm，請估算其抽水量 Q、揚程 H 和功率 P。

答：

(1) 泵的效率

$Q = 2.5\ m^3/min = 0.042\ m^3/s$，101 kPa = 10.33 m-$H_2O$，

120 kPa = 12.27 m-H_2O

$\gamma_{H_2O} = 1{,}000\ kg/m^3 = 9{,}860\ N/m^3$

WHP = $\gamma QH = 9{,}860\ N/m^3 \times 0.042\ m^3/s \times 12.27\ m \approx 5053.42\ W$

$\approx 5.053\ kW$

(2) 泵的轉速變化到 1,800 rpm

同一型離心泵其口徑不變，僅改變轉速 N，其抽水量（Q）、揚程（H）和動力（P）之間存在一定關係（親和定律）：

$$\frac{Q_1}{Q_2}=\frac{N_1}{N_2}，\frac{2.5}{Q_2}=\frac{1,200}{1,800} \quad Q_2 = 3.75\ \text{m}^3/\text{min}$$

$$\frac{H_2}{H_1}=\left(\frac{N_1}{N_2}\right)^2，\frac{12.27}{H_1}=\left(\frac{1,200}{1,800}\right)^2，H_1 = 27.61\ \text{m}$$

$$\frac{P_1}{P_2}=\left(\frac{N_1}{N_2}\right)^3，\frac{7}{P_2}=\left(\frac{1,200}{1,800}\right)^3，P_2 = 23.63\ \text{kW}$$

Chapter 11

淨水場規劃

11.1　主要設計構想
11.2　分析水質及確定所需處理流程目標
11.3　場地選擇與環評要點
11.4　初步設計各處理單元主體結構及設備尺寸
11.5　廢水收集與處理方式
11.6　場內平面布置及動線規劃
11.7　規劃水場高程、水力剖面線關係
11.8　操作及監控計畫
11.9　工程繪圖
11.10　工程財務計畫
11.11　撰寫工程設計報告書
11.12　淨水場水力功能計算書範例

11.1 主要設計構想

淨水處理場址及取水點選定，首應考慮水源取得穩定性，上游集水區管理、水質及水量（Q_{75}）變化穩定性，若不足需考慮是否有替代水源可補充，或建造水庫貯備水源因應。其次，包括地理環境、地質構造及穩定性分析、環評作業、電力供應、是否位在洪水區或地震帶、日後操作維護安全及與鄰近住家間的關係、未來擴場空間評估、取水點及淨水場址之間的高程、距離及管線安排、水場與下游配水系統的關係等構想計畫，均應在計畫書中逐一記錄備明。如果淨水處理場的場址已經選定，接下來水場之可行性評估與初步設計工作，應涵蓋下述事項：

1. 分析和研究水質資料，確定所需處理流程及處理目標。
2. 確定場址面積，各建築物及設備的設計流量。
3. 場內平面布置（layout）及動線規劃，選擇建築物的型式、數量，盡可能在平面布置和高程布置上進行初步規劃和安排。
4. 初步設計各建築物及設施單元尺寸。
5. 廢水收集處理方式規劃。
6. 規劃水場高程、水力剖面線關係圖。
7. 操作及監控計畫 P&ID。
8. 繪圖。
9. 財務工程計畫。
10. 撰寫初步設計報告書。

以台灣淨水場設計水量及規模經驗，出水量小於 10,000 CMD 屬於小型淨水場；介於 10,000 及 50,000 CMD 之間屬於中型淨水場；出水量大於 50,000 CMD 屬於大型水場。例如：台北直潭淨水場 250 萬 CMD、長興淨水場 60 萬 CMD、公館淨水場 50 萬 CMD，都屬於大型淨水場規模。

淨水處理場由土木、機械、電氣、儀控及各種配管設備等所組合而成，具有系統化之設施，並依據原設計方案有效地操作，始能發揮淨水處理功能，達到處理目的。故在初步設計階段，設計工程師應首先進行水處理方案選擇與比較，詳列處理流程中各主要處理設備單元主體尺寸，進行功能計算和估算，確定水場平面布置和高程布置方案，繪出水場平面布置圖、高程布置圖，及應用工程經濟知識估算水處理成本，並簡要提出計畫說明書和計算書。

11.2 分析水質及確定所需處理流程目標

根據預定目標，以計畫目標年估計未來供水區域發展，目標年提供給水人口及所需用水量。如第三章第3.2節，台灣設計每人每日平均用水量 $Q_{\text{averaged day}}$ 約 300～400 LPCD；最大日用水量 $Q_{\text{max day}}$ 為平均日用水量的 1.2～1.6 倍。工程師應至水源區進行原水水質分析，分析至少 1 年以上水質變化，統計不同濁度占全年之百分比，根據瓶杯試驗（jar test）進行混凝程序之混合、膠凝與沉澱試驗，決定不同濁度下快混池所需混凝劑的劑量、酸鹼值與鹼度操作條件。根據水源區的特殊污染水質特性進行前端可處理性分析實驗，研選最佳淨水處理程序。

11.3 場地選擇與環評要點

根據美國土木工程師學會（ASCE）設計經驗，淨水場面積與水場設計處理水量有一簡單的非線性關係：

$$A \geqq Q^{0.7} \tag{11.1}$$

A：面積（acre，英畝）；1 acre（英畝）= 0.4047 ha（公頃）= 4,050 m^2。
Q：水場處理量（gallons per day, MGD）；1 MGD = 3.785 CMD。

依上式，Q = 400,000 CMD，A = 10.5 公頃

Q = 100,000 CMD，A = 4.0 公頃

目前國內淨水用地都顯得擁擠（歷史因素），式 11.1 可供規劃新淨水場參考，台灣土地地價高昂，面積或可略小，但也不宜太小。工程師可依此關係初估淨水場的土地面積，但也應保留擴建、提升水質為高級處理單元時所需用地

空間。

淨水場地須考慮地質穩定、基礎承載力足夠，聯外交通便利、供電容易、防洪、排水無困難、地點宜近取水站或取水站至供水區間，原水能重力輸送或清水能重力輸送至供水區等為佳。

依環評法，平地用地面積 > 2.0 公頃或山坡地面積 > 1.0 公頃，皆須通過環境影響評估，一般環評重點除上述擇地條件外，尚包括有無破壞古蹟、環境生態、水污染、噪音、水土保持以及貨車交通（施工期間與日後營運）對附近環境社區之影響。國內淨水場都依水污染防治法建有廢水收集與處理設施，除了運送儲存消毒劑藥品（NaOCl 等）需安全措施外，與一般工廠相較，算是乾淨之製造場所，通過環評應不難。但在規劃時仍應仿效國外淨水場，不僅場地寬闊，環境綠化清淨，更有提供市民團體學童參訪進行戶外教學及公益活動等，值得我們學習。

11.4 初步設計各處理單元主體結構及設備尺寸

淨水單元及處理流程規劃應朝有效率（efficient）、可靠（reliable）、簡單（simple）及經濟（economical）等目標。根據原水水質條件及公共飲用水水質標準，列出幾種可行的處理方案，其各單元型式優缺點及適用性，以進行比較選擇。經過確認後的處理流程系統，遂再根據水質及各單元的處理效率值，初步設計出各單元尺寸。

一般而言，傳統淨水場之主要設備涵蓋以下單元：

1. 配製和投加藥劑的設備。
2. 快混與膠凝設備。
3. 沉澱池和澄清設備。
4. 過濾及反沖洗水泵等附屬設備。
5. 消毒藥劑與清水設備。

後端清水輸水管網和配水泵站是按最大日最大時的流量設計，水場內的主要設備則按最大日用水量設計。水場內的自用水量必要時應包括消防補充水量。處理高濁度水的水場自用水量應適當增加，並應以原水水量和水質的最不利情況進行估計。國外水場設計除以最大日水量設計，甚至有增加沉澱、快濾池等數池備用，於停水維修或高濁度加入運轉。

淨水場之處理流程圖反映全場生產過程及控制系統，流程圖須系統清楚、重點明確，並應對水場總平面布置有初步考慮，定出各個處理單元間的相對位置、進出水方向及其連接方式。其次，水場中也應設置給水和排水管渠廊道，用以輸送原水、處理中的水和清水，以及場內的沖洗用水和各種廢排水。

11.5 廢水收集與處理方式

原水在淨水處理過程中由沉澱池（排泥）及快濾池（洗砂）排出淨水場廢水。早年自來水場廢水排放未受管制，但在列管之前，國內外淨水場（過濾處理），多數皆設有簡單廢水設施，將洗砂廢水回收再利用。

美國 1972 年 Public Law 92-500 首先將自來水場視為事業廢水納入管理。台灣自 1992 年頒布「水污染防治法」，也增列「自來水場廢水放流標準」。根據法規，事業排放廢水不得任意排放，必須處理至符合放流水標準。因此自來水場應規劃有廢水收集與處理方式，甚至達到完全回收，零排放的目標。

11.6 場內平面布置及動線規劃

場內平面布置（layout）初步設計是把一些原則性問題加以確定，依照地形及進水流向，決定採用分散式或集中式設計、控制室是否集中，與濾池合建等。盡可能在平面布置和高程布置上進行初步規劃和安排，為了維護操作管理的方便，淨水單元設備至少應有兩套平行運作。

1. 平面設計原則

(1) 按功能分區，配置得宜：水場內操作區、行政中心、人員進出動線、車道管理、加藥車動線規劃等要分區明確。

(2) 布置緊湊，因應地形地質條件、結構和施工要求等因素：充分利用地形，工程進行應力求土方平衡，減少挖填方及費用。以重力排水為主，節省能源。如清水池放低處，過濾池（澄清池）放高處，便於排水（泥）放空。

順流排列，流程簡潔：場內處理單元流程方向從水場進水端到下游端（供水方向），應盡量順流排列，避免不必要的轉彎和提升。避免將管線埋在建築物下方，不利施工檢修。

(3) 保留擴建、提升水質高級處理單元之用地空間。

(4) 注意建築物朝向和風向：有氣味的加藥室或儲槽應置於下風處。

2. 平面布置要求

水場內各建築設備單元間平面布置應恰當組合安排。例如相對位置、走向、操作條件、面積等，也應注意其設置高程、距離、管線及周邊道路等。如清水池與濾池靠近、沖洗水塔靠近濾池、加藥房與常用加藥點（如採多點加藥時）接近等。各建築體之間距和鋪設管線間距也有規定。

11.7 規劃水場高程、水力剖面線關係

理想之淨水場地為地面有 4～5 m 高差之緩坡，在淨水程序及設施單元確定後，須試算整體淨水設施之水位關係剖面圖（含池底高程），配合場地高程變化做最有利之配置，俾減少挖填方及利於排水。

傳統淨水程序自分水井進口起至清水池（HWL）出水之間的水力坡降（hydraulic grade across the plant），台灣經驗約 4～5 m，國外統計為 4.9～5.2 m，若加入高級處理單元約有 7.5 m，其中 50% 以上之高差為快濾池之操作水頭。假設快濾池有效操作水頭保留 2.0 m，且快濾後至清水池管路不長。總水力坡降 Σh = 4～4.5 m 可能足夠，畢竟水力坡降太大也是能源損失。淨水場的水頭損失來源包含項目如表 11.1。

表 11.1　淨水場的水頭損失來源

主項目	細項
1. 流經操作設施單元	a. 進流設施 b. 出流設施 c. 流經所有操作設施單元的水頭損失 d. 雜項設備及部分單元自由落下損失
2. 所有閥件與配件，管徑突變及設備內部能量消耗和計量設備等	a. 進口 b. 出口 c. 管徑突增或突縮 d. 管線摩擦 e. 彎頭、配件、閘門、閥門和儀表造成的損失 f. 堰流或其他液壓控制造成損失 g. 自由落下損失

以下為工程師提供一簡易的水力計算規劃流程，可用電腦統計軟體 Excel 進行水力計算檢核。

(1) 資料收集

a. 平面布置圖（plant site layout）：確定處理設施單元的位置、重力流路徑、尺寸、管道和通道的長度等。

b. 操作流程圖（process flow diagram）：確定設計方案中的每個管道和處理單元的設計平均值、最小值、最大值和未來可能增加的流量。

c. 管線及儀器流程圖（piping and instrument diagram）：確認所有閥件與配件，管徑突變及設備內部能量消耗和計量設備等的位置、數量和大小。

d. 現場調查（existing site survey）：設計各設備水位剖面前應確實詳核場區的工程地質及水文地質資料，幫助規劃現場布局並確定場內所有設施的位置。這些數據將決定場區土壤是否能作為構築物的基礎及基礎的埋深。例如盡量避免埋在地下水位以下，減少施工不便。

e. 現場分級和排水配置（site grading and drainage layout）：確定每個過程設施單元的結構／牆壁頂部和坡度。有時需要使用測量工具測量。在某些情況下，光靠繪圖內容不能反映實際現場條件。

(2) 確定處理單元的流向，包括所有的清水、廢水股和污泥回收的處理路徑。

a. 標記所有的中間泵浦系統位置。

b. 標記所有的堰位置。

c. 對所有會產生水頭損失的設備編號，包括管道、堰、量測儀表以及所有在重力流路徑上會產生水頭損失之設備。編號應從清水池水面終點開始返回起點分水井。

(3) 按照步驟 (2) 說明的標記在 EXCEL 表格進行建檔，並根據需要進行修改。

(4) 進行水頭損失計算及繪製水力坡降線，設計注意原則：

a. 原水進場加壓提升水位後，在各設備單元間應盡量採重力流。其間高程按設備高程和水頭損失計算結果逐一確核。

b. 相鄰二建築物設備之水面高差即是二者間的水頭損失，包括管線、閥件及管徑突變等的管線損失，設備內部能量消耗和計量設備損失。可分別計算，也可查表，並考慮加入安全係數。

c. 清水池的高程是水場高程設計關鍵。清水池多置於廠區最低處，約埋入地下 3～4 m。一般以清水池水面為基準向前及向後推算清水泵和濾池高程。

11.8 操作及監控計畫

淨水場係由土木、機械、電氣、儀控及各種配管設備等組合而成，具有系統化設施，其操作管理必須具有淨水處理原理、生物、化學、控制等知識，採用手動、半自動或全自動連續監測系統（P&ID）協助操作的工程師，可確保正確操作狀態，維持良好效率及穩定的處理效果。台灣許多大型淨水場已改採全自動連續監測系統，隨時將現場儀錶監測數據傳送到中央控制室，做成小時、日月報表儲存及查詢。

11.9 工程繪圖

水場總平面圖應按初步設計規劃內容，清楚標示出主要淨水建築物及設備、道路、綠化地帶及廠區界限等，並以座標標示其外形尺寸和相互間距離，如圖 11.1。圖上應有圖例，註明各設備單元及建物的名稱、數量及主要外形尺寸（或列表以序號表示之）。其次水場之高程與水力剖面線圖，如圖 11.2，應標出各淨水設備體之頂、底及水面標高，重要構件及管渠的標高以及原地面與平整後地面標高等。

目前常用的電腦工程繪圖係採用 Auto CAD 軟體繪製。圖面應清潔美觀，線條粗細分明，註明圖名及比例、設計單位等。圖例表示方法應符合一般規定和標準，如中國國家標準 CNS 工程製圖一般準則及 CNS 建築製圖準則。行政院公共工程委員會訂有「公共工程製圖手冊」，包含圖紙尺寸及圖框、標題欄、圖面布置及圖碼編排、尺度及比例尺、線條、文字及字體、繪圖標示基本規則、符號及縮寫字、標準圖例編碼規則等主要內容，供製圖編訂之參考，可自行至該會網頁（http://pcces.archnowledge.com/csi/csiold/CD5/CD5-3.htm）下載使用。

11.10 工程財務計畫

淨水場總工程經費應包含工程用地費、工程施工費及工程設計監造費三大項。工程施工費為施工總成本，又包括直接與間接成本：

1. 直接成本：直接用在施工上之費用，包含人工、機具、材料及暫設工程等費用。

2. 間接成本：雖非直接用於施工，但該費用之耗費由本工程施工而起，包含行政管理費、開辦費、工程雜支、稅金、利息等項目。

工程施工目標是在符合工期要求條件下達到最低的施工成本。施工期約一至兩年，加上半年的試運轉計畫估計，依過去台灣淨水場施工經驗，歸納整理出工程經費與處理水量間的統計曲線關係，如圖 11.3 所示，若處理水量 (10～50)×10^3 CMD，每噸水處理單價為 6,000～7,000 NTD。

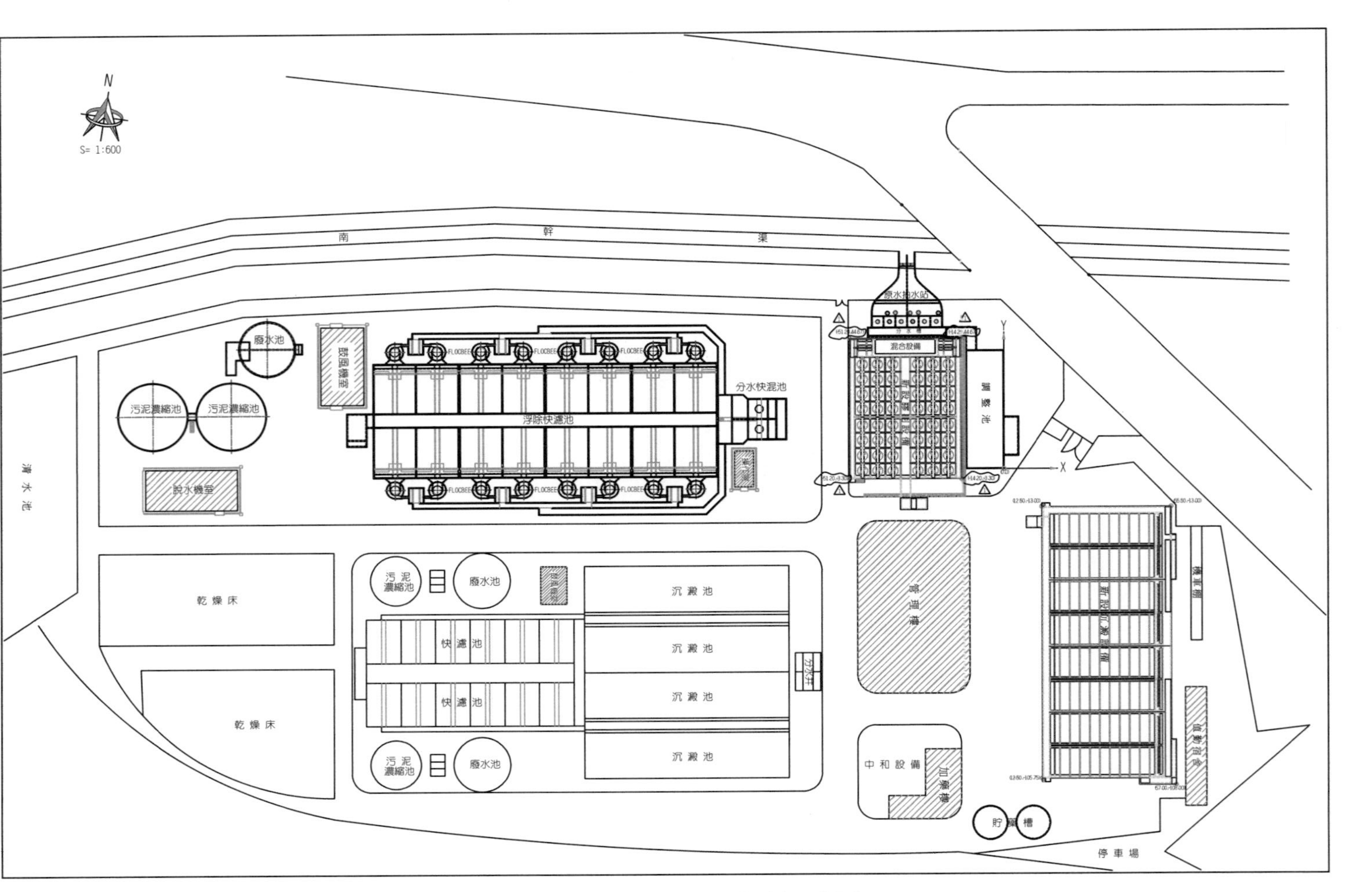

圖 11.1 淨水場內總平面規劃示意圖

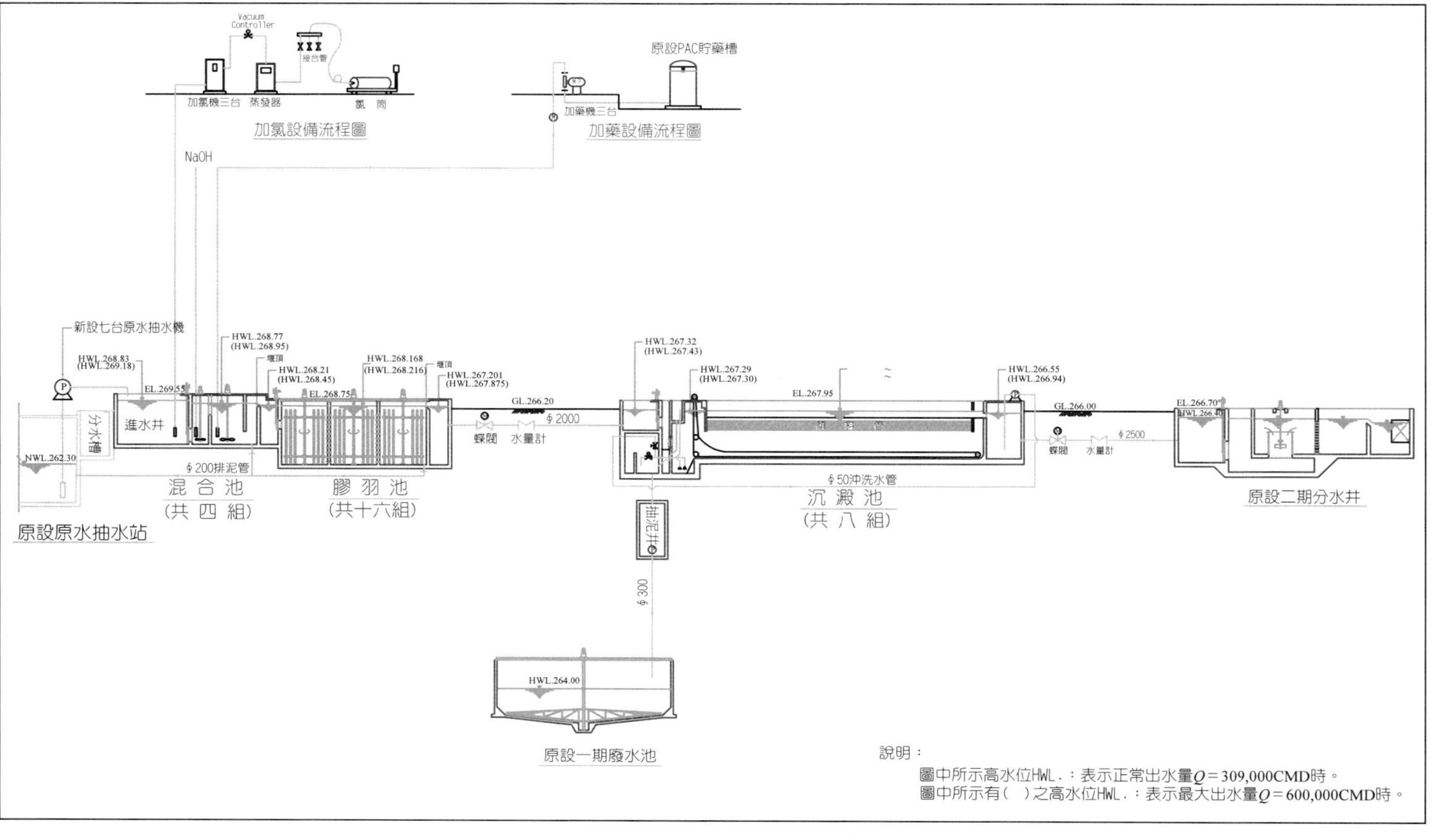

圖 11.2 淨水場內水位關係流程示意圖

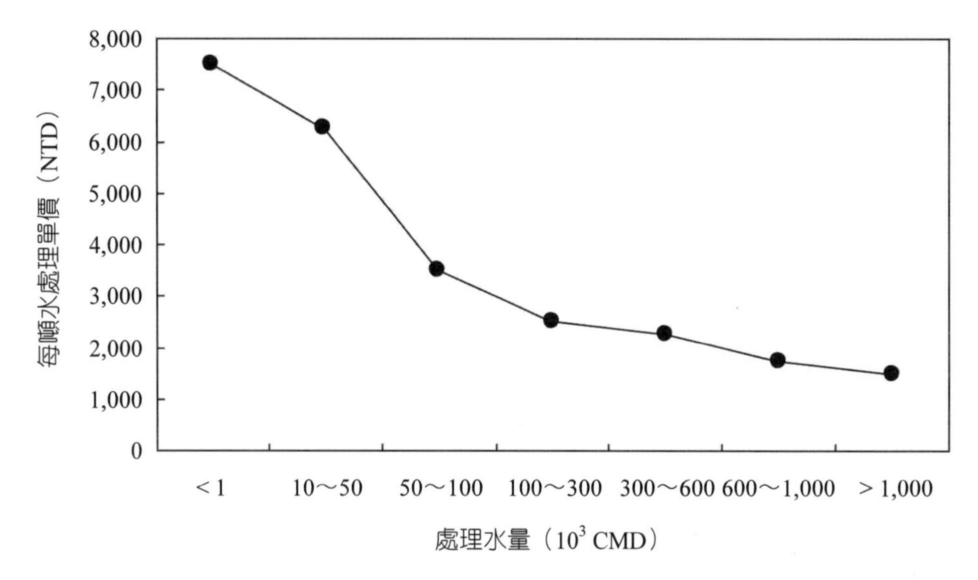

圖 11.3　工程經費與處理水量對應曲線關係

11.11　撰寫工程設計報告書

設計報告書中應詳列說明淨水場選取的水處理方案，包含處理流程，對各種污染物的預期處理目標，各水處理單元型式的選用理由，並就水場的總平面布置及高程水力剖面圖作完整說明。

報告在各水處理單元之功能計算書內，應詳列單元之全部計算公式和計算資料，註明資料來源及引用文獻，說明加藥設備、快混及膠凝池、沉澱（澄清）池、過濾池及清水池等的主要設計參數和設計結果及主要參數，以及相對應的計算草圖。報告書內容應完整扼要，力求文句通暢。

11.12　淨水場水力功能計算書範例

有一座淨水場處理水量 Q = 309,000 CMD，最大時導水量 Q_{max} = 600,000 CMD，原水濁度 500 NTU 以下，經抽水站將原水抽至混合池後以重力流方式經混合、膠羽、沉澱，導送至分水井。以下為功能計算書及水頭損失計算。

11.12.1 功能水理計算

1. 導水設備

(1) 膠羽池至沉澱池間埋設∮2,000 mm 導水管線（含電動蝶閥及水量計）：

$Q = 309{,}000$ CMD $= 3.58$ CMS，

$\upsilon = 3.58/2.0^2 \times 0.785 = 1.14$ m/s < 0.80 m/s, ok！

最大導水量 $Q_{max} = 600{,}000$ CMD $= 6.944$ CMS 時，

$\upsilon = 6.944/2.0^2 \times 0.785 = 2.21$ m/s。

(2) 新設沉澱池至分水井間埋設∮2,500 mm 導水管線：

$Q = 309{,}000$ CMD $= 3.58$ CMS，

$\upsilon = 3.58/2.50^2 \times 0.785 = 0.72$ m/s < 0.80 m/s, ok！

最大導水量 $Q_{max} = 600{,}000$ CMD $= 6.944$ CMS 時，

$\upsilon = 6.944/2.50^2 \times 0.785 = 1.42$ m/s < 1.50 m/s, ok！

2. 混合設備

進水井：

21.60 m(L)×5.57 m(W)×4.55 m(H)，

進水井 $V = 21.60 \times 5.57 \times 4.55 = 547$ m^3，

$Q = 309{,}000/1{,}440 = 214.56$ CMM，

$Dt = 547/214.56 = 2.55$ mins > 1.50 mins, ok！

3. 混合池（4 組）

$Q = 309{,}000$ CMD $= 3.58$ CMS

每組 $q = 3.58/4 = 0.894$ CMS

第一快混池：

尺寸 1.50 m(L)×1.75 m(W)×4.55 m(H) $= 11.94$ m^3，

$Dt = 11.94/0.894 = 13.35$ s > 10 s, ok！

池內速度差（G 值）採 600 s^{-1}（規定 600～1,000 s^{-1}），

$G = (P/\mu v)^{1/2}$，

$\mu = 1.14 \times 10^{-3}$（15℃時），

$P = 600^2 \times 1.14 \times 10^{-3} \times 11.94 \times 10^{-3} = 4.88$ kW，

$HP = 4.88/(0.746 \times 0.9) \times 1.25 = 9.1$ HP, use 10HP。

第二快混池：

尺寸 2.70 m(L)×2.70 m(W)×4.55 m(H) = 33.17 m^3，

$Dt = 33.17/0.894 = 37.10$ s > 30 s, ok！

池內速度差（G 值）採 300 s^{-1}（規定 300～600 s^{-1}），

$P - 300^2 \times 1.14 \times 10^{-3} \times 33.17 \times 10^{-3} = 3.40$ kW，

$HP = 3.40/(0.746 \times 0.9) \times 1.25 = 6.33$ HP, use 7.5 HP。

4. 膠凝設備

共 16 組，每組含 4.80 m(L)×4.75 m(W)×5.92 m(H) 3 池，

每池 $V = 4.80 \times 4.75 \times 5.92 = 134.98$ m^3，

$Q = 309{,}000/1{,}440 = 214.56$ CMM = 3.58 CMS，

$Dt = 134.98 \times 3$ 池 ×16 組／214.56 = 30.3 mins > 30 mins, ok！

每組以轉速由大而小之 3 台豎軸葉板式膠羽機串聯組成，

葉板 6@5.1 m×0.18 m，A = 6×5.1×0.18 = 5.508 m^2。

翼板面積占池斷面積：

5.508÷4.8÷5.92 m = 0.194 = 19.4%（介於 15～20%），

各葉片與軸中心距 R = 1.0 m、1.5 m、2.0 m，兩邊對稱共 2 組，合計 6 片。

G 值計算：$G = \sqrt{\dfrac{Cd \times \Sigma AiVi^3}{2\mu V}}$，

Cd = drag coef，$L/D = 5.1/0.18 = 28.3$，取 $Cd = 1.5$，

$\mu = 1.14 \times 10^{-6}$ m^3/s，

$\forall = 4.8\text{ m} \times 4.75\text{ m} \times 5.92\text{ m} = 134.98\text{ m}^3$，

$Ai = 0.918$ m^2，

$Vi = 0.75 \times \dfrac{2\pi R \times N}{60}$ (m/s)，

R 為葉片與中心軸距，周邊速度 = $2 \times 2.0 \times \pi \times (2.0 \sim 4.0)/60$

= 0.42～0.84 m/s, 介於 0.9～0.1 m/s, ok！

第一段：轉速 $N = 2～4$ rpm，

$$G_1 = \sqrt{\frac{1.50 \times \left[\left(0.75 \times \frac{2\pi \times 4.0}{60}\right)^3 \times (1.0^3 + 1.5^3 + 2.0^3)\right] \times 2 \times 0.918}{2 \times 1.14 \times 10^{-6} \times 134.98}}$$

= 58.6 s^{-1}, 介於 15～60 s^{-1}, ok！

第二段：轉速 $N = 1～3$ rpm，

$$G_2 = \sqrt{\frac{1.50 \times \left[\left(0.75 \times \frac{2\pi \times 3.0}{60}\right)^3 \times (1.0^3 + 1.5^3 + 2.0^3)\right] \times 2 \times 0.918}{2 \times 1.14 \times 10^{-6} \times 134.98}}$$

= 38.1 s^{-1}, , 介於 15～60 s^{-1}, ok！

第三段：轉速 $N = 1～2$ rpm，

$$G_3 = \sqrt{\frac{1.50 \times \left[\left(0.75 \times \frac{2\pi \times 2.0}{60}\right)^3 \times (1.0^3 + 1.5^3 + 2.0^3)\right] \times 2 \times 0.918}{2 \times 1.14 \times 10^{-6} \times 134.98}}$$

= 20.7 s^{-1}, 介於 15～60 s^{-1}, ok！

$GT = (58.6 + 38.1 + 20.7) \times 30.3 \times 60/3 = 71{,}144$, 介於 $10^4～10^5$, ok！

膠羽機馬力計算：

第一段膠凝機，

$$水馬力 = \frac{1}{2} Cd \times \sum AiVi^3 \times \frac{W}{g} \div 75$$

$$= \frac{1}{2} \times 1.5 \times (0.75 \times \frac{2\pi \times 4.0}{60})^3 \times (1.0^3 + 1.5^3 + 2.0^3) \times 2 \times 0.918 \times 1{,}000 \div 9.8 \div 75$$

= 0.72 HP，

機械效率 0.85、安全係數 1.5，

機械馬力 = 0.72 ÷ 0.85 × 1.5 = 1.27 HP，採用 1.5 HP 16 台。

第二段膠羽機，

$$水馬力 = \frac{1}{2} Cd \times \sum AiVi^3 \times \frac{W}{g} \div 75$$

$$= \frac{1}{2} \times 1.5 \times (0.75 \times \frac{2\pi \times 3}{60})^3 \times (1.0^3 + 1.5^3 + 2.0^3) \times 2 \times 0.918 \times 1{,}000 \div 9.8 \div 75$$

= 0.30 HP，

機械效率 0.85、安全係數 1.5，

機械馬力 = 0.30÷0.85×1.5 = 0.54 HP，採用 1.0 HP 16 台。

第三段膠凝機，

$$水馬力 = \frac{1}{2}Cd \times \sum AiVi^3 \times \frac{W}{g} \div 75$$

$$= \frac{1}{2} \times 1.5 \times (0.75 \times \frac{2\pi \times 2.0}{60})^3 \times (1.0^3 + 1.5^3 + 2.0^3) \times 2 \times 0.918 \times 1{,}000 \div 9.8 \div 75$$

= 0.09 HP，

機械效率 0.85、安全係數 1.5，

機械馬力 = 0.09÷0.85×1.5 = 0.16 HP，採用 0.5 HP 16 台。

5. 沉澱設備

共八組，Q = 309,000 CMD = 3.58 CMS，每組 q = 3.58/8 = 0.448 CMS，

每組尺寸 37.50 m(L)×10.65 m(W)×4.676 m(H)。

輔助沉澱設備——出水渠及傾斜管組成：

出水高度（池頂 EL.267.95～WL.267.30）	0.65 m
沉澱池水位至出水支渠底高	0.51 m
出水渠與傾斜管頂部間隙	0.30 m
傾斜管高度	0.866 m
傾斜管下方空間	3.00 m
池深	5.326 m

池底 EL.267.95 − 5.326 = 262.624 m，

ΣV = 10.65×36.00×4.676×8 = 14,940 m^3，

Dt = 14,940/309,000×24 = 1.16 hrs > 1.0 hr, ok！

6. 進水分水渠

斷面 2.60 m(W)×2.10 m(H)，

v_{max} = 3.58/2.60×2.10 = 0.66 m/s, < 0.80 m/s, ok！

每組進水閘門 0.90 m×0.90 m, A = 0.81 m^2，

進水 $v = 0.448/0.81 = 0.55$ m/s。

7. **整流牆**

每池整流孔 ∮150@0.30 m×0.30 m，$N = 5 \times 35 = 175$ 孔，

$\Sigma a = 0.15^2 \times 0.785 \times 175 = 3.091\ m^2$，

整流孔面積 / 沉澱池面積 = 3.091/(10.65×4.5) = 6.4% > 5%, ok！

8. **傾斜管**

$Q = 309{,}000 - 6{,}000$（2% 耗水量）= 303,000 CMD = 3.51 CMS，

傾斜管採楔形剖面，安裝時傾斜面交線與水平面傾角為 60 度。

實際有效傾斜管數量計算：

(1) 池面概估數量：

33.00 m/0.06 m = 550 列，

10.00 m/0.0849 m = 118 列，

共計 550×118 = 64,900 組。

(2) 應扣無效面積部分：

傾斜管固定支撐架約 28×1×118 = 3,304 組，

傾斜管前後段 0.5/0.06 ≒ 8，

8×118 = 944 組，

小計 3,304 + 944 = 4,248 組。

(3) 實際有效作用之傾斜管為 = 64,900 − 4,248 = 60,652 組。

傾斜管之平均流速：

單一組傾斜管剖面積為 $0.0842 \times 0.052 = 0.00438\ m^2$，

經傾斜管之流速為 37,875/86,400/(0.00438×60,652)

= 0.00165 m/s = 99.0 mm/min < 100 mm/min。

顆粒沉降速度：

設所須傾斜管長度為 L cm，

則每一傾斜管有效作用投影面積為：

$8.42 \times L \times \cos 60° = 4.21L\ cm^2 = 4.21 \times 10^{-4} L\ m^2$。

傾斜管顆粒沉降速度：

$37{,}875 \div (24 \times 4.21 \times 10^{-4} L \times 60{,}652) = 61.8L$ m/hr，

顆粒臨界沉降速度≦ 0.625 m/hr，即（61.8/L）≦ 0.625 → L ≧ 98.9 cm。

L 採用 100 cm，則顆粒臨界沉降速度：

37,875/(24×4.21×10^{-4}×100×60,652) = 0.618 m/hr ≦ 0.625 m/hr（10～15 m/day）。

池面出水渠：

每組設 10 道 SUS 集水渠，斷面 0.30 m×0.52 m，每道渠長 10.00 m，

q = 3.51/8×10 = 0.0439 CMD，

渠道流速 v = 0.0439/0.30×0.25（水深）= 0.585 m/s，

出水支渠兩邊設計三角堰，且為自由流，以防止水池清洗時倒流入池內。

相鄰出水支渠中心距 33.0/10 = 3.30 m，

相鄰兩渠淨寬 3.30 − 0.30 = 3.00 m, ok！

每 m 負荷率 = 303,000/(8×10×10.0×2) = 189.38 CMD/m < 200 CMD/m, ok！

每組設 1 道 RC 出水主渠，斷面 0.575 m×2.20 m，

渠道流速 v = 3.51/（8×0.575×1.65（水深））= 0.462 m/s。

池底流速：

傾斜管區下方空間最小為 3.00 m，

v = 0.448/(3.00×10.65) = 0.014 m/s = 1.40 cm/s < 1.5 cm/s, ok！

沉澱水渠：

2.00 m(W)×4.35 m(H), A = 8.70 m^2，

v_{max} = 3.58/8.70 = 0.41 m/s < 0.80 m/s, ok！

排泥設備最大可能產生之污泥量：

原水濁度 500 NTU 以下，出水能力 Q = 309,000 CMD。

加 PAC 量 100 mg/L：

使用 PAC，其所含 Al_2O_3 成分為固態硫酸鋁之 0.5 倍，

$W_s = (T + 0.234A \times 0.5) \times Q \times 10^{-6}$，

W_{S1} = 309,000×(1.2×500 + 0.234×0.5×100)×10^{-6} = 189 t/d，

原水濁度 501～1,000 NTU 之間，出水能力 Q = 225,000×1.02 ≒ 229,500 CMD。

加 PAC 量 150 mg/L：

$W_{S2} = 229{,}500 \times (1.2 \times 1{,}000 + 0.234 \times 0.5 \times 150) \times 10^{-6} = 279.4$ t/d，

原水濁度 1,000～1,500 NTU 之間，

出水能力 $Q = 150{,}000 \times 1.02 = 153{,}000$ CMD。

加 PAC 量 200 mg/L：

$W_{S3} = 153{,}000 \times (1.2 \times 1{,}500 + 0.234 \times 0.5 \times 200) \times 10^{-6} = 279$ t/d。

本工程淨水之最大耗水量限制之 2% 以下，

最大設計排泥量 $Q = 300{,}000 \times 0.02 = 6{,}000$ CMD，

沉澱池排泥時平均 SS 濃度以 W_{S1} 估計 $= \dfrac{189 \times 10^3}{6{,}000 \times 10^3 \times 1.01} = 3.2\%$。

每組沉澱池底部裝設 3 組不銹鋼鏈條刮板輸送型式刮泥機，

$W = 2.80$ m，刮泥高度 $h = 0.15$ m，

依據 AWWA 規定，刮泥機行走速度約 0.6 m/min（可調整），

設計採用 0.58 m/min（可調整），

每組沉澱池污泥量 6,000/8 = 750 m^3/d，

$q = 0.15 \times 2.80 \times 3$ 組 $\times 0.58$ m/min $\times 1{,}440 = 1{,}052\ m^3/d > 750\ m^3/d$, ok！

每組沉澱池於池底前端設 3 個污泥收集坑，共 $3 \times 8 = 24$ 個，

每一污泥收集坑設置 ∮200 m/m 排泥閥，

每組沉澱池污泥收集坑 $V = [(\dfrac{1.0^2 + 2.9 \times 1.9}{2}) \times 1.0 + 1.02 \times 0.5] \times 3 = 11.265\ m^3$，

貯存污泥時間 $t = (11.265/750) \times 1{,}440 = 21.63$ mins。

假設每間隔 30 mins 排泥乙次，排泥時間約 3 mins。

瞬間排泥量：

$q = \dfrac{11.265}{3 \times 3} + \dfrac{750}{1{,}440 \times 3} = 1.425\ m^3/min$，

$\upsilon = 1.425/(0.202 \times 0.785 \times 60) = 0.756$ m/s < 1.50 m/s, ok！

沉澱池排泥及備用強制排泥設備之廢水流至抽泥井，

經 ∮300 mm 管線抽送至廢水池，廢水池 HWL.264.00 m，

揚程 h = 267.00（出水管高）− 262.00（起抽水位）+ 5.0 m（損耗）= 10.00 m，

每池排泥量 $Q = 1.425 \times 3 = 4.275\ m^3/min$，

井內設置 7.50 HP×2.50 CMM×10.00 m 抽泥泵 3 台（1 台備用），

$\upsilon = 5.00/60 \times 0.302 \times 0.785 = 1.18\ m/s < 1.50\ m/s$, ok！

抽泥井 $V = 10.00 \times 1.85 \times 3.00$（有效水深）$= 55.0\ m^3$，

抽水時間 $t = 55.0/5.0 = 11\ min > 10\ min$, ok！

◇11.12.2 水頭損失計算

1. 沉澱池至分水井間之導水管線

$Q = 309{,}000\ CMD = 3.58\ CMS$，

管線 ∮2,500 mm 長 56 m，$a = 2.50^2 \times 0.785 = 4.91 m^2$，

$\upsilon_1 = 3.51/4.91 = 0.72\ m/s$，$\upsilon_1^2/2g = 0.72^2/2 \times 9.80 = 0.03$。

$K_1 = 5 \times 45°$ 彎頭 + 出口 $= 5 \times 0.25 + 1.00 = 2.25$，

水量計段 ∮2,000 mm～33 m，$a = 2.00^2 \times 0.785 = 3.14\ m^2$，

$\upsilon_2 = 3.51/3.14 = 1.12\ m/s$，$\upsilon_2^2/2g = 1.12^2/2 \times 9.80 = 0.06$。

K_2 = 入口 + 蝶閥 + 流量計 + 2,500×2,000 小大頭 $= 0.1 + 0.25 + 0.20 + 0.1 = 0.65$，

管件 $hf = 2.25 \times 0.03 + 0.65 \times 0.06 = 0.107\ m$。

$R = D/4$，$C = 120$，

$$直管\ hf = \left(\frac{v}{0.85 \times C \times R^{0.63}}\right)^{1.85} \times L = \left(\frac{0.72}{0.85 \times 120 \times 0.625^{0.63}}\right)^{1.85} \times 56 + \left(\frac{1.12}{0.85 \times 120 \times 0.500^{0.63}}\right)^{1.85} \times 33 = 0.030\ m，$$

$\Sigma hf = 0.107 + 0.030 = 0.137\ m ≒ 0.15\ m$。

原設二期分水井內 WL.266.40 m，

沉澱水渠 WL. = 266.40 + 0.15 = 266.55 m。

2. 沉澱設備

(1)沉澱水渠：

2.00 m(W)×4.35 m(H)，$A = 8.70\ m^2$，

$\upsilon_{max} = 3.58/8.70 = 0.41\ m/s < 0.80\ m/s$。

各池出水口：1.80 m×0.575 m，$A = 1.035\ m^2$。

每池 $Q = 3.51 \div 8 = 0.44$ CMS，

$Q = CA\sqrt{2ghf}$，

$0.44 = 0.70 \times 1.035 \times \sqrt{2 \times 9.80 \times hf}$，

$hf = 0.02$ m，出水主槽內 WL = 266.55 + 0.02 = 266.57 m。

(2)池面出水渠：

每組設 1 道出水主渠，

$q = 3.51/8 = 0.44$ CMS，

尺寸：0.575 m(W)×1.12 m(H)，$v = 0.44/(0.575 \times 1.12) = 0.683$ m/s。

設主渠底高程 EL.265.45 m，下游端 $he = 1.12$ m，

$ho^2 = he^2 + 2Q^2/(gb^2he)$，

$ho^2 = 1.12^2 + 2 \times 0.44^2/(9.8 \times 0.575^2 \times 1.12)$，

$ho = 1.17$ m，

主槽前端 WL = 265.45 + 1.17 = 266.62 m。

每組設 10 道出水支渠，

$q = 0.44/10 = 0.044$ CMS，

尺寸：0.30 m(W)×0.51 m(H)，$v = 0.044/(0.3 \times 0.13) = 1.13$ m/s。

設支槽底高程 EL.266.79 m，

$he = 3\sqrt{\dfrac{0.044^2}{9.8 \times 0.3^2}} = 0.13$ m，

$ho^2 = he^2 + 2Q^2/(gb^2he)$，

$ho^2 = 0.13^2 + 2 \times 0.044^2/(9.8 \times 0.3^2 \times 0.13)$，

$ho = 0.23$ m，

支槽前端 WL = 266.79 + 0.23 = 267.02 m。

支槽槽頂採用三角堰，

角底 EL = 267.25 m > 267.02 m，

三角堰為 90°，每 20 cm 設一組，

10.00/0.20 = 50 組，

每池共 50×2 側 ×10 道 = 1,000 組，

$0.44/1{,}000 = 4.40 \times 10^{-4}$ CMS，

$Q = 1.38\,H^{5/2}$，

$4.40 \times 10^{-4} = 1.38\,H^{5/2}$，

$H = 0.04$ m。

沉澱池內 WL = 267.25 + 0.04 = 267.29 m。

(3)整流牆及分水設備：

整流孔 ∮150@0.30 m×0.30 m，$N = 5 \times 35 = 175$ 孔，

$\Sigma a = 0.15^2 \times 0.785 \times 175 = 3.091\ m^2$，

$Q = 309{,}000/8 = 38{,}625$ CMD = 0.447 CMS，

$\upsilon = 0.447/3.091 = 0.145$ m/s，

$Q = CA\sqrt{2ghf}$，

$0.447 = 0.70 \times 3.091 \times \sqrt{2 \times 9.80 \times hf}$，

$hf = 0.0022$ m。

堰頂高程 EL.267.35 m，

分水閘門 0.90 m×0.90 m，$A = 0.81\ m^2$，

$0.44 = 0.70 \times 0.81 \times \sqrt{2 \times 9.80 \times hf}$，

$hf = 0.03$ m。

∴進水渠 WL = 267.29 + 0.0022 + 0.03 = 267.322 m。

3. 膠凝池至沉澱池間之導水管渠

(1)導水渠（設於沉澱池外牆邊）：

尺寸 1.80 m(W)×4.90 m(H)×39.00 m，

$A = 1.80 \times 4.90 = 8.82\ m^2$，

$Q = 309{,}000$ CMD = 3.58 CMS，

$\upsilon = 3.58 \div 8.82 = 0.41$ m/s，

$\upsilon = \frac{1}{n} \times R^{2/3} \times S^{1/2}$，$n = 0.015$（RC 造），

$P = 4.90 \times 2 + 1.8 = 11.60$ m，

$R = P/A = 11.60/8.82 = 1.32$，

$0.40 = \frac{1}{0.015} \times 1.32^{2/3} \times S^{1/2}$，

$S = 2.48 \times 10^{-5}$，

$hf = 2.48 \times 10^{-5} \times 39.00 = 0.001$ m。

(2)導水管：

水量計漸變段∮2,000 mm～33 m，$a = 2.00^2 \times 0.785 = 3.14$ m^2，

$\upsilon_2 = 3.58/3.14 = 1.14$ m/s，

$\upsilon_2^2/2g = 1.14^2/2 \times 9.80 = 0.066$，

K = 入口 + 蝶閥 + 流量計 + 出口 = 0.1 + 0.25 + 0.20 + 1.0 = 1.55，

管件 $hf = 1.55 \times 0.066 = 0.10$ m。

$R = D/4$，$C = 120$，

直管 $hf = (\frac{v}{0.85 \times C \times R^{0.63}})^{1.85} \times L = (\frac{1.14}{0.85 \times 120 \times 0.500^{0.63}})^{1.85} \times 33 = 0.02$ m，

$\Sigma hf = 0.001 + 0.10 + 0.02 = 0.121$ m，

膠凝設備出水渠 WL = 267.322 + 0.121 = 267.201 m。

4. 膠凝設備

16 組，每組 $Q = 3.58 \div 16 = 0.22375$ CMS。

(1)出水堰：

$B = 4.80$ m，$Q = 1.8\,Bhf^{3/2}$，

$0.22375 = 1.8 \times 4.80 \times hf^{3/2}$，

$hf = 0.088$ m。

堰頂高程 EL.268.08 m，

膠羽池內 WL.268.08 + 0.088 = 268.168 m。

(2)整流牆（2 處）：

整流孔∮10cm@0.50×0.50，$N = 9 \times 11 = 99$，

$\Sigma a = 99 \times 0.10^2 \times 0.785 = 0.777$ m^2，

$\upsilon = 0.22375/0.777 = 0.288$ m/s，

$0.22375 = 0.70 \times 0.777 \times \sqrt{2 \times 9.80 \times hf}$，

$hf = 0.008$ m。

(3)進水閘門：

0.70 m×0.70 m，$A = 0.49$ m^2，

$\upsilon = 0.22375/0.49 = 0.457$ m/s，

$0.22375 = 0.70 \times 0.49 \times \sqrt{2 \times 9.80 \times hf}$，

$hf = 0.02$ m。

(4)進水渠：

兩側各設一道，尺寸 1.20 m(W)×2.80 m(H)×27.00 m(L)，$A = 1.20 \times 2.80 = 3.36\ m^2$，

$\upsilon = 3.58/(2 \times 3.36) = 0.53$ m/s，

$\upsilon = \frac{1}{n} \times R^{2/3} \times S^{1/2}$，$n = 0.015$（RC 造）。

$P = 2.80 \times 2 + 1.20 = 6.80$ m，$R = P/A = 3.36/6.80 = 0.49$，

$0.53 = \frac{1}{0.015} \times 0.49^{2/3} \times S^{1/2}$，

$S = 2.02 \times 10^{-4}$，

$hf = 2.02 \times 10^{-4} \times 27.00 = 0.005$ m，

進水渠内 WL = 268.168 + 0.02 + 0.008×2 + 0.005 = 268.21 m。

5. 混合設備

4 組，每組 $Q = 3.58/4 = 0.895$ CMS。

(1)出水堰：

$B = 2.70$ m，$Q = 1.8\ Bhf^{3/2}$，

$0.895 = 1.8 \times 2.70 \times hf^{3/2}$，

$hf = 0.32$m，

堰頂高程 EL.268.45 m，

混合池 WL = 268.45 + 0.32 = 268.77 m。

(2)第二混合池出口：

開孔 2.70×1.20 m，$A = 3.24\ m^2$，

$0.895 = 0.70 \times 3.24 \times \sqrt{2 \times 9.80 \times hf}$，

$hf = 0.008$ m。

(3)第二混合池至第一混合池：

開孔 1.75×1.50 m，$A = 2.625\ m^2$，

$0.895 = 0.70 \times 2.625 \times \sqrt{2 \times 9.80 \times hf}$，

$hf = 0.012$ m。

(4)進水閘門：

1.20 m×1.20 m，$A = 1.44\ m^2$，

$\upsilon = 0.895/1.44 = 0.62$ m/s，

$0.895 = 0.70 \times 1.44 \times \sqrt{2 \times 9.80 \times hf}$，$hf = 0.04$ m，

進水井 WL = 268.77 + 0.008 + 0.012 + 0.04 = 268.83 m。

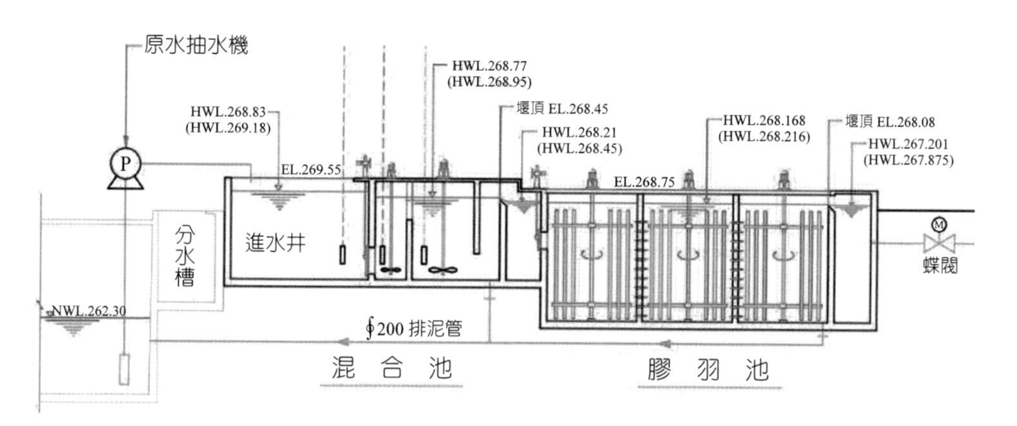

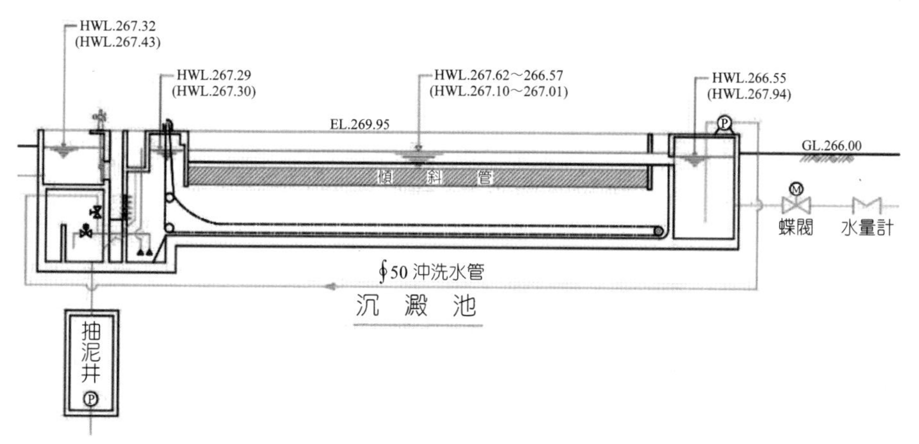

圖 11.4 範例水場的水位關係流程圖

6. 抽水機組

以最大時 Q_{max} = 600,000 CMD 設置原水抽水機組（出水量 150,000 CMD 3 台、50,000 CMD 2 台、30,000 CMD 1 台及 20,000 CMD 1 台），

靜水頭 = 出水管線高程 − 原水抽水站 NWL. = 269.55 − 262.30 = 7.25 m。

(1) 150,000 CMD 原水抽水機（3 台）：

抽水機速度水頭損失（出水口徑採用 ∮900 mm），

$Q = 150{,}000/86{,}400 = 1.736$ CMS，

$A = 0.90^2 \times 0.785 = 0.636\ m^2$，

$\upsilon = 1.736/0.636 = 2.73$ m/s，

$\upsilon^2/2g = 2.73^2/2 \times 9.80 = 0.38$，

k = 吸入口 + 2×90° 彎頭 + 出口 = 0.10 + 2×0.45 + 1.00 = 2.15，

$hf = 0.38 \times 2.15 = 0.82$ m。

額定抽水揚程 = 7.25 + 0.82 − 8.07 m，為安全計，採 10 m。

$Q = 150{,}000/1{,}440 = 104.17$ CMM，

N：轉速（取 12 極 60 Hz，負載時 585 rpm），

比速度 $N_S = \dfrac{N \times Q^{1/2}}{H^{3/4}} = \dfrac{585 \times 104.17^{1/2}}{10^{3/4}} = 1{,}062$，

介於 700～1,200，採用豎軸混流式電動抽水機。

馬力計算：額定抽水揚程 10 m，效率≧ 83%，

當原水比重 1.02 時，

$\text{BHP} = 0.163 \times \dfrac{104.17 \times 10 \times 1.02}{0.83} = 209\ \text{kW}$，

需要馬力 $\text{RHP} = \text{BHP}\,\dfrac{(1+\alpha)}{\eta} = 209 \times \dfrac{(1+0.1)}{0.95} = 242\ \text{kW}$

$= 242/0.746 = 323$ HP（採用 350 HP）。

項目 / 機組	出水量（CMD）	額定揚程（M）	效率（%）	馬力（HP）	出水口徑（∮mm）	數量（台）
1	150,000	10	≧83	350	900	3

Chapter 12

台灣應用高級水質處理程序概況

12.1　台灣既設高級淨水處理單元
12.2　高濁度對沉澱池衝擊探討

12.1 台灣既設高級淨水處理單元

飲用水水質標準已隨健康風險考量及淨水處理需求及處理等級發展而越趨嚴格，工程師在配合法令制定的水質標準，訂定淨水場的出水水質目標時，需視每一個淨水單元的功能及最佳操作條件規範設計，如果傳統淨水處理程序無法滿足飲用水標準，多段性（multi stage）操作，結合高級處理程序進行優選組合，將有助提高污染物的整體去除率。

常見的自來水質處理問題包括：

1. 高濃度污染物不易經由傳統快濾池系統去除，有的水場是從湖泊水庫取水，由於原水中的藻類數量（包括藻類分泌物）增加，使出水的色、臭味增加，濁度不易得到很好控制，導致快濾池易被阻塞，出水有機物濃度高，易使輸配水管線中滋生細菌，惡化水質。

2. 水中氨氮濃度高迫使加氯量增加，進而使消毒副產物（如三鹵甲烷等）量增加，出水會有異味。

1990 年代以後，臭氧處理、活性碳處理及生物膜高級處理的應用技術已較成熟。臭氧及活性碳使用以去除臭味、脫色及去除三鹵甲烷等有機物及致癌性物質為主。生物活性碳（biological activated carbon, BAC）以臭氧加活性碳過濾串聯形成，其活性碳濾床具有吸附污染物及生物分解能力，藉由臭氧氧化，將水中大分子有機物裂解為生物可分解之小分子有機物，再藉由附著於活性碳之微生物分解去除之。生物膜法則應用於水中有機物、陰離子界面活性劑、藻類、臭氣及氨氮等之去除，具顯著的效果，可做為預先處理單元降低水場的預氯加藥量與三鹵甲烷的生成。其次有薄膜法（membrane filtration），利用壓力及半滲透膜原理分離水中不純物質，根據膜選擇性的不同，分為：(1) 逆滲透（reverse osmosis, RO），(2) 極微過濾（nanofiltration, NF），(3) 超微過濾（ultrafiltration, UF），(4) 微過濾（microfiltration, MF），(5) 電透析（electrodialysis, ED）等。工程師應配合調查的原水水質狀況，再將高級處理程序納入水場模組，應用於實場。薄膜過濾法已應用於高級食品、製藥及醫療用水處理，能去除比砂濾池更細微顆粒，將濁度降至 0.01～0.1 NTU。倘若原水濁度 Tur < 100 NTU 時，可直接用 MF 處理至現行飲用水水質標準；如原水

Tur > 100 NTU，傳統加藥混凝沉澱單元不能省。根據高雄地區水質改善研究報告，淨水工程採用微過濾（MF）+ 極微過濾（NF）已足夠，但是若要有效除去水中異臭味物質，仍須用傳統加藥沉澱 + MF + NF。薄膜法處理成本高於傳統處理法，處理技術性高，產生廢水量多，出水彈性亦較低。

台灣增設有高級淨水處理設備之淨水場有四座，分別是高雄澄清湖、大寮拷潭、翁公園和鳳山淨水場（民生用水）（圖 12.1）。該原水取自早期受污染的高屏溪，除了將原水取水口上移至高屏溪攔河堰，台灣自來水公司於 2003 至 2007 年陸續在這四個水場增設高級淨水處理單元，其淨水處單流程及出水量說明如表 12.1，各場流程如圖 12.2～12.4 所示。

高雄澄清湖淨水場係採用預臭氧（pre O_3）、結晶軟化，及後臭氧接觸槽加生物粒狀活性碳（BAC）吸附設備，串聯傳統快濾池加氯處理，以去除異味及降低「總硬度」。拷潭及翁公園二座淨水場係增設薄膜處理設備，採用超微細氣泡浮除膠羽池加上超過濾（UF）及低壓逆滲透薄膜（LPRO），及後氯消毒法處理。鳳山淨水場的民生用水則增設結晶軟化與生物活性碳濾床（BAC）等高級處理設備。

經過高級淨水處理程序處理之清水水質的確較傳統淨水處理程序之清水水質較佳，根據高雄市環保局定期檢測上述水場的清水水質濁度結果，2012 年 1 月濁度範圍介於 0.25～0.35 NTU，符合 2.0 NTU 飲用水水質標準，總硬度亦低於 150 mg/L，減少白色沉澱物，及進一步提升自來水之口感、味覺及硬度等適飲性品質。然而高效率的改良技術必須有高品質的水源水質配合，水源保護就顯得更為重要了。

1995 年起台灣也陸續於澎湖、金門、馬祖等離島興建海水淡化廠，解決枯水期缺水問題。海水淡化技術為 RO 逆滲透，將海水鹽分排出，留下清水。由於水處理成本較高，每噸達 NTD 30～40 元（含建廠、土地、管線、營運、回饋、設備更新，以利息 6%，20 年壽命計），如何降低 RO 逆滲透處理技術耗能問題，仍有待研發。

高級處理技術必須在傳統污染物減輕的情況下才符合經濟原則。未來基於經濟及最佳可行處理技術開發的高級處理技術將是主流，然而高級處理的特定性與低容量特點，也將使公共給水面臨高成本或高水價的時代。

表 12.1 高雄四個淨水場高級淨水處理單元處理方式及出水量

淨水場名稱	取水位置（來源）	淨水處理方式	每日出水量（CMD）	供水系統區域
澄清湖淨水場	地面水（高屏溪）	原水 + 前臭氧 O_3 → 膠凝 + 沉澱 + 結晶軟化 + 快濾 + 臭氧生物活性碳（O_3 + GAC = BAC）+ 後氯消毒	300,000	鼓山、三民、苓雅、新興、前金等
拷潭淨水場	地面水（高屏溪）地下水井（高屏溪一帶）	原水→膠羽沉澱池→快濾→超過濾（UF）+ 低壓逆滲透薄膜（LPRO）+ 後氯消毒	160,000（地面）8,000（地下水）	大寮、小港、鳳山、鳥松等
翁公園淨水場	地面水（高屏溪）	原水→沉砂→快混→膠凝→沉澱→快濾→超過濾（UF）+ 低壓逆滲透薄膜（LPRO）+ 後氯消毒	30,000	大寮、小港、鳳山、鳥松等
鳳山淨水場（民生）	地面水（高屏溪）	原水→快混 + 膠凝 + 沉澱 + 結晶軟化 + 快濾 + 臭氧生物活性碳（O_3 + GAC = BAC）+ 後氯消毒	200,000	小港、前鎮、旗津

資料來源：台灣自來水公司第七區管理處及高雄市政府環境保護局，http://depweb.ksepb.gov.tw/2/drinkingwater/intro/intro2.php。

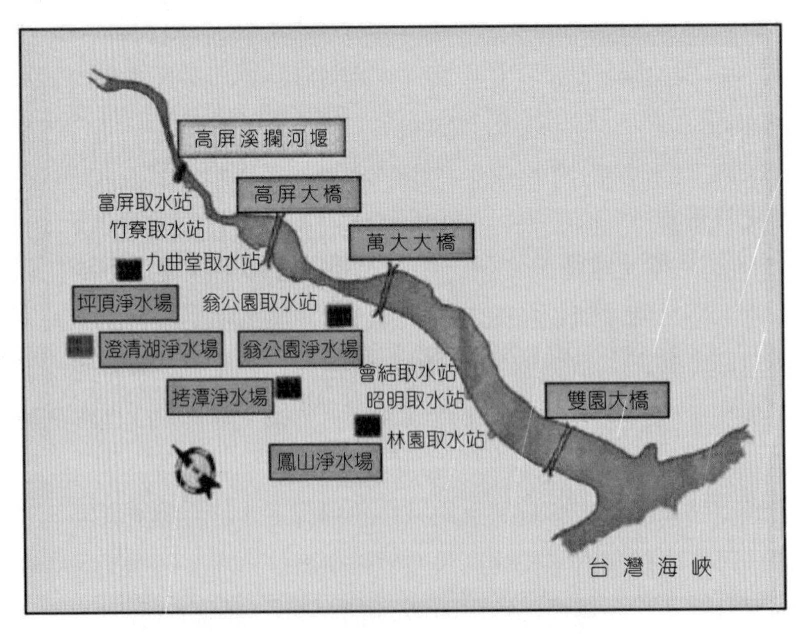

圖 12.1 高雄淨水場位置示意圖

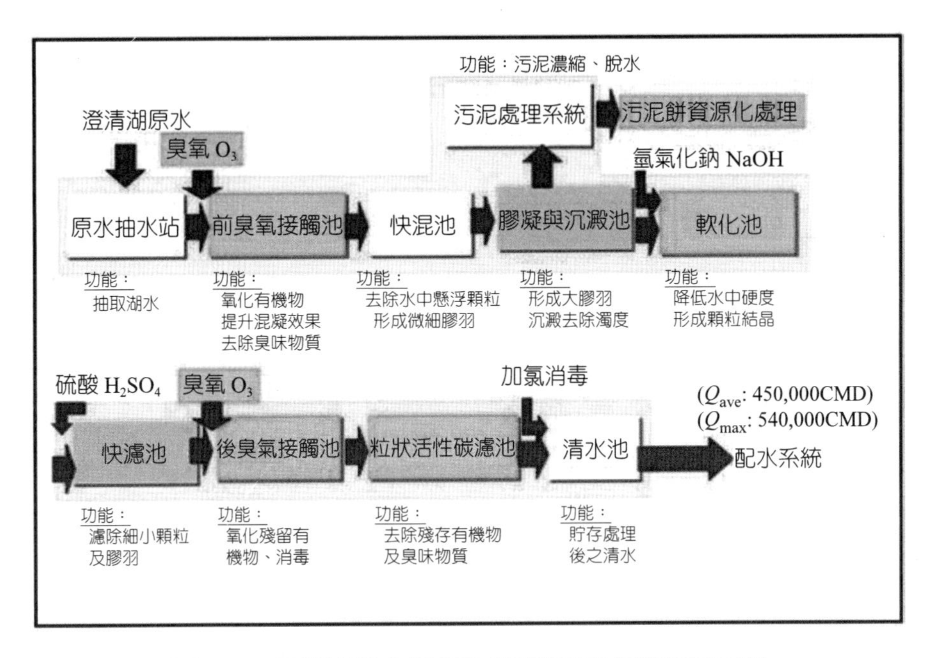

圖 12.2　澄清湖淨水場高級處理單元功能說明及流程

資料來源：台灣自來水公司第七區管理處。

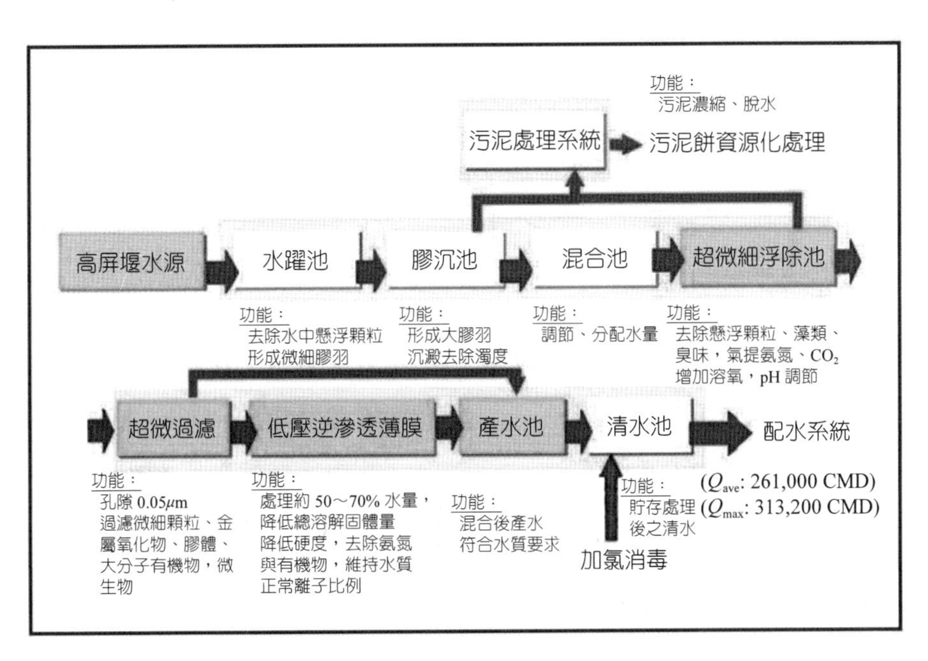

圖 12.3　拷潭及翁公園淨水場高級處理單元功能說明及流程

資料來源：台灣自來水公司第七區管理處。

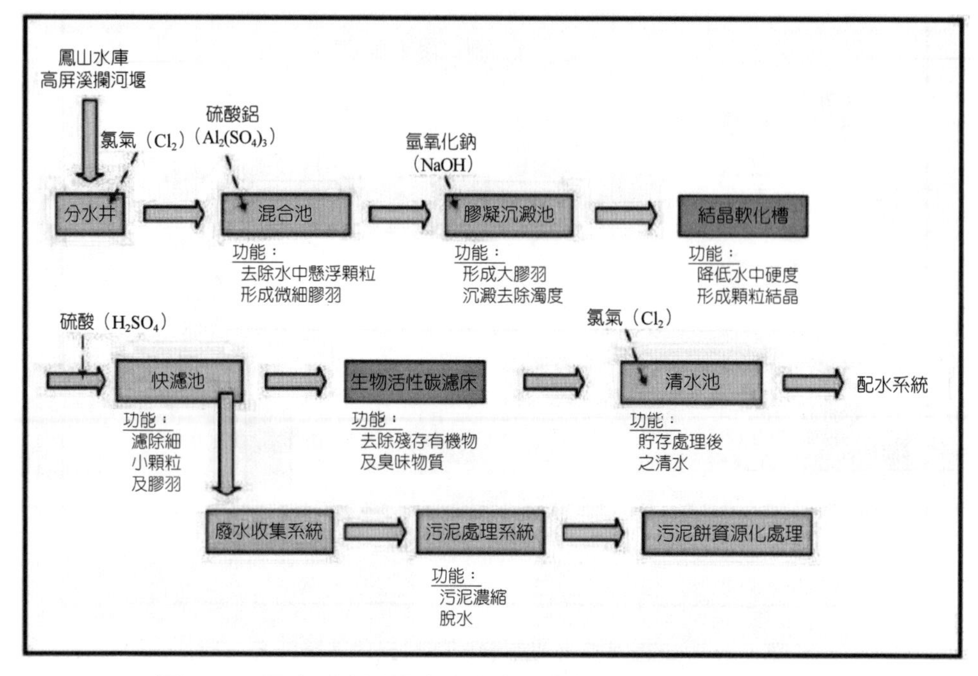

圖 12.4　鳳山淨水場民生用水高級處理單元功能說明及流程

資料來源：台灣自來水公司第七區管理處。

12.2 高濁度對沉澱池衝擊探討

台灣山區過度開發及經歷 921 地震，集水區表土鬆動，近年來每逢豪雨沖蝕，河川下游地面水源濁度遽增，常造成淨水場處理困難減少出水量，影響民生產業用水至鉅。台灣地面水源往年最大 95% 高濁度多在 100 NTU 上下，濁度高於 1,000 NTU 累計時間低於 1%，但近年來高濁度出現機率已明顯增加。每逢原水濁度太高時，淨水場能否正常出水之關鍵在沉澱池。淨水過程中，沉澱池主要功能係去除膠凝後水中懸浮固體物，使濁度降至 4～5 NTU 以下，續由快濾池濾清，消毒成為自來水。若沉澱池處理效果欠佳，致快濾池無法負荷時，就不得不減少處理水量。

發生高濁度造成沉澱池污泥量大增，首先考驗現有沉澱池排泥能力，若排泥能力不足，未及時降低處理水量，池內將因積泥而造成癱瘓。若沉澱池尚能順利排泥，則考驗池內除污機構在高濁度時能否維持正常除污功能，否則當發現出水濁度升高時，沉澱池須降低處理水量，以確保淨水場正常運作。

維持沉澱池正常運轉之先決條件是排泥能力充足，或至少達到進出污泥量平衡，以及不同型式除污機構對濁度之涵容能力。曾有研究指出，當水中懸浮固體物（SS）濃度達 2,000～3,000 mg/L 時，普通矩形沉澱池若不考慮底泥沉積問題，仍能發揮正常沉澱功能。但對後來發展之高速率、池體小之特殊沉澱池則可能無法忍受，因高速率沉澱池之除污機構旨在捕集細緻、輕浮膠羽，若水中固體濃度（尤其是泥砂）過高，反而會造成傷害。例如傾斜管沉澱池，管口僅 5 cm×5 cm，水流通過時間 6～8 mins，不能期望能承受過高之 SS 負荷，否則通流面積將逐漸縮減，穿流速度加快而降低除污能力。又如污泥氈式沉澱池，對含泥砂高濁度水源適應性也較差，粗重泥砂（比重大於 1.003～1.004）不易隨水流上升至污泥層面排出，將導致沉澱池底部分水管阻塞及上升水流不均，細膠羽易因局部激流貫穿，而損及污泥氈特殊膠凝過濾機能，降低除污能力。隨著高濁度延續時間加長，污泥層因積砂密度升高，流動性降低，排泥也更為困難，終將造成污泥層硬化而需停水清泥。

12.2.1 各型沉澱池除污機制與使用概況

台灣淨水場既有沉澱池分為：普通矩形沉澱池、傾斜管沉澱池、平底式沉澱池、脈動式沉澱池及固體接觸反應式沉澱池等五種型式。後三種型式較為特殊，係由統包工程廠商興建，其選用理由為占地小、造價較低及及加藥費較省。

1. 普通矩形沉澱池

依理想沉澱池顆粒沉降模式設計，水力溢流率低，沉澱時間長，平時處理成果穩定。沉降汙泥容許暫貯於池底，俟積存相當厚度後，停水人工清泥再回復操作。清除底泥期程與原水濁度變化有關，台北長興場沉澱池平時約 1～2 個月清泥乙次，但每逢豪雨高濁度之後，不到一週即需清泥。故此型沉澱池不適用常發生高濁度之淨水場。

2. 傾斜管沉澱池

沉澱池（多數為矩形池）裝設傾斜管，傾斜管覆蓋面積較大，降低溢流率而增加處理水量。相較於普通沉澱池，處理水量增加 3～4 倍。因傾斜管沉澱池的單位池底面積沉降污泥量相對增加，須裝刮泥機連續排泥。此型沉澱池現已廣用於國內淨水場。但檢視過去建造之許多傾斜管沉澱池，設計沉澱時間多僅 1 hr 或更短，池體嫌小，傾斜管覆蓋面積比過大，進水端整流距離不足，在平時處理低濁度時影響較小，高濁度時常見沉澱池前段水體混濁，出水濁度偏高，顯示其處理能力不足。部分沉澱池可能因排泥不良，也降低了承受高濁度彈性。傾斜管沉澱池介紹請參見第 5.5.4 節內容。

由於傾斜管部分不能適應太高之固體負荷，若原水流入傾斜管前，沉澱池有適當空間與距離將較粗重泥砂或膠羽先予沉降，剩餘不易沉降之輕細膠羽再由傾斜管去除，理論上應能增進對高濁度原水之適應能力。美國自來水協會（AWWA）及美國土木工程師學會（ASCE）出版《Water Treatment Plant Design》，第三版（1996）對傾斜管沉澱池訂有較保守的設計準則，可供今後興建傾斜管沉澱池設計參考。

3. 平底式沉澱池

為英國人研發之平底式沉澱池（PC1 flat bottom clarifier），於平底矩形池底版上裝設多組枝狀鑽孔分水管，原水先加藥快混後利用 0.5～0.6 m 水位差將原水注入池底分水管，平均上流穿過馴養之污泥氈層，微膠羽經吸附集結壯大，至污泥層面與水分離而完成濁度澄清。膠羽留置於污泥層面，積存過多之污泥溢入預置倒錐形集泥袋排出。此型污泥氈沉澱池於國外多用於如湖泊低濁度不含泥砂之原水處理，對台灣含泥砂濁度水源較不能適應。台灣水公司有數處淨水場使用此型沉澱池，常因池底積砂排泥不良及污泥層硬化，而需要停水人工清泥。

4. 污泥氈式沉澱池

參見第 5.5.6 節，為法國 Degremont 水處理公司研發之沉澱池，沉澱機制類似平底式沉澱池。池底分水系統使用較大管徑鑽孔 RCP（平行排列），池中央設真空脈動室，將快混後流入室內水柱，規則抽氣提升，瞬時進氣落下壓入池底分水管，均勻上流穿過污泥氈層至水面完成除污目的。污泥層面過多之污泥側向溢入集泥槽排出。池內水流動力利用水柱規律脈衝，似優於前者平底沉澱池之定水頭設計，池底積砂及管流阻塞困擾較少，污泥層活性及排泥功能也較理想。但污泥氈基本上仍不能適應含泥砂之高濁度原水。台灣計有新山、鳳山（一期）、澄清湖等三處淨水場使用此型沉澱池，前二處已建二十餘年，處理功能較差。

5. 污泥接觸式沉澱池

參見第 5.5.5 節及圖 5.13，為美國 EMICO 公司研發，池體為圓形或方形，屬於高效率沉澱池一種，集加藥、污泥接觸混合、快混、膠凝、沉澱及排泥於同一個池體內。其設計是將原水先快混或在進水管中加藥後，進入池中央之混合筒由渦輪機快速混合同時產生底泥迴流（約 4～8 Q）混合，經錐形罩內水力膠凝，落入池底污泥區。而一倍 Q 流量沿外環沉澱區上升，至水面澄清排出。池底設有圓形刮泥機，過多污泥（維持一定之 SS 濃度）自動排放。台灣有許多大型淨水場使用此型沉澱池，處理水量約占總出水之 30%。可惜因廠商設計之水力負荷偏高（美國 EMICO 公司或 AWWA、ASCE 均建議除濁度之膠凝時間為 30 mins，溢流率為 50 CMD/m^2），處理成果稍欠穩定。此型沉澱池由池底排泥，池內無積砂之慮，逢高濁度時若添加少量高分子助凝並加強排泥，處理彈性應較污泥氈式沉澱池高。

12.2.2 提升沉澱池高濁度處理能力建議

台灣既設沉澱池型式相當多樣化，特殊型沉澱池固然初設費較低，但操作維修技術性高，對含泥砂高濁度水質適應性差，以後淨水場續建時應審慎評估。傾斜管沉澱池操作維修單純，逢高濁度時可藉強制排泥降低衝擊，應較符合台灣環境需要。已設之污泥氈式沉澱池，原水若無湖庫調節緩和高濁度衝擊，應考慮增建初沉池，先除泥砂降低濁度。

已設之傾斜管沉澱池及固體接觸式沉澱池，設計之水力停留時間及負荷雖不盡理想，逢高濁度（> 250 NTU）若加少量高分子助凝並加強排泥，仍有增加處理高濁度能力之空間。以後新建傾斜管沉澱池時，宜參照 AWWA 新訂準則設計，沉澱時間（HRT）由 1 hr 增至 1.5 hrs 以上，發揮先除泥砂再除微膠羽兩段沉澱之功能，提升高濁度處理能力。平時因水力負荷低，也可望減少加藥費。任何沉澱池，其除污機制之發揮皆建立在健全與充分排泥能力基礎上，排泥設備欠佳或能量不足，沉澱池之處理量也將受到抑制。新設之傾斜管沉澱池，除應降低水力負荷外，排泥設備能量也必須加強。

○12.2.3 矩形池（傾斜管沉澱池）排泥設備設計探討

台灣傾斜管沉澱池多連帶裝設刮泥機連續排泥，但部分沉澱池之排泥能量常不能滿足高濁度時排泥需要。矩形池之排泥設備係由刮泥機、集泥坑（sludge hopper）及排泥管組成，三部分呈連動關係，分別擔任刮泥運送、集泥儲存及排放池外工作，其中任一部分配合不良，皆可能降低整體排泥能力。現有傾斜管沉澱池在高濁度時常發生缺失如下：

1. 裝設刮泥機（機械無故障時）刮泥能量不足，造成池內積泥，且引起刮泥機械超載損壞。

2. 集泥坑嫌小，無法暫存在排泥時間內刮泥機推入的濕污泥量，故常發生污泥上揚回流至沉澱池。

3. 排泥作業缺乏控制機制，常發生排泥過與不及現象。

連續刮泥矩形池之排泥設備細部設計，國外一些參考書籍甚少提及。台灣地面水源的濁度變化相當懸殊，應關注高濁度時沉澱池排泥問題。

○12.2.4 刮泥機與刮泥量分析

台灣設計或選用刮泥機，時常忽略刮泥量能否符合高濁度的排泥需求。不同型式刮泥機，因刮鈑高及刮泥動作不同，單位時間內之刮泥量應有差異。目前常用刮泥機有三種：傳統鏈條式、往復推進式，及鋼索式刮泥機。

近年日本廣用鋼索式刮泥機，其特點為構造簡單、安裝容易（與池體施工界面少）、故障率低，以及刮泥彈性大。該型刮泥機由池底固定軌道、走行機台牽引鋼索及池頂驅動機組成。機台上設前後兩片刮泥鈑，分別刮除 80～90% 及 10～20% 之污泥量，刮鈑高度 0.3～0.9 m，寬度 2.0～9.0 m，視需要製造。

鏈條式與往復推進式刮泥機係連續刮泥，刮除明礬污泥平均固體濃度 0.5～2.0%，鏈條式正常刮泥速度為 0.3～0.6 m/min，往復推進式的刮泥速度為 0.6～1.2 m/min。鋼索式刮泥機係採批式刮泥，正常刮泥速度為 0.3～0.6 m/min，調速範圍 0.2～2 m/min，每一行程時間來回約 2×0.95 池長／刮速。因池底污泥經一行程時間自然壓密，刮除污泥之固體濃度較連續刮泥高。

各式刮泥機之刮鈑高（H），寬（b）及刮泥速度（v），與最大刮泥量（Q）關係式推估如下：

1. 鏈條式刮泥機

刮鈑高（H）為 0.15 m，最大刮泥量以 0.15 m 厚矩形塊以 v 速度移動，污泥固體濃度 r 值以 1.5% 計：

$$Q_1 = H \times B \times v \times \gamma \times \rho \times 60 \quad (12.1)$$

Q_1：鏈條式之最大刮泥量（DS，kg/hr）。

B：刮鈑寬，以池寬 W 之 0.9 倍計。

ρ：比重以 1.0 計。

將上述各參數值代入式 12.1 得到：

$$Q_1 = 0.15 \times 0.9W \times v \times (1.5\% \times 10^3) \times 60 = 121.5W \times v \quad (12.2)$$

2. 往復推進式刮泥機

鈑高 0.05 m，最大刮泥量以 0.05v 矩形塊移動，但往復推動時，後退時間占 1/4，實際移動量為 0.8×0.05v，另底泥因受往復推擠作用，最大 r 值估 2%，往復推進式之最大刮泥量 Q_2（DS, kg/hr）計算如下：

$$\begin{aligned} Q_2 &= H \times B \times v \times \gamma \times \rho \times 60 \\ &= 0.8 \times 0.05 \times 0.9W \times v \times (2.0\% \times 10^3) \times 60 \\ &= 43.2W \times v \end{aligned} \quad (12.3)$$

3. 鋼索式刮泥機

設刮鈑高 0.6 m，每行程刮泥量理論上以三角形塊，v 速度推進，三角形仰角為污泥與池底間之磨擦角（2°），r 值估計 2%，高濁度時經一行程時間，池底可能已再沉降 0.05～0.15 m 厚污泥，且在沉澱池前 1/3 段通常積泥更厚，故每行程實際刮泥量可能較理論值增加 20% 以上。

鋼索式之刮泥量 Q_3（DS, kg/hr）計算如下：

$$
\begin{aligned}
q &= \text{每行程刮泥量。} \\
&= \frac{1}{2} H^2 \times Cot(2°) \times B \times r \times (\rho \times 1.2) \\
&= \frac{1}{2} \times 0.6^2 \times 28.6 \times 0.9W \times (2\% \times 10^{-3} \times 1 \times 1.2) \\
&= 111.2W
\end{aligned}
\tag{12.4}
$$

$$
\begin{aligned}
Q_3 &= \text{平均每小時刮泥量。} \\
&= q \times \frac{60}{t} \\
&= 111.2W \times \frac{60}{1.9L} \times v \\
&= 3{,}510 \ \frac{W \times v}{L}
\end{aligned}
\tag{12.5}
$$

t：每行程時間 $(= \frac{1.9L}{v})$。

從式 12.2 至式 12.4 得知所有矩形刮泥機之刮泥量與池寬（W）及刮速（v）成正比。其中式 12.2 及式 12.3 為連續刮泥，與池長（L）無關，故等寬不同長之大、小沉澱池，單位時間之刮泥量相同。式 12.4 為批次刮泥，水池越長，刮泥機台行走時間越久，單位時間之刮泥量反比例減少。

12.2.5 刮泥機與可能適應之原水濁度

沉澱池需要刮除之污泥量係由原水濁度及添加之膠凝劑所產生。後者量少，擬略去不計，則每小時產生之污泥量（D.S）以下式表示：

$$
Q_S = 1.3 \times T \times Q \times 10^{-3} \times \frac{1}{24} \tag{12.6}
$$

其中，

T：原水濁度（NTU），SS/NTU 比值約為 1.3。

Q：沉澱池處理水量（CMD）。

令式 12.6 分別與式 12.2、12.3、12.5 相等，可導出各種刮泥機與可能適應之原水濁度（T）之關係：

鍊條式 $$T = 2{,}243 \times \frac{W \times v}{Q \times 10^{-3}} \quad (12.7)$$

往復推進式 $$T = 798 \times \frac{W \times v}{Q \times 10^{-3}} \quad (12.8)$$

鋼索式 $$T = 76{,}230 \times \frac{W \times v}{L \times Q \times 10^{-3}} \quad (12.9)$$

（假設前刮鈑刮除 85% 之污泥量）

上述顯示，T 值與 Q 值成反比，若池寬（W）、池長（L）及刮泥速度一定，處理水量降低 1/2，池內產生污泥量相對減少 1/2，刮泥機可適應之原水濁度則倍增。茲以某沉澱池為例，尺寸為 8.0 m(W)×30 m(L)×4.5 m(H)，水力停留時間 HRT 為 1.08 hrs，處理水量 24,000 CMD，代入式 12.7 至式 12.9，求出各式刮泥機與可能適應之原水濁度如表 12.2 所示。

表 12.2　各式刮泥機可能適應之原水濁度

刮泥速度（m/min）	可適應之原水濁度（NTU）		
	鍊條式	往復推進式	鋼索式
0.3	224	80	254
0.6	448	160	508
0.9	(673)	240	(762)
1.2	(896)	320	(1016)

註：以（　）表示為非正常刮速狀況。

根據表 12.2 數據，從增加沉澱池刮泥量觀點可歸納得知：

1. 目前所用之刮泥機在沉澱時間為 1 hr 左右及污泥固體濃度 1.5～2.0% 條件下，所能適應之原水最大濁度偏低，此應是沉澱池於原水濁度 400～500 NTU 以上時排泥不良的原因。欲提升沉澱池對高濁度之處理能力，建議傾斜管沉澱池之水力停留時間 HRT 必須加長。

2. 往復推進式刮泥機能適應之原水濁度較低，較不適用常有高濁度出現之沉澱池。

3. 傾斜管沉澱池之長／寬比不如普通矩形沉澱池重要，往後設計時長／寬比建議減至 3 或更低，俾增加刮泥量。

4. 刮泥機應具備能在現場及時調整刮泥速度功能，以適應原水濁度變化，平時調最低速度操作，最大設計刮泥速度宜加大（1.2 m/min 以上），增加操作彈性。傾斜管沉澱池因有二次沉澱機制（傾斜管部分），提高刮速造成之干擾影響應較一般矩形池低。

5. 操作人員宜就現有沉澱池之尺寸，設計處理水量。可參照式 12.7 至式 12.9 估算各式刮泥機可能適應之最大原水濁度，因應調整刮泥速度及降低處理水量之依據。

12.2.6 集泥坑

集泥坑一般設於沉澱池進水端下方，收集及貯存刮泥機連續推入污泥，再定時由排泥管將坑內污泥排出。任何沉澱池原則上宜每 1～2 hrs 間歇排泥乙回，每回排泥 3～4 mins，但排泥次數及排泥時間可依原水濁度高低上下調整。集泥坑大小無設置標準，國外沉澱池所設之集泥坑均比台灣設計的大且深。建議日後設計容量時應達到至少為 95% 最大原水濁度（或 200～300 NTU）產生之 1 hr 濕污泥量體積，超過 95% 最大濁度時，則縮短排泥相隔時間，必要時甚至採連續排泥方式克服。

12.2.7 排泥管

每座集泥坑應單獨設置排泥管，採虹吸差壓排泥（必要時可強制及加速排泥）。排泥管徑配合集泥坑容積及管中流速高於 1.5 m/s 估算，但最小管徑 150 mm。集排泥時之質量平衡關係如下：

$$\frac{V}{t}+\frac{Q_S}{1{,}440}=\frac{\pi}{4}d^2\times v\times 60 \qquad (12.10)$$

V：集泥坑容積（m^3）。

t：排泥時間（min），約 3～4 mins。

d：排泥管徑（mm）。

Q_s：沉澱池每日產生之濕污泥量（CMD）。

池外排泥主管大小，依最大同時排泥量及流速 1.5 m/s 求出，管頂宜低於沉澱池底板約 1.0 m，以便刮泥機維修時排乾水池。排出口應為自由流，如管位置太深，須設抽泥井由污泥泵揚升至污泥池。排泥主管或可另裝繞流管上升至適當高度供平時直接排入污泥池（請參見圖 12.5），節省抽泥動力費。但抽泥井部分仍須定期保養測試，維持其正常排泥功能。

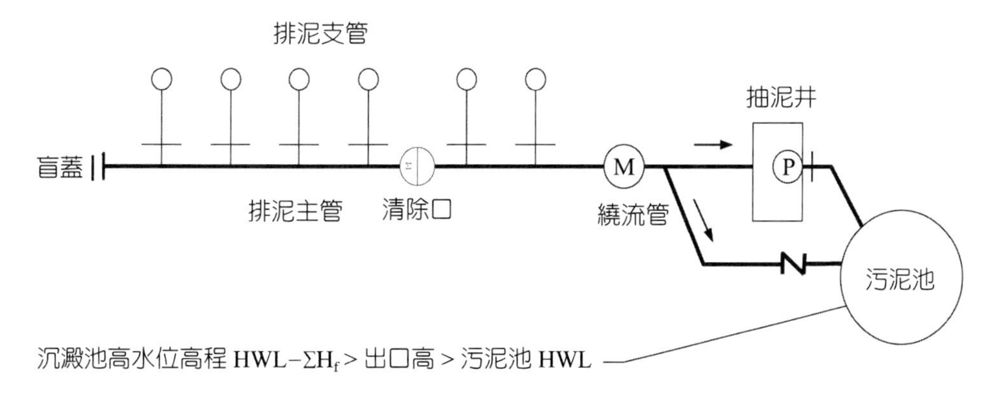

圖 12.5 沉澱池排泥管配置示意圖

排泥操作應採「定時、間歇自動排泥」原則，用二台定時器（0～24 hrs，0～30 mins）由操作人員依原水濁度高低試算或依經驗調整之。每一沉澱池擇一集泥坑（操作狀況相同）裝設污泥固體濃度計，或污泥界面計監視坑內實際的積泥狀況，作為修正操作依據。此外，排泥主管出口前亦宜裝管中污泥濃度計及流量計，統計分析全場綜合排泥質量，作為判斷緊急連續排泥值或控制排放污泥流量之依據。

附註：

第 12.2 節全文內容已發表於中華民國自來水會刊：陳國宏、陳怡靜，「降低高濁度對沉澱池衝擊探討」（中華民國自來水會刊，23(4)，101-109，2004）。

參考文獻

1. 高肇藩，衛生工程——給水（自來水篇）（1975）。
2. 楊萬發，水及廢水處理化學（1990）。
3. 李公哲譯，環境工程，第三版，茂昌圖書（1998）。
4. 林正芳等人譯，水及廢水處理實務（Theory and Practice of Water and Wastewater Treatment），六合出版（2002）。
5. 黃政賢，給水工程學精要，曉園出版社（1998）。
6. 駱尚廉、楊萬發，環境工程（一）自來水工程，第2版，茂昌圖書（2000）。
7. 中華民國環境工程學會，環境工程概論，第三章自來水工程（2002）。
8. 陳維政，自來水工程設計與處理技術，文笙書局，ISBN-13：9786693509969（2000）。
9. 陳之貴編著，給水與純水工程——理論與設計實務，五南圖書，ISBN-13: 9789571182872（2015）。
10. 溫清光等（1995a）澄清湖曝氣工程效益評估，國立成功大學環境工程研究所研究報告。
11. 溫清光等（1995b）鳳山水庫曝氣工程效益評估，國立成功大學環境工程研究所研究報告。
12. 陳國宏、陳怡靜，降低高濁度對沉澱池衝擊探討，中華民國自來水會刊，23(4)，101-109（2004）。
13. 黃志彬，飲用水水源中致病性微生物——梨形鞭毛蟲及隱孢子蟲調查及管制評估，中華民國行政院環境保護署 EPA-88-J1-02-03-008（1999）。
14. 林財富，財團法人成大研究發展基金會，飲用水水源及水質中產毒藻種及藻類毒素之研究，中華民國行政院環境保護署 EPA-96-U1J1-02-101（2007）。
15. 林財富，財團法人成大研究發展基金會，自來水配水管網中影響感官（味覺、嗅覺）物質之調查與改善對策專案計畫，中華民國行政院環境保護署 EPA-91-U1J1-02-101（2002）。
16. 駱尚廉，飲用水處理技術的發展，「飲用水水質與處理」專輯，科學發展月刊，第0260期（1991）。

17. 歐陽嶠暉，自來水高級處理化之趨勢公元 2000 年飲用水水質與管理問題研討會，台北市（1991）。
18. 康世芳，受污染水源之理化處理技術公元 2000 年飲用水水質與管理問題研討會，台北市（1991）。
19. 張添晉，回收廢水水質對淨水處理影響及最適化控制之研究，經濟部國營事業委員會（2010）。
20. 中華民國行政院環境保護署環境檢驗所，水質分析及飲用水處理藥劑分析方法，http://www.niea.gov.tw/。
21. 日本水道協會（Japanese Water Works Association），水道設施設計指針解說（1990）。
22. 內政部營建署，自來水工程設施標準報告（1994）。
23. 中華民國自來水協會，自來水設備工程設施標準解說（1995）。
24. 中華民國「自來水工程設施標準」(2003）。
25. 台北市自來水事業處，淨水處理線上資訊，http://www.water.gov.taipei/。
26. 台灣自來水公司網站，http://www.water.gov.tw/。
27. 內政部營建署，雨水下水道系統規劃原則檢討（2010）。
28. 中華民國交通部，公路排水設計規範（2009）。
29. 行政院公共工程委員會，「公共工程製圖手冊」，http://pcces.archnowledge.com/csi/csiold/CD5/CD5-3.htm。
30. 台灣省自來水公司第七區管理處及高雄市政府環境保護局，http://depweb.ksepb.gov.tw/2/drinkingwater/intro/intro2.php。
31. Susumu Kawamura, Integrated Design of Water Treatment Facilities, John Wiley & Sons ISBN: 978-0471350934 (2000).
32. World Health Organization (WHO), Guidelines for Drinking-water Quality, www.who.int/en/ (2007).
33. APHA, AWWA, and WPCF. Standard Methods for the Examination of Water and Wastewater, 19th ed, Washington, DC,USA (1995).
34. American Water Works Association (AWWA), American Society of Civil Engineers (ASCE), Water Treatment Plant Design, 3rd edition, McGraw-Hill, New York (1996).

35. Qasim, S.R., Water Works Engineering: Planning, Design, and Operation, Prentice Hall PTR (2000).
36. MWH (Author), Water Treatment: Principles and Design, Wiley, ISBN: 978-0471110187, 2nd Edition (2005).
37. S R Qasim, E M Motley, G Zhu, Water works engineering: Planning, design and operation, Prentice Hall, ISBN-13: 978-0131502116 (2000).
38. Nazih K. Shammas, Lawrence K. Wang, Water Engineering: Hydraulics, Distribution and Treatment, Wiley, ISBN-13: 978-0470390986 (2015).
39. Frank M. White, Fluid Mechanics (Mechanical Engineering), ISBN-13: 978-0073398273 (2000).
40. USEPA, Development of best available technology criteria, Science and Technology, Branch Criteria and Standards Division Office of Drinking Water (1987).
41. R. L. Sanks, Water Treatment Plant Design for the Practicing Engineer, Ann Arbor Science Publishers Inc. Michigan (1978).

國家圖書館出版品預行編目資料

給水工程原理與設計／陳國宏，陳怡靜著.
－－二版.－－臺北市：五南，2018.06
面；　公分
ISBN 978-957-11-9766-1（平裝）
1.水淨化　2.水資源管理
445.2　　107008721

5G43

給水工程原理與設計

作　　者一 陳國宏　陳怡靜
發 行 人一 楊榮川
總 經 理一 楊士清
總 編 輯一 楊秀麗
主　　編一 高至廷
責任編輯一 張維文
封面設計一 謝瑩君
封面完稿一 王麗娟
出 版 者一 五南圖書出版股份有限公司
地　　址：106台北市大安區和平東路二段339號4樓
電　　話：(02)2705-5066　　傳　　真：(02)2706-6100
網　　址：https://www.wunan.com.tw
電子郵件：wunan@wunan.com.tw
劃撥帳號：01068953
戶　　名：五南圖書出版股份有限公司
法律顧問　林勝安律師事務所　林勝安律師
出版日期　2018年1月初版一刷
　　　　　2018年6月二版一刷
　　　　　2021年4月二版二刷
定　　價　新臺幣450元